# 食用菌工厂化生产环境
# 调控及节能技术

SHIYONGJUN GONGCHANGHUA
SHENGCHAN HUANJING
TIAOKONG JI JIENENG JISHU

孙 文 裴宏杰 编著

江苏大学出版社
JIANGSU UNIVERSITY PRESS

镇 江

**图书在版编目(CIP)数据**

食用菌工厂化生产环境调控及节能技术 / 孙文, 裴宏杰编著. -- 镇江：江苏大学出版社, 2024.4
ISBN 978-7-5684-1856-0

Ⅰ. ①食… Ⅱ. ①孙… ②裴… Ⅲ. ①食用菌-生产
环境-研究 Ⅳ. ①S646

中国国家版本馆 CIP 数据核字(2024)第 072444 号

## 内容简介

本书系统总结了国内外研究单位,特别是江苏科恒环境科技有限公司和江苏大学在食用菌工厂化栽培环境设计及节能方面的实践经验和研究成果。全书共有为 8 章,内容包括绪论,食用菌工厂及生产区域的基本要求,食用菌工厂化生产区域的净化、通风、灭菌、消毒及光照,食用菌工厂化生产区域的温度、湿度及空气流场,食用菌工厂化生产区域栽培环境节能调控系统及其实现,食用菌工厂化生产区域栽培环境设备监控网络系统,真姬菇工厂化生产区域栽培环境及节能调控项目实例,食用菌工厂先进栽培技术等。

本书可为食用菌工厂化生产企业提供技术支持,也可供科研机构、高等院校、中等职业技术院校和成人高等学校中从事食用菌研究及教学的相关人员和研究生、本科生、专科生等参考使用。

**食用菌工厂化生产环境调控及节能技术**

编　　著/孙　文　裴宏杰
责任编辑/仲　蕙
出版发行/江苏大学出版社
地　　址/江苏省镇江市京口区学府路 301 号(邮编：212013)
电　　话/0511-84446464(传真)
网　　址/http://press.ujs.edu.cn
排　　版/镇江市江东印刷有限责任公司
印　　刷/扬州皓宇图文印刷有限公司
开　　本/718 mm×1 000 mm　1/16
印　　张/18.5
字　　数/366 千字
版　　次/2024 年 4 月第 1 版
印　　次/2024 年 4 月第 1 次印刷
书　　号/ISBN 978-7-5684-1856-0
定　　价/118.00 元

如有印装质量问题请与本社营销部联系(电话:0511-84440882)

# 序

　　食用菌工厂化生产就是根据食用菌生物学特性,构建最适合食用菌生长的人工环境,实现周年、均衡、高效的生产方式。传统农业生产呈季节性,根据气候确定农时,在每年有限的农业生产周期内完成生产作业。工厂化生产是相对于传统农业生产而言的。把季节性的农业生产转变为不受季节、气候限制的周年、均衡生产的过程,就是工厂化生产。实现工厂化生产的关键就是构建适宜的人工环境,摆脱自然气候变化的束缚和不良影响。食用菌工厂化的核心是人工环境的构建,人工环境的构建核心是了解与食用菌栽培相关的生物学特性并采用相应的技术手段。工厂化栽培技术会随着我们认知的不断深入而发展进步。食用菌工厂化栽培有以下特征:

　　(1)计划性。一般以天为单位,按计划投入原辅材料,工人定岗,固定工作量,进行定额生产,均衡供应市场,收获可预期的回报。

　　(2)分工合作。根据工艺流程把生产细分成多个工序,每个工序相对简单、固定,形成的每个工序的技术关键点保证了工序质量的稳定。

　　(3)标准化。细致的分工可以使工序内容简化,容易制定工序标准、工艺规程及操作者的岗位职责。

　　(4)机械化程度较高。机械化是工厂化最显著的表观形式,也是实现高效、省力、标准化的重要保障措施。

　　上述食用菌工厂化栽培的特征都是以人工环境的成功构建为前提的。从狭义上讲,人工环境就是食用菌菌丝和子实体的最适生长环境;但从广义上看,人工环境除涉及食用菌生长所需的气候环境外,还包括环境的洁净度、空间尺寸,不同分工区域的环境参数,以及这些空间中对环境起作用的设备设施等。当然,作为一本有价值的食用菌工厂化生产类专业书籍,书中人工环境构建的原理及实现途径是必不可少的,其中制冷设备、管路、表冷器、阀门、控制器等硬件,以及看似摸不着的环境能量的计算都是构成人工环境的一部分。这些知识不仅来源于我们的课本,更来源于现场经验和实践检验后的体会和理解。

对于以生物学、微生物学为知识背景的食用菌工厂技术人员,本书可以作为补充和拓展,帮助他们了解食用菌工厂化栽培体系的架构和内容。此外,本书也可供科研机构、高等院校、中等职业技术院校和成人高等学校中的师生参阅。希望本书有助于食用菌产业的发展与进步!

上海市农业科学院 谭琦

# 前　言

在我国,食用菌从棚栽到冷房种植再到大型工业化生产,其生产环境也从大自然发展到全面控制温、湿、气、光等多元素的环境系统。随着单体工厂的规模越来越大,市场对成品菇的单产量和质量的要求越来越高,环境控制设备成为食用菌工厂的主要设备,环境系统的规划设计成为食用菌工厂设计的重要环节。

笔者从事食用菌工厂环境系统设计 20 余年,主持规划并设计了数十家大型食用菌工厂的环境系统集成,希望通过本书的经验总结,给现在或将来的从业者在规划和运营食用菌工厂方面提供一些参考和帮助。

本书在编写过程中得到了许多专家、同仁的大力支持和帮助,在此表示衷心的感谢! 感谢上海市农业科学院郭倩先生数十年来在种植工艺技术方面对笔者的帮助,感谢上海光明森源生物科技股份有限公司、江苏菇本堂生物科技股份有限公司、安徽蕈苑生物科技有限公司等单位在实验环境和数据测量方面提供协助,感谢江苏大学流体机械工程技术研究中心在菇房内空气流场分析方面所做的工作。感谢研究生李付、王佳琪、王飞等在搜集资料、图文编写等方面所做的大量工作,感谢参与本书编辑与校对等工作的全体人员!

限于笔者的水平和经验,书中难免有疏漏和不妥之处,恳请读者批评指正。

孙文(江苏科恒环境科技有限公司)

裴宏杰(江苏大学)

2024 年 3 月

# 目 录

# 第一章

## 绪　论

### 第一节　食用菌概述

#### 一、食用菌

食用菌是食用真菌的简称,指可供人类食用的大型真菌。蘑菇是一类大型真菌,故食用菌又被称为食用蘑菇或蘑菇。我国古代将生长在树木上的蘑菇称作"菌",而将从土壤中长出的蘑菇称为"蕈",因此现在亦有学者将蘑菇称为"蕈菌"。

按照生物系统分类,菌物划分为界、门、纲、目、科、属、种等分类单元或分类群,必要时还可以分出亚门、亚纲、亚目、亚科、族、亚族、亚属、亚种等分类辅助等级。2008 年出版的《菌物字典》(第 10 版)将菌物分为 3 个界,即原生动物界、藻物界和真菌界。其中,真菌界被划分为子囊菌门、担子菌门、壶菌门、芽枝霉门、新丽鞭毛菌门、球囊菌门、接合菌门等 7 门。该字典记载真菌界有 36 纲、140 目、560 科、8283 属、97861 种。食用菌均属于真菌界子囊菌门和担子菌门,绝大部分属于担子菌门。

据统计,已有描述与记载的食用菌超过 1000 多种,可进行人工栽培的食用菌有100 多种,其中约 60 种已实现大面积栽培。20 世纪 90 年代,我国已有 44 个规模化栽培的食用菌品种,其中大规模商业栽培的有许多种,包括双孢蘑菇、巴氏蘑菇、大肥菇、香菇、糙皮侧耳、佛州侧耳、肺形侧耳、白黄侧耳、榆黄蘑、杏鲍菇、白灵菇、黑木耳、毛木耳、金针菇、滑子菇、草菇、猴头菇、茶树菇、鸡腿菇、灰树花、银耳、灵芝、中华灵芝、薄盖灵芝、松杉灵芝、茯苓、天麻蜜环菌、斑玉蕈、长裙竹荪、短裙竹荪等。

#### 二、食用菌的营养成分

食用菌是一种被人们当作蔬菜来食用的菌类作物,不但味道鲜美,而且含有丰富的蛋白质和氨基酸,其蛋白质和氨基酸的含量是常见蔬菜或水果的几倍到几十倍。食用菌中 B 族维生素的含量普遍高于肉类。食用菌中脂肪含量较低,且其中

74%~83%都是对人体有益的不饱和脂肪酸。食用菌还具有药用价值,能提高机体免疫力,在抗癌、抗衰老等方面也有一定功效。因此,食用菌是一种集营养、保健于一体的绿色健康食品。

目前,食用菌产品的营养和保健功效在国际上已获得普遍认可,"一荤一素一菇"也被认为是人类最佳的饮食结构。食用菌的食用价值体现在以下几个方面。

(1)蛋白质 食用菌中蛋白质的含量高,氨基酸种类齐全且比例均衡。据分析测定,食用菌中蛋白质的含量一般为鲜菇1.5%~6.0%、干菇15%~35%,远远高于小麦、水稻、玉米、谷子等粮食作物,也高于多数蔬菜、水果,如表1.1所示。

表1.1 食用菌与其他食物中蛋白质含量对比 g/100 g

| 名称 | 蛋白质含量 | 名称 | 蛋白质含量 | 名称 | 蛋白质含量 |
|---|---|---|---|---|---|
| 口蘑 | 35.60 | 稻米 | 8.50 | 牛肉 | 20.10 |
| 双孢蘑菇 | 36.10 | 小麦 | 12.40 | 猪肉 | 16.90 |
| 香菇 | 18.40 | 小米 | 9.70 | 鸡蛋 | 14.80 |
| 金针菇 | 19.20 | 玉米 | 8.50 | 鲤鱼 | 18.10 |
| 平菇 | 19.46 | 高粱米 | 9.50 | 牛奶 | 3.50 |

蛋白质是生命存在的形式,也是生命的重要物质基础。组成蛋白质的20种主要氨基酸中,有9种是必需氨基酸,必需氨基酸是人体不能合成或合成速度远不能适应机体需要,必须从食物中直接摄取的氨基酸。这9种必需氨基酸是赖氨酸、色氨酸、苏氨酸、甲硫氨酸、缬氨酸、亮氨酸、异亮氨酸、组氨酸和苯丙氨酸。菇类的氨基酸组成比较全面,大多菇类含有人体必需的8种氨基酸(表1.2),其中双孢蘑菇、草菇、金针菇中赖氨酸含量丰富,而谷物中缺乏。赖氨酸可加速儿童生长发育、增进食欲,有助于大脑发育和提高智力,因此,金针菇在日本被称为"增智菇"。此外,香菇中的多种酶可以纠正人体酶缺乏症。

表1.2 部分食用菌中主要氨基酸含量 g/100 g

| 种类 | 双孢蘑菇 | 香菇 | 草菇 | 平菇 |
|---|---|---|---|---|
| 异亮氨酸 | 4.3 | 4.4 | 4.2 | 4.9 |
| 亮氨酸 | 7.2 | 7.0 | 5.5 | 7.6 |
| 赖氨酸 | 10.0 | 3.5 | 9.8 | 5.0 |
| 蛋氨酸 | 微量 | 1.8 | 1.6 | 1.7 |
| 苯丙氨酸 | 4.4 | 5.3 | 4.1 | 4.2 |

| 种类 | 双孢蘑菇 | 香菇 | 草菇 | 平菇 |
|---|---|---|---|---|
| 苏氨酸 | 4.9 | 5.2 | 4.7 | 5.1 |
| 缬氨酸 | 5.3 | 5.2 | 6.5 | 5.9 |
| 酪氨酸 | 2.2 | 3.5 | 5.7 | 3.5 |
| 色氨酸 | | | 1.8 | 1.4 |
| 合计 | ≈38.3 | 35.9 | 43.9 | 39.3 |

（2）脂肪　随着社会发展和生活水平的提高，人类膳食中动物性食物比例逐渐增加，特别是在较发达国家和地区。众所周知，动物性食物蛋白质含量高于植物性食物，而且氨基酸种类比较齐全，比例均衡；但是，动物性食物中的脂肪含量也远远高于植物性食物，摄入过多的动物脂肪不但会引起肥胖，还易引发某些心脑血管疾病。食用菌中蛋白质含量高，可与肉类相媲美，脂肪含量却极低，仅为干重的0.6%~3.0%，是很好的高蛋白、低脂肪食物。在其很低的脂肪含量中，不饱和脂肪酸占有很高的比重，多在80%以上。食用菌中的不饱和脂肪酸种类很多，其中的油酸、亚油酸、亚麻酸等可有效地清除人体血液中的"垃圾"，延缓衰老，还有降低胆固醇含量和血液黏稠度，预防高血压、动脉粥样硬化和脑血栓等心脑血管疾病的作用。

（3）碳水化合物和多糖　食用菌的营养成分中40%~82%是碳水化合物，而碳水化合物是生命活动的能源物质。食用菌中的碳水化合物没有淀粉，主要是小分子糖类，包括双糖、氨基糖、糖醇等物质，还有一些聚糖类，如β-葡聚糖、杂聚糖和几丁质。食用菌的碳水化合物有相当大的比例为多糖，其中的水溶性多糖和酸性多糖有较强的抗肿瘤活性。

（4）维生素和矿物质　维生素是人体必需的营养成分，缺少维生素会引起多种疾病，如缺少维生素A易发生夜盲症，缺少维生素B易患口角炎，缺少维生素C易发生败血症，缺少维生素D易患佝偻病，缺少维生素E可能会引起贫血、不育等。食用菌含有多种维生素，如维生素A、B、C、D、E，以及泛酸、吡哆醇、叶酸、烟酸和生物素。据测定，每100 g鲜草菇中维生素C的含量高达206.27 mg，这在蔬菜和水果中都是达不到的。香菇中的维生素更加丰富，除含有大量的维生素B和烟酸外，还含有丰富的维生素D原，每克干香菇含维生素D原高达128 IU，约为大豆的21倍、紫菜的8倍。一个正常成年人每天需要维生素D为400 IU，每天食用3~4 g香菇就可满足人体对维生素D的需求。维生素D可促进钙的吸收，所以适量食用香菇可有效预防软骨病。

食用菌是人类所需矿物质很好的膳食来源,其矿物质中含量较多的是钾,其次是磷、硫、钠、钙,还有人体必需的铜、铁、锌等。口蘑每 100 g 干菇含铜量达 5.88 mg,是猪肉的 40 多倍、面粉(标准粉)的 10 多倍、大米(白色,中粒未加工)的 50 多倍。

### 三、食用菌的药用价值

食用菌中还含有高分子多糖、β-葡萄糖和 RNA 复合体、天然有机锗、核酸降解物、cAMP 和三萜类化合物等生物活性物质,它们对维护人体健康有重要的作用。食用菌的药用价值包括:

(1)抗肿瘤作用 对肿瘤的抑制率达 80% ~ 90% 的食用菌有 100 余种。如真菌多糖中的香菇多糖、灵芝多糖、松茸多糖、猪苓多糖均在临床上得到应用,疗效显著,如表 1.3 所示。

表 1.3 食用菌的抑瘤率

| 种类 | 抑瘤率/% | 种类 | 抑瘤率/% |
|---|---|---|---|
| 茯苓 | 96.9 | 金针菇 | 81.1 |
| 猴头 | 91.3 | 银耳 | 80.0 |
| 松茸 | 91.3 | 平菇 | 75.3 |
| 滑菇 | 86.0 | 草菇 | 75.0 |
| 香菇 | 80.7 | 木耳 | 42.6 |

(2)增强人体免疫力 食用菌多糖体有活性成分,可活化人体免疫细胞,促进淋巴细胞的转化(如云芝、灵芝、小刺猴头),并能激活 T 细胞与 β 细胞(如香菇、姬松茸、灰树花)。

(3)增强体液免疫功能 如香菇、云芝具有促补体活性作用和增强体液免疫功能。

(4)抗病毒(流感等)作用 从食用菌中可分离出刺激机体产生干扰素的物质,该物质经分析为双链 RNA,其刺激机体产生的干扰素可抑制病毒增殖,为抗流感病毒新的药性物质。

(5)改善心血管功能 食用菌具有促进心脏血液流动、增加冠状动脉血流量、降低心肌耗氧量及改善心肌缺血等功能。食用菌中的银耳、黑木耳、毛木耳、猴头菇、香菇、冬虫夏草等都有明显的降血脂作用。银耳多糖可明显降低血脂、大鼠血清游离胆固醇、甘油三酯、β-脂蛋白等的含量。香菇有降血脂的功能,因为香菇中含有一种降血脂作用很强的腺嘌呤衍生物。从长根菇发酵物中分离出的长根素有降血脂作用。

此外,双孢蘑菇、长根菇、香菇、草菇等还有降血压作用。

（6）保肝解毒作用 灵芝与香菇能减少四氯化碳、硫代乙酰胺、强的松等对肝的损伤。云芝提取物对治疗乙肝有效;亮菌对胆囊炎、急、慢性肝炎有较好疗效。茯苓有渗湿利尿、健脾安神之功能,在临床上常用于治疗急性肝炎。

（7）健胃养胃作用 猴头菇可利五脏,助消化,药理研究表明,其对消化不良、消化道恶性肿瘤、胃及十二指肠溃疡有较好的疗效。平菇有益气杀虫作用,对肝炎、胃溃疡、十二指肠溃疡、慢性胃炎、尿道结石、胆结石有防治作用。金针菇子实体中富含精氨酸,能预防和治疗肝炎、胃溃疡等疾病。

（8）镇静安神、镇痛作用 蜜环菌、灵芝、安络小皮伞、冬虫夏草有明显的镇静作用,可缓解神经衰弱与失眠。天麻与蜜环菌对中枢神经系统有镇静作用,对头晕、肢麻、失眠等症状有效;安络小皮伞、灵芝、竹黄具有镇痛作用;竹黄菌含有竹红菌甲素,有镇痛、抗炎、消肿作用,可治疗风湿性关节炎、坐骨神经痛、跌打损伤、腰肌劳损、筋骨酸痛等。

（9）降低血糖与抗放射作用 许多食用菌可降低血糖。银耳孢子多糖对糖尿病有明显的预防作用。冬虫夏草可促进细胞分泌胰岛素,使血糖降低。灵芝多糖有明显的降血糖作用和抗放射作用。

（10）抗衰老作用 自由基是细胞代谢过程中产生的有害物质,它能诱导氧化反应,可使细胞的多种物质发生氧化,引起细胞结构和功能的改变,导致组织器官损伤。灵芝热水提取物、灵芝多糖均可清除自由基,如氧自由基和羟自由基。黑木耳多糖、银耳多糖对果蝇过氧化脂质水平有明显降低作用,并可使小鼠心肌组织过氧化脂质含量明显下降,起到延缓衰老、延长寿命的作用。

由于食用菌有多种抗病、治病的药用保健价值,已引起国内外许多学者的重视,因此,食用菌逐渐由食用转入药用研究及药用开发研究。国内外出现了不少食用菌新产品,其除被制成各种保健茶、保健饮料外,还被制成多种煎剂、片剂、糖浆、胶囊或将其研末供服用,有的还被制成针剂、口服液等。另外,人们研究发现担子菌中对人体肿瘤有显著抑制作用的就有60多种,因此,从可食用的担子菌中寻找新的抗肿瘤药物或其他药物具有重要意义,把真菌的食用与药用作用结合起来,对食用菌的进一步开发更具有实际意义。

### 四、影响食用菌生长的因素

食用菌以白色或浅色菌丝体在含有丰富有机质的基质中生长,条件适宜时形成子实体,成为人类喜食的佳品。菌丝体阶段和子实体阶段是大多数食用菌生长发育的两个主要阶段。各种食用菌是根据子实体的形态（如菇形、菇盖、菌褶）或子实层体、孢子和菇柄的特征,再结合生态、生理等的差别来分类的。区别野生食用菌和毒菇也是以子实体的外形和颜色等为依据。有些食用菌生长在枯树干或木段上,如香菇、木耳、银耳、平菇、猴头菇、金针菇和滑菇;有些生长在草本植物的茎秆或畜、禽的粪便上,如双孢蘑菇、草菇等;还有的与植物根共同生长,被称为菌根真菌,如松口蘑、牛肝菌等。

食用菌在菌丝生长阶段对湿度的要求并不严格,但在出菇或出耳时,环境中的相对湿度则需在85%RH以上,而且需要适宜的温度和通风、光照条件。例如,双孢蘑菇、香菇、金针菇、滑菇、松口蘑等适合在温度较低的春、秋季或在低温地带(15℃左右)出菇;草菇、木耳、凤尾菇等则适合在夏季或热带、亚热带地区结实。

影响食用菌生长的因素有营养物质、酸碱度、温度、水分、氧和$CO_2$、光照等。

(1)营养物质　食用菌通过分泌多种胞外酶将基质中的纤维素、半纤维素、木质素、蛋白质等大分子物质分解成小分子可溶性物质,连同无机盐等物质一并吸收。

(2)酸碱度　基料酸碱度是影响菌丝生长的重要因素,一般用 pH 值来表示。大多数真菌喜酸性基质,一般能适应的 pH 范围为3.0~8.0:香菇为4.0~5.4,木耳为5.0~5.4,双孢蘑菇为6.8~7.0,金针菇为5.4~6.0,猴头菇为4.0,草菇为7.5。加入适量磷酸氢二钾等缓冲物质,可使培养基的 pH 保持稳定;在产酸过多时,可添加适量的碳酸钙等。

(3)温度　温度是影响食用菌生长的主要环境因子。每种食用菌在不同的生长阶段都有不同的适宜生长温度,喜低温或低温结实的有金针菇和滑菇等,它们通常被称为低温品种;喜高温的有草菇、双孢蘑菇等,它们通常被称为高温品种。在食用菌生长过程中通常需要测量和控制的温度有环境温度、包内温度、包间温度。环境温度是指菌包生长所需的环境温度,包内温度是指菌包中心温度,包间温度是指相邻菌包之间的环境温度,这些温度参数是环境控制的重要指标。

## 第二节　食用菌工厂化生产

### 一、食用菌工厂化生产模式

食用菌工厂化生产是指通过人工提供适于食用菌生长的环境、分阶段处理流程工艺,生产过程定时定量,以高效率的机械化、自动化、规模化作业为生产基本要素,同时有配套的生产技术体系及管理体系作支撑,实现食用菌的封闭式、设施化、机械化、标准化周年栽培。食用菌工厂化生产真正实现了农业产品的工业化,像工业标准件生产一样,定时定量收获不受自然条件约束的某些食用菌品种,这也是目前唯一真正意义上工厂化的农业种植(养殖)品种。

目前,世界上食用菌生产主要分为草腐菌生产和木腐菌生产两大类。草腐菌工厂主要生产双孢蘑菇、草菇等以稻草为主要碳源的草腐菌,美国、意大利、荷兰及波兰等欧美国家的企业以生产草腐菌为主。木腐菌工厂主要生产金针菇、杏鲍菇等以木屑为主要碳源的木腐菌,日本、韩国等亚洲国家的企业主要生产木腐菌。

### (一) 草腐菌生产模式

草腐菌生产模式的主要特点:专业化分工,菌种、堆料、栽培等制程分别由专业公司承担,采用大型仪器、自动化及智能化控制技术、三次发酵技术实现机械化生产,投入大,产量高,质量稳定,品种专一。草腐菌的工厂化生产以双孢蘑菇的生产历史最为悠久、技术最为成熟。1947 年,荷兰的 Bels 等首先在控制湿度、温度和通风条件下种植双孢蘑菇,使双孢蘑菇的栽培实现了工业化生产模式。之后,美国、荷兰、德国、意大利等相继实现了双孢蘑菇的机械化、工业化生产。发展至今,欧美的双孢蘑菇从菌种制作、培养料发酵到覆土材料制备等形成了专业化、规模化、工业化生产模式。美国 Sylvan 公司已在全球建立了 10 多家蘑菇菌种生产连锁公司,专业生产双孢蘑菇颗粒菌种;荷兰 BVB Substrates 公司专业从事蘑菇覆土材料的营养土配制、生产与销售;荷兰 Heveco 培养料公司建有大型发酵隧道,专业生产优质的培养料,供应给农户或播种好后供应给农户种植。工业化生产带来了高产、高效,每平方米双孢蘑菇产量达 30~35 kg,每年可种植 6 茬。

### (二) 木腐菌生产模式

木腐菌生产模式的主要特点:专业化分工,多功能、高效率、多品种机械化及自动化生产,生产工艺大同小异。20 世纪 60 年代,日本成功建立了木腐菌瓶栽工厂化生产模式,食用菌生产过程中装瓶、接种、挠菌、挖瓶等操作均采用了机械化手段。1965 年,日本长野县建立了世界上第一座现代化的金针菇加工厂,当时该县最大的金针菇加工厂日产量可达 30 t,生产过程全部实现了自动化。

20 世纪 80 年代末,韩国等国家和地区相继引进了日本食用菌生产模式进行工厂化生产。单体食用菌工厂生产规模由最早的日产几百公斤发展到日产 40 多吨,如日本雪国舞茸公司建有数家日产 40 t 灰树花的工厂。工厂化生产种类由金针菇、滑菇发展到了真姬菇、杏鲍菇、姬菇、灰树花、柳松菇等多个品种。

虽然我国食用菌人工栽培历史悠久,但食用菌的工厂化生产方式长期处于初级阶段,大部分食用菌的生产方式依然是小规模的分散栽培模式,采用的生产设备简陋,生产季节性强,产量、质量及稳定性都较差。在借鉴国外先进生产经验的基础上,我国也逐步进行食用菌工厂化生产的研究与试验工作。1999 年,上海浦东天厨菇业有限公司率先建立了日产 2 t 的金针菇工厂化生产线,金针菇的单位折算亩产量达到了100 t,是传统金针菇亩产量的30倍,作业人员人均年产量达到20 t,是手工农户年种植量的17倍。丰科生物技术有限公司于2000年建立了日产2 t的真姬菇工厂化生产线,到2003年生产规模已扩大到日产4 t。当前,我国食用菌工厂化生产的行业标准制定相对滞后,缺乏分区域、分品种、分环节的生产标准,生产企业都是按照自己制定的工艺流程和操作模式进行生产,一些新建企业甚至没有标准,盲目生产,行业整体集中度较低。2021年,国内食用菌产能和营收排名前四的企业分别如下:雪榕生物日产能达1345 t,营收为20.27亿元;众兴菌业紧随其后,日产能1105 t,营收为15.56亿元;华绿生物日产能超300 t,营收为5.78亿元;万辰生物日产能达259 t,营收为4.26亿元。此外,全国各地简约的小型半工厂化、规模化生产线更是不断涌现,我国的食用菌工厂化生产迎来了一个新的发展高潮。

工厂化栽培的主要食用菌品种如表1.4所示。

表1.4　工厂化栽培的主要食用菌品种

| 菌物名称 | 图片 | 菌物名称 | 图片 |
|---|---|---|---|
| 双孢蘑菇<br>别名:双孢菇、白蘑菇、蘑菇、洋菇、洋蘑菇 |  | 金针菇<br>别名:朴菇、朴蕈、构菌、绒柄金线菌 |  |
| 草菇<br>别名:秆菇、麻菇、稻草菇、兰花菇 |  | 泡囊侧耳<br>别名:泡囊状侧耳、台湾平菇、鲍鱼菇、高温平菇、盖囊菇 |  |
| 杏鲍菇<br>别名:刺芹侧耳,刺芹菇 |  | 滑菇<br>别名:光帽黄伞、珍珠菇、滑子菇 |  |
| 斑玉蕈<br>别名:真姬菇、蟹味菇、鹿茸菇、白玉菇、海鲜菇等品种 |  | 黄白侧耳<br>别名:秀珍菇、姬菇、小平菇 |  |

续表

| 菌物名称 | 图片 | 菌物名称 | 图片 |
| --- | --- | --- | --- |
| 阿魏侧耳<br>别名:阿魏蘑、阿魏蘑菇、<br>白灵菇、翅鲍菇 | | 黑皮鸡枞菌<br>别名:长根菇 | |
| 红平菇<br>别名:红侧耳 | | 金顶侧耳<br>别名:榆黄蘑、金顶蘑、<br>玉皇蘑、黄金菇 | |
| 灰树花<br>别名:贝叶多孔菌、栗子<br>蘑、千佛菌、重菇、舞茸 | | 茶树菇<br>别名:柱状田头菇、柱状<br>环锈伞、柳松菇、杨树菇 | |
| 绣球菌 | | 香菇<br>别名:香蕈、薄菇、椎菇、<br>冬菇、厚菇、花菇 | |
| 银耳<br>别名:白木耳、白耳子 | | 黑木耳<br>别名:云耳、桑耳 | |

## 二、食用菌工厂化生产的必要性

传统食用菌栽培产业属于劳动密集型产业,工厂化栽培食用菌则更倚重资本和技术的投入。工厂化栽培食用菌是工业化的现代农业,随着从事农业的人口数量的减少,以及人们对传统农业观念的转变、食用菌产品供应需求的增加,食用菌工厂化生产将逐渐代替家庭作坊和分散经营的手工作坊,成为未来食用菌生产的主要栽培方式,所以工厂化生产是食用菌产业发展的必然趋势。

第一，我国农业发展面临耕地减少、社会总需求不断增长的严峻形势，必须改变农业低效高耗的增长方式，走技术代替资源、农业工业化的发展道路。食用菌工厂化生产正是在有限的土地资源上，生产出高产、优质、高效的食用菌产品，从而创造巨大的经济和社会效益。

第二，对于产业资本来说，采取较高技术水平的工厂化方式从事食用菌生产，其优势是生产过程可实现机械化、半机械化，生长环境由智能控制系统自动调节，相对于手工操作可节约大量的劳动力，实现周年生产，每年生产 8～10 茬，显著提高生产率，且所产出的食用菌质量好、产量高，满足了大多数消费者的需求，填补了生产淡季市场对食用菌鲜品需求的空缺。另外，食用菌工厂化生产的产品一般是安全食品，可以打破国际贸易技术壁垒和绿色贸易壁垒进入国际市场而创汇。

第三，食用菌工厂化产业发展不仅促使我国传统农业加快转型升级，还带动了相关产业和技术（如食用菌机械制造业、制冷业、塑料制品业、建筑业、保鲜加工业，以及空气净化技术、远程监控技术、农业自动化测控技术等）的发展。

随着工业化程度的提高，世界各国均出现了工厂化栽培替代传统农户栽培的现象。目前，欧盟、美、日、韩等国家及地区已基本实现了食用菌工厂化栽培替代传统栽培模式，但我国行业集中度较低，工厂化生产仅占不到 10%，与发达国家及地区相比，我国食用菌工厂化生产尚有很大的发展空间，未来几年仍将是发展的黄金时期。

### 三、食用菌工厂化栽培原理及工艺流程

食用菌工厂化栽培原理是利用先进的温、湿、气、光的调控设备和空气净化设备、自动化生产设备等装置，在相对封闭、保温的生产车间内，通过调节环境参数形成最适合食用菌生长的条件，按照现代农业生产管理体系运行，实现食用菌全天候工厂化生产。

食用菌工厂化生产的栽培原料主要有杂木屑、玉米芯（玉米秸秆）、甜菜渣、甘蔗渣、麸皮等多种农作物下脚料。食用菌采收后，其菌渣经处理发酵成各种植物菌肥，从而实现资源循环利用。食用菌生产是对农业废弃物的综合利用，有利于保护环境、节约资源，使农民增收，促进三产融合，产业特色鲜明，实现了现代农业可持续发展。根据所生产食用菌的类型，食用菌工厂可以分为木腐菌工厂和草腐菌工厂两大类。

#### （一）木腐菌工厂化生产工艺流程及核心技术

（1）工艺流程　木腐菌工厂化生产的工艺流程如图 1.1 所示。

**图 1.1 木腐菌工厂化生产工艺流程**

① 原料:原料要求营养充分,木屑充分腐朽,颗粒度大小合适,木屑 pH 值适当,持水能力较好(图 1.2)。

② 拌料:为了保证原料均匀,确保养分、水分、酸碱度适宜,一般采用三级搅拌(图 1.3),搅拌后尽快装瓶(袋),确保培养料不酸败变质。

**图 1.2 原料**

**图 1.3 拌料**

③ 装瓶(袋):如图 1.4 所示,装瓶(袋)时要保证瓶(袋)的装料量足够,并且瓶(袋)间差异要小。培养料要有一定的孔隙度,装瓶(袋)后要打孔。

④ 灭菌:如图 1.5 所示,一般采用高压灭菌,空气压力 0.13 MPa,温度 126 ℃,灭菌 3 h。

**图 1.4 装瓶**

**图 1.5 灭菌**

⑤ 冷却:灭菌后要在净化冷却室内强制冷却,如图 1.6 所示。

⑥ 菌种:培养的菌种确保优质、无杂菌,如图 1.7 所示。

图1.6 冷却

图1.7 菌种

⑦ 接种:接种室要进行净化处理,接种时要有正压过滤系统,防止异物进入,温度尽可能保持在 16~18 ℃,空气湿度控制在 75%RH 以下,如图1.8 所示。操作者接种前要进行消毒,接种量要充足,确保瓶盖与菌种紧密吻合。

⑧ 养菌:如图1.9 所示,保持环境洁净;保持温度、湿度及正压与品种相适应;保持环境黑暗;养菌车间要保持干燥,通过强制换气的方式维持合适的 $CO_2$ 浓度。

图1.8 接种

图1.9 养菌

⑨ 后熟培养:后熟培养可以促进菌丝生理成熟,增加菌丝量,提高栽培产量。图1.10 所示为培养 58 天的真姬菇菌丝。

图1.10 后熟培养

⑩ 挠菌:挠菌就是去除菌种块和菌皮,是促使原基发生的重要措施,如图1.11 所示。采用挠菌机挠菌后,新生菌丝生命力旺盛,接触到新鲜空气和潮湿环境,即

可实现整齐出菇。

图 1.11 挠菌

⑪ 出芽:要求低温和有一定的温差,空气相对湿度较高,通风良好,氧气充足,光照适宜,如图 1.12 所示。

图 1.12 出芽

⑫ 出菇:要求环境洁净,适时地通风,气体成分合理,温度较低,光质、光强和照射时间适宜;空气相对湿度较高,以地面补水为主,如图 1.13 所示。

图 1.13 出菇

⑬ 采收:菇类达到标准后应及时采收。不同品种的采收标准不尽相同。

⑭ 包装:在低温车间包装,最好采用真空包装,降低保存环境氧气含量,延长保鲜时间,如图 1.14 所示。

图 1.14　包装

⑮ 产品:产品应贮藏保鲜,贮藏温度一般在 0~4℃。

最后,将出菇后的菌瓶(袋)搬出菇房,并及时进行消毒,减少病虫基数。

(2)核心技术　木腐菌工厂化生产的核心技术包括制种技术、配料技术、灭菌技术、接种技术、发菌培养技术、挠菌技术及出菇培养技术等,每个环节都需要通过改变环境参数的手段达到调节和控制食用菌菌丝体和子实体生长的目的。

(二)草腐菌工厂化生产工艺流程及核心技术

草腐菌工厂化生产的一般工艺流程为备料→预湿→建堆→发酵→播种→发菌→铺料→覆土→出菇。草腐菌工厂化生产的核心技术与木腐菌有所不同。在菌种技术上,草腐菌工厂化主要使用固体菌种进行接种,采用机械铺洒接种的方式。灭菌一般采用常温巴氏灭菌法,使稻草进行 1 次、2 次甚至 3 次发酵,细菌、放线菌等随着发酵过程的深入被产生的高温杀死。发菌则通过人工控制环境使菌丝快速长满栽培基质,这与木腐菌工厂化生产类似。挠菌则主要通过机械翻堆实现。对于出菇技术,草腐菌工厂化生产有独特的"覆土"环节,即将泥炭土覆盖在长满菌丝的栽培基质上促使菌丝在土中扭结形成原基,不同菌种要求不同的覆土结构、纯度、生物含量、酸碱度、持水率等。在覆土层表面出菇,同时通过人工调节气候环境,可获得具有某些特定性状的食用菌产品,这与木腐菌工厂化生产一致。

# 第三节　我国食用菌行业现状及发展趋势

## 一、我国食用菌行业现状

近年来,我国食用菌栽培产业发展迅速,产量和出口量跃居世界第一。中国的食用菌消费主要集中在家庭和餐饮店等。家庭消费的稳定增长已成为拉动食用菌产业持续发展的重要动力,随着中国城乡居民收入及消费水平的不断提高,食用菌需求量将进一步提升,故食用菌行业具有广阔的发展空间。

2014—2020年,我国食用菌总产量和产值平稳增长,如图1.15和图1.16所示。根据图1.15和图1.16,除2017年全国食用菌总产量为3712.00万吨,总产值为2721.92亿元,出现小幅下滑外,总产值逐年增长;2020年全国食用菌总产量4061.42万吨(鲜品),同比增长3.24%,实现产值3464.79亿元,同比增长10.84%。

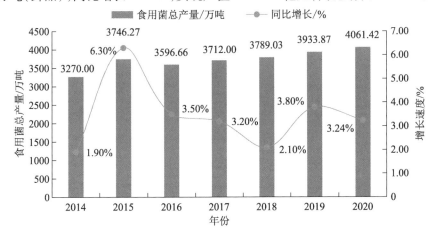

图1.15 2014—2020年我国食用菌总产量及增长速度

图1.16 2014—2020年我国食用菌总产值及增长速度

从2020年全国食用菌产量分布情况来看(图1.17),河南、福建及山东省食用菌产量排名前三。整体来看,产量排名前十地区食用菌产值均在100万吨以上,河南省(561.85万吨)、福建省(452.50万吨)、山东省(332.50万吨)、黑龙江省(331.77万吨)、河北省(326.57万吨)、吉林省(237.75万吨)、四川省(230.44万吨)、江苏省(225.02万吨)、湖北省(140.18万吨)、贵州省(138.58万吨)。

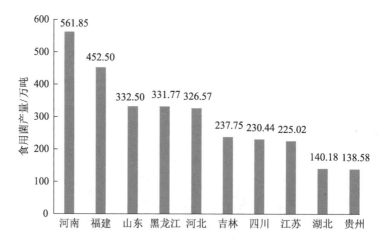

**图 1.17　2020 年我国食用菌产量前十地区及产量**

图 1.18 所示为 2020 年我国食用菌产值前十地区。从图中可以看出,河南省以 401.63 亿元的食用菌产值排名第一;云南省虽然食用菌总产量仅 74.68 万吨,但其高价野生食用菌产量占比较大,带动总体食用菌产值达到 281.26 亿元,全国排名第二;河北省和福建省的食用菌产值分别为 244.97 亿元和 229.12 亿元,分列第三、四位。产值排名前十地区食用菌产值均在 100 亿元以上。

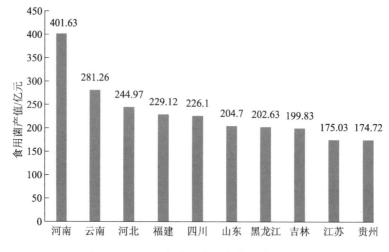

**图 1.18　2020 年我国食用菌产值前十地区**

如图 1.19 所示,2019 年及 2020 年香菇均是我国产量最大的食用菌品种,全年总产量为 1188.2 万吨,是目前仅有的总产量突破 1000 万吨的食用菌。按品种统计,与 2019 年相比,2020 年产量超 100 万吨的食用菌中,产量排名前四的品种不变,依次为香菇(1188.2 万吨)、黑木耳(706.4 万吨)、平菇(683.0 万吨)、金针菇

(227.9万吨);双孢蘑菇(202.2万吨)产量下降被杏鲍菇(213.5万吨)(第五位)反超,列第六位;第七位为产量189.2万吨的毛木耳。2020年排在前七位的食用菌品种的总产量占全年全国食用菌总产量的83.97%,这些品种是我国食用菌生产的常规品种。

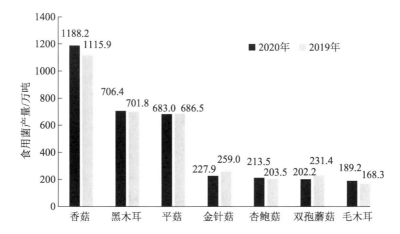

**图1.19 2019—2020年我国食用菌常规品种产量**

在进出口方面,我国食用菌贸易以出口为主,进口量较小。如图1.20所示,2020年我国共出口各类食(药)用菌产品64.72万吨,出口额为27.28亿美元,同比分别降低5%和25%。

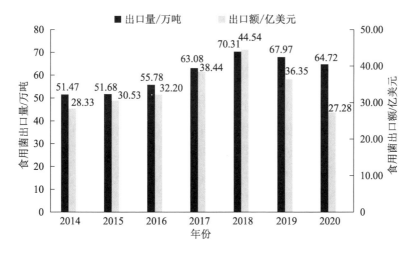

**图1.20 2014—2020年我国食(药)用菌出口量及出口额**

从出口产品结构来看,如图1.21所示,2020年出口量最大的食用菌种类为罐头类食用菌,出口量为25.31万吨,出口额为9.74亿美元;出口额最高的食用菌种类为干货类食用菌,出口额为 13.60 亿美元,出口量为 8.43 万吨;出口额排第三位的是鲜活冷藏类食用菌,出口额为 2.58 亿美元,出口量为 14.06 万吨;出口额排第四位的是菌丝类食用菌,出口额为 0.83 亿美元,出口量为 14.68 万吨;出口额排第五位的是盐水腌制暂时保藏类食用菌,出口额为 0.52 亿美元,出口量为 2.24 万吨。

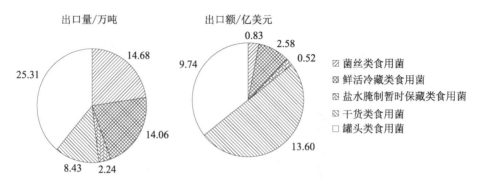

**图 1.21　2020 年我国食用菌出口量及出口额**

从整个发展趋势看,将来食用菌产业可能成为一个独立产业。从大农业的角度来看,未来要将农业分为植物种植业、动物养殖业和食用菌栽培业等三大领域。从食用菌价值上来看,食用菌将成为第三世界国家居民主要的蛋白质来源,如凤尾菇与牛肉、猪肉所含的成分基本相似。从销售情况看,食用菌的销售量大幅度增加,如日本近 20 年食用菌的消费量增加了 223 倍。由于食用菌前景广阔,发展空间很大,加之地方各级政府重视,且栽培原料丰富,技术容易掌握,因此,未来食用菌产业将成为一个独立的产业。

## 二、我国食用菌工厂化栽培技术进展及趋势

### (一)我国食用菌工厂化栽培技术现状

食用菌工厂化栽培是指大规模采用机械化、自动化作业,利用自动化温控、湿控、风控、光控等技术手段创造适宜食用菌生长的环境,实现食用菌标准化、规模化、集约化、周年化生产,是食用菌栽培中最具现代农业特征的产业化生产方式。

20 世纪 90 年代以前,我国食用菌生产主要是以家庭为生产单位,以手工为生产方式的小农生产。20 世纪 90 年代,食用菌工厂化技术传入我国,最先在福建、上海、广州等地扎根发展。从 2008 年开始,我国食用菌工厂化生产进入了快速发展时期。公开数据显示,2009 年全国食用菌工厂化生产企业有 246 家,2010 年有 443 家,2011 年有 652 家,2017 年有 529 家,2018 年有 498 家,2019 年有 416 家,呈现出先增长后减少的趋势。2019 年,全国 416 家食用菌工厂化生产企业中,福建省有 84 家,江

苏省有 80 家,山东省有 30 家,河南省有 28 家,浙江省有 23 家,这 5 个地区为五大工厂化企业集聚区。其他地区企业数量有小幅增减,但变化不大。

　　2019 年,全国食用菌工厂化总产量为 343.68 万吨,比 2018 年增长 15.77 万吨,增幅为 4.81%;相对于全国食用菌总产量,食用菌工厂化产量占比为 8.79%。自 2014 年以来,我国食用菌工厂化产量占比虽呈现振荡上行走势,但仍维持在 10% 以下水平,如图 1.22 所示。因此,我国食用菌工厂化生产仍具有较大的发展空间。

图 1.22　2014—2019 年我国食用菌工厂化总产量及工厂化率

　　具体到不同菌类工厂化生产,在 2019 年食用菌工厂化 343.68 万吨的总产量中,金针菇有 161.94 万吨,杏鲍菇有 114.38 万吨,双孢蘑菇有 24.44 万吨,真姬菇有 23.68 万吨,海鲜菇有 10.76 万吨,其他 8.50 万吨,占比如图 1.23 所示。其中,金针菇和杏鲍菇两个主要生产品种工厂化产量合计占年度总产量的 80.40%。

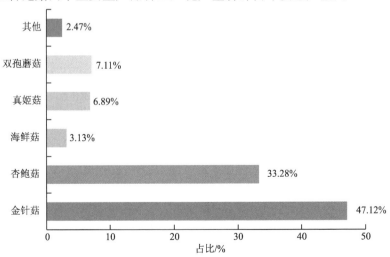

图 1.23　2019 年我国食用菌工厂化生产菌类结构

2011—2019 年我国金针菇、杏鲍菇、双孢蘑菇和海鲜菇的工厂化日产量如图 1.24 所示。2019 年的日产量相对于 2011 年增加了 4~6 倍。

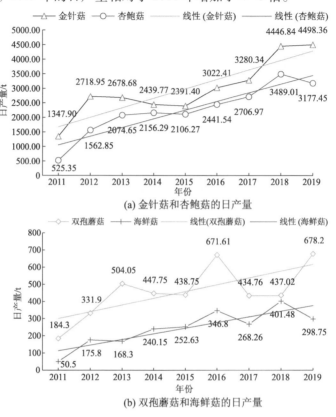

图 1.24　2011—2019 年我国金针菇、杏鲍菇、双孢蘑菇和海鲜菇工厂化日产量

### （二）我国食用菌工厂化栽培产业的特点

经过近二十年的快速发展，我国食用菌工厂化产业的市场结构呈现以下特点：

（1）厂商数量多　食用菌工厂化栽培集中在为数不多的几个品种，每个品种的生产企业数量均较多，一般菇农无竞争优势。2019 年，按生产品种统计，生产企业数量排前五位的食用菌工厂分别是杏鲍菇 140 家、金针菇 89 家、双孢蘑菇 49 家、蟹味（白玉）菇 34 家、海鲜菇 27 家。其中，杏鲍菇、金针菇的生产企业数量总和占全部食用菌生产企业数的 55%。

（2）食用菌产品不具有完全垄断性　工厂化栽培食用菌的菌种差异不大，基料的营养成分相似，生产流程基本相同，所以食用菌产品的差别较小，这使得各厂商产品之间具有较高的替代性，不具有完全垄断性。但是又因设备条件、生产工艺和环境参数控制不同，食用菌产品在口感、外观形态和保鲜期，以及服务和品牌等方面也存在差异,因而食用菌产品具有一定的独特性。

（3）进入和退出市场壁垒较低 工厂化栽培食用菌产业属于资本密集型产业,厂房、设备、设施都需要大量的资金投入,因而一般的个体菇农会面临一定程度的资金壁垒,但对于公司化运作的企业来说,投资门槛并不高。随着食用菌工厂化栽培技术日益成熟,特别是近十年来各类专业技术人员涌现,工厂化栽培技术壁垒在一定程度上被打破,企业可以较容易地进入或退出市场。

（4）市场需求存在一定的价格弹性 由于工厂化栽培企业的食用菌产品存在部分差异,因而企业可以通过控制销量在一定程度上影响食用菌价格,具有有限的定价能力。但是,食用菌产品之间具有较高的相似度,且生产企业数量较多,单个企业所占有的市场份额比较小,对产品价格的影响十分有限,无法影响整个行业。因此,工厂化栽培食用菌的市场需求量的变化使价格存在着一定的弹性,但企业对定价的控制力较弱。

综上所述,食用菌工厂化栽培产业存在企业数量众多、产品不具备完全垄断性、进出壁垒低、企业对定价的控制力较弱等特点,因此,我国食用菌工厂化企业进出市场容易,存在大量小企业、小公司。

### （三）食用菌工厂化栽培产业的未来发展趋势

#### 1. 开展成本领先战略

我国食用菌工厂化栽培企业主要栽培金针菇、杏鲍菇、真姬菇等大宗食用菌,存在产品同质化趋势,所以食用菌工厂化栽培企业不宜采取差异化竞争战略。食用菌产品之间的差异小,价格竞争是市场竞争的主要手段。食用菌工厂化栽培企业可以采取规模化生产、采用新工艺、缩短生产周期、提高单产、提高员工技能等措施,建立低成本竞争优势。食用菌工厂化栽培产业是高能耗产业,因此,减少能耗、降低成本,对于实施成本领先战略具有重要意义。

#### 2. 培育珍稀食用菌,走出结构性过剩的困境

食用菌工厂化栽培产业将由单一的数量型向质量效益型转变,应将过剩产能转移到大力发展珍稀食用菌新产品上。这样既能化解过剩产能,又能满足市场对珍稀食用菌的需求。发展珍稀食用菌对于贯彻落实"深入推进农业供给侧结构性改革""做大做强优势特色产业"的要求有着非常重要的意义。

第二章

# 食用菌工厂及生产区域的基本要求

## 第一节　食用菌工厂的厂房要求及生产功能区

### 一、食用菌工厂的厂房要求

#### （一）食用菌工厂的选址原则

厂址选择的好坏,对工厂的建设、投产后的经济效益和环境保护等许多方面都有很大的影响。厂区位置应经技术方案比较后确定,并应考虑下列问题:

(1)自然条件　宜选择空气优良、通风良好、排水通畅、地势平整的场地为生产场地。工厂应设置在空气含尘量、含菌量和有害气体含量低的场所,300 m 范围内无规模养殖的禽畜舍及垃圾、粪便堆积场,远离存在大量粉尘和有害气体的工厂、仓库、堆场,远离空气污染严重、有水质污染、有振动或噪声干扰的区域,避开低洼处、潮湿处、山口、谷地及山窝等;50 m 范围内无食用菌栽培场、集贸市场。如不能远离以上区域,则应设置在最大频率风向的上风侧。建厂地区水源应丰富,符合饮用水标准,保证生产用水和生活用水的要求。

(2)面积　厂址面积要足够大,要把生产、管理和生活等因素都考虑进去,并留有一定的发展空间,据此计算出厂房所需的占地面积。

(3)动力供应　由于食用菌工厂用电量大,电能消耗多(用电成本是食用菌工厂的主要成本之一),因此厂址要选在距离供电电源近且供电稳定的场所,以节省输变电开支、降低意外断电造成的停产成本,如果有条件尽量考虑双供电电源。

(4)交通条件　工厂化生产原料、产品等物资运输量较大,因而厂址宜适当靠近铁路、码头、交通要道。但交通干线往往是病菌传播的场所,因此厂房应与主干道有一定的距离。厂房新风口与市政交通主干道近基地侧道路红线之间的距离宜大于 50 m,应距居民区 2 km 以上。

### （二）食用菌工厂的平面布局规则

食用菌工厂的选址确定后,需要对工厂进行总体规划和布局。食用菌工厂化生产布局应科学合理、整洁有序,实行分区管理。要根据日生产量、食用菌品种及市场状况,结合工厂自身设施条件,合理规划厂区。一般遵循近期与远期相结合的原则,以近期为主、远期为辅,进行总体规划。

根据防止杂菌污染、方便管理、节约用地等原则,考虑气候、风向、地势及各种建筑物设施的尺寸与功能,规划和安排功能区、道路、排水、绿化等的位置与建设。总体要求如下:

① 厂区的总平面布置应符合有关品种工艺设计的总体要求,并应满足环境保护的要求,同时应防止交叉污染。

② 厂区应按生产、行政、生活和辅助等功能布局。

③ 厂房应布置在厂区内环境整洁且人流和货流不穿越或少穿越的地方,并应根据食用菌生产特点布局。制种区、生产区应位于全年最大频率风向的上风侧。原料车间、三废处理区、锅炉房等有严重污染的区域,应位于厂区全年最大频率风向的下风侧,动力电房、发电机房等应位于主机房附近,减少动力电缆的铺设量。

④ 厂房周围宜设置环形消防车道,如有困难,可沿厂房的两个长边设置消防车道。

⑤ 厂区主要道路的设置应符合人流与货流分流的要求。厂房周围道路路面应采用整体性好、发尘量少的材料。

⑥ 厂房周围应合理安排绿化。厂区内宜减少露土面积,不应种植花粉易飞散或对食用菌生产有不良影响的植物。

### （三）食用菌工厂的厂房建设

食用菌工厂化厂房一般包括生产区、生产辅助区、管理与生活区。生产辅助区、管理与生活区及生产区(生产车间,即进行装瓶和灭菌操作等的厂房)可以采用普通的砖混结构。

食用菌工厂生产区的制种、培养和栽培车间是厂区建设的主体部分,是生产的核心,是投入最大、要求最高的建筑之一。栽培车间建造是否合理,直接影响生产能力和经济效益的高低。不同于一般农作物栽培,食用菌工厂化生产是在一个相对密闭的环境中,利用设施和设备创造出的不同菌类在不同发育阶段所需的生长环境来实现"反季节"周年栽培的过程。因此,食用菌生产车间采用封闭式厂房,具有相对密闭、保温、环境可控等特点。图 2.1 所示为日本某金针菇工厂的生产布局示意图。

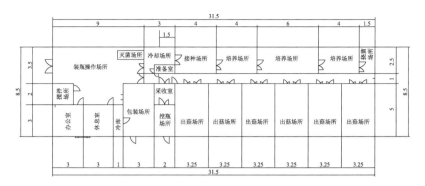

**图2.1 某金针菇工厂化生产布局示意图(单位:m)**

目前,根据不同的生产规模和每天生产菌瓶(袋)数量的不同,食用菌工厂分为大、中、小型三类。大型工厂日产20万瓶(袋)以上;中型工厂日产5万~20万瓶(袋);小型工厂日产5万瓶(袋)以下。

**1. 大、中型食用菌工厂生产区厂房的建设**

大、中型食用菌工厂的生产设施比较先进,自动化、智能化程度高。拌料、装瓶(袋)、挠菌、接种上下架、转运和栽培结束后的挖瓶(袋)操作采用机械化作业。虽然建设规模大,一次性投入大,但设施设备运行费用低。

食用菌工厂生产区厂房建设应预先规划设计,根据生产工艺流程的要求,力求建设成生产操作规范的工厂化厂房。将搅拌装瓶(袋)室、冷却接种室及菌种车间、菌丝培养室、智能育菇室独立分栋建设,分区管理,避免生产环节发生交叉污染。功能房之间的温差较大,温差梯度会导致能量传递,分栋建设可减少能源消耗,达到绿色生产的目的。

以接种室为中心,灭菌室、菌丝培养室靠近接种室,出菇室靠近培养室,采收包装室、低温冷库挨着出菇室,挠菌室建在出菇室与菌丝培养室之间。通过传送带、传递窗将厂房内气流、人流、物流合理配置,以方便管理。接种室、挠菌室以传送带为纽带将菌种车间、灭菌室、菌丝培养室、出菇室物流通道衔接起来,同时通过空气的压力差将各功能房隔开。

对独立的功能房之间的间隔要求没有明确规定,只要能够满足防止生产环节发生交叉污染,以及走车、走人、通风的需要,结合具体场地间隔确定在10 m左右即可。虽然分区生产增加了基础设施投入,并可能增加预期的生产管理费用,但实践证明,这种投入的回报是长期有益的。

**2. 小型食用菌工厂生产区厂房的建设**

小型食用菌工厂生产区厂房建设模式可为半工厂化或仿工厂化的生产模式。这样的工厂对环境的控制水平较低,设备档次较低,一次性投资少,设备结构紧凑,生产成本较低。投资应重点放在灭菌、冷却、接种三处的设备和室内标准化设置上。

工厂灭菌室、冷却室、接种室和菌种生产室原则上合栋单独建设,也可建于菌丝培养室的另一端,但都必须通过过道与菌丝培养室过道相连,过道安装风机,形成缓冲区以防止杂菌反向污染。冷却室、接种室要求采用环氧或钢砂地面,表面应平整光滑,接口严密,无裂缝,耐清洗消毒。墙壁与地面的连接处尽量为圆角,防止灰尘积聚,便于清洁。各功能间安装空气过滤装置,采用净化空调机组,配备强制冷却装置。

## 二、食用菌工厂的生产功能区

食用菌工厂的生产功能区按照功能可以划分为木屑腐熟发酵场、净化区域、栽培区域和辅助区域。

### （一）木屑腐熟发酵场

大部分的食用菌生产所需的木屑都需要发酵腐化一定时间,不同的食用菌品种对木屑的品种和腐化时间要求不一。发酵场的设计应满足需足够发酵时间的木屑的堆放需求,并留有翻堆的空间,堆高不超过 3 m;堆场内应安装淋水装置和水源,满足定期淋水的要求;堆场四周应设置排水沟渠,以便顺利排放发酵、淋水或淋雨所产生的污水;污水应排放至污水系统,不得直接接入雨水管网。

有的木屑品种可以采用隧道发酵工艺,加快腐化速度,减小发酵场面积。具体发酵隧道的大小和数量根据所生产的食用菌品种而定。

### （二）净化区域

净化区域内主要实现母种、栽培种制作及栽培料的灭菌、冷却、接种等,对环境洁净度和温湿度要求较高。

### （三）栽培区域

栽培区域主要用于栽培料的培养、挠菌和出菇。

### （四）辅助区域

辅助区域是为生产提供保障的配套场所,主要包括以下部分:

（1）原料储藏室　主要用于棉籽壳、甘蔗渣、麸皮、米糠、玉米粉、轻质碳酸钙等原料的存放,一般单层钢结构的厂房或普通平房即可满足要求。原料储藏室靠近拌料装瓶(袋)室。以日产原料消耗量为基准,根据 15~20 天原料用量计算摆放面积,为生产做准备。原料储藏室干燥避雨,远离火源,通风。在南方,由于麸皮、米糠、玉米粉等精料在高温条件下容易酸化或滋生螨虫,故应设置储存环境温度低于 15 ℃的保温冷库。

（2）材料贮存室  主要存放栽培袋、口圈、棉塞、制作母种培养基药品、消毒药品、接种工具、酒精灯等。

（3）拌料装瓶（袋）室  与原料储藏室紧邻，面积取决于产量及拌料机、装瓶（袋）机、周转车、周转筐等设备、生产线占地面积。同时也要考虑动力电源及给排水的位置。

有条件的工厂可以将装瓶（袋）间和搅拌间隔开，在装瓶（袋）间安装空调以改善工人工作条件和栽培料在接种等待时的储存条件，防止料酸败。

（4）灭菌室  其面积主要取决于所配备的高压蒸汽灭菌柜或常压灭菌仓的大小。依据生产量配置灭菌设备，同时配置通风设备与电源。

（5）锅炉房  为了减少烟、尘对其他车间的污染，锅炉房应设置在厂区的下风口，并且靠近灭菌室，以减少媒质传输过程中的热量损耗。

（6）产品采收包装室  应靠近出菇室，面积大小主要根据采收生产线、分级生产线、包装操作台、包装机等生产设备的占地面积而定。室内要求洁净，避免阳光直射。为了保持产品的新鲜度，鲜菇采收后应能在低温条件下进行分级包装。

（7）产品储藏室  位置与产品采收包装室相邻，面积大小取决于生产规模，温度一般控制在 0~4 ℃，主要用于包装好的产品销售前的预冷及短时间存放。

有些品种需要在包装前进行产品预冷，需增加产品预冷室或配置预冷设备。

（8）质检室  在具有一定规模的食用菌工厂化生产中应该设置质检室，以便对菌种、培养料进行质检、化验、分析，以降低后期不合格率。一般质检室为 30~60 $m^2$ 的房间，里面放置试验台及必要的检测设备。

（9）配电室  依据食用菌工厂化生产的各个工艺流程进行电力总额配置，降低线损，配置各功能室的额定电流、电压。

（10）空调机房  为全厂提供用于环境控制的冷（热）源。

（11）其他功能车间  包括空压机房、净水厂、值班房、机修车间等。

# 第二节  食用菌工厂洁净区域的要求

## 一、洁净区域的组成及一般要求

瓶栽食用菌工厂洁净区域包含以下两个部分，如图 2.2 所示。

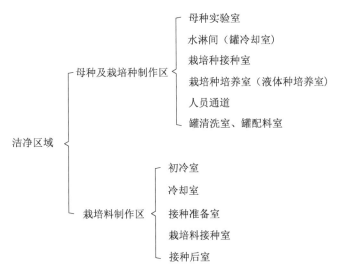

**图 2.2  食用菌工厂洁净区域组成**

（1）母种及栽培种制作区　包括母种实验室、水淋间（罐冷却室）、栽培种接种室、栽培种培养室（液体种培养室）、人员通道等几个部分，也可以将罐清洗和罐配料安排在净化区内。

（2）栽培料制作区　包括初冷室、冷却间、接种准备室、栽培料接种室、接种后室等。

洁净区域的人流、物流入口应设有空气吹淋室、闸间或物料传递窗等。设计洁净区域的净化空调系统时，应仔细考虑生产洁净区域与相关辅助生产区域之间的关系，必须使空间布置做到有效、灵活。对于一般的洁净区域，在吊顶上部或楼面下应布置送风、回风和排风管道及各种水、气、电管线等，需要设置必要的管线安装空间；对于以垂直单向流为主的洁净区域，应在选择好气流流型、净化空调系统的形式和空调机、空气过滤器的前提下，合理、有效地布置洁净区域的空间。

## 二、洁净区域的设计

洁净区域的平面布局必须符合国家现行规范中有关安全生产、消防、环保和职业健康方面的各种要求。在进行洁净区域平面布局时应充分考虑人流、物流路线，尽力做到短捷、流畅；在空间设计时应充分考虑产品生产过程和洁净室（区）内各种管线、物流运输的合理性。在确定洁净区域的平面、空间布置后，对于洁净室（区）设计方案中涉及的其他相关专业内容，按照其技术要求配合实施完成。

食用菌工厂洁净区域的设计：首先，了解所设计区域的用途、使用情况，以及工厂拟采用的生产工艺、工艺设备情况和工艺布局;其次,设计人员应确定洁净区域各功能区的规划,确定各类生产工序(房间)的空气洁净度等级和各种控制参数,如温度、相对湿度、$CO_2$ 含量等;再其次,初步选择洁净区域的气流流型,并进行净化空调系统的制冷量、通风量初步估算及设计方案的对比、确定;最后,确定洁净区域的平面布置、空间布置,合理布局生产区与生产辅助区、动力公用设施区。

总之,应在满足食用菌工厂化生产环境要求的前提下设计洁净区域,以利于生产的操作、管理,节约能源,降低生产成本。

### 三、洁净区域的工艺布局

洁净区域的工艺布局应符合生产工艺流程及空气洁净度等级的要求,并应根据工艺设备安装和维修、管线布置、气流流型和净化空调系统的选择及设置等的要求综合确定。此外,洁净区域应设置防止昆虫和其他动物进入的设施。

① 合理的工艺布局应能防止人流和物流之间发生交叉污染,并符合下列基本要求:

a. 应分别设置人员和物料进出洁净区域的出入口。对于在生产过程中易造成污染的物料,应设置专用出入口。

b. 应分别设置人员和物料进入洁净室(区)前的净化用室和设施。

c. 洁净室(区)内工艺设备和设施的设置应符合生产工艺要求。生产和储存的区域不得用作非本区域内工作人员的通道。

d. 输送人员和物料的电梯宜分开设置。普通电梯不应设置在洁净室(区)内。必须在洁净室(区)内设置电梯的,应采取措施确保洁净室(区)空气洁净度等级符合要求。

e. 洁净室(区)内物料传输路线宜尽量短。

② 在符合工艺条件的前提下,洁净室(区)内各种需固定位置的设备和设施的布置,应根据净化空调系统的要求确定。

③ 洁净室(区)的布置,应符合下列要求:

a. 在满足生产工艺和噪声等级要求的前提下,空气洁净度等级高的洁净室(区)宜靠近空气调节机房布置,空气洁净度等级相同的洁净室(区)宜相对集中布置。

b. 对于不同空气洁净度等级洁净室(区)之间的人员出入和物料传送,应有防止污染的设施。

④ 洁净区域内,宜靠近生产区设置与生产规模相适应的原(辅)料、半成品和成品存放区域。存放区域内宜设置待检验区和合格品区,也可采取待检物料和合

格物料分区存放的措施。不合格品应设置专区存放。

⑤ 下列生物制品的原料和成品,不得同时在同一生产区内加工和灌装:

a. 生产用菌种与非生产用菌种;

b. 灭菌前制品与灭菌后制品;

c. 污染制品与非污染制品。

⑥ 洁净区域的生产辅助用室主要包括取样室、称量室、备料室和清洗室等。生产辅助用室的布置和空气洁净度等级应符合下列要求:

a. 取样室:宜设置在仓储区内,取样环境的空气洁净度等级应与使用被取样物料的洁净室相同。无菌物料取样室应为无菌洁净室,其空气洁净度等级应与使用被取样物料的无菌操作空间相同,并应设置相应的物料和人员净化用室。

b. 称量室:宜设置在生产区内,称量室的空气洁净度等级应与使用被称量物料的洁净室相同。

c. 备料室:宜靠近称量室布置,备料室的空气洁净度等级应与称量室相同。

d. 清洗室:设备、容器及工器具洗涤后应干燥,并应在与使用该设备、容器及工器具的洁净室(区)相同的空气洁净度等级下存放。空气洁净度100级、10000级洁净室(区)的设备、容器及工器具宜在本区域外清洗,清洗室的空气洁净度等级不应低于100000级。如设备、容器及工器具需在洁净区内清洗,则清洗室的空气洁净度等级应与该洁净区相同。无菌洁净室(区)的设备、容器及工器具洗涤后应及时灭菌,灭菌后应采取措施保持其在无菌状态下存放。洁净室(区)的清洁工具洗涤和存放室不宜设置在洁净区域内;如需设置在洁净区域内,清洁工具洗涤和存放室的空气洁净度等级应与使用清洁工具的洁净室(区)相同。无菌洁净区域内不应设置清洁工具洗涤和存放室。

⑦ 洁净工作服洗涤、干燥和整理,应符合下列要求:

a. 空气洁净度100000级及以上的洁净室(区)的洁净工作服洗涤、干燥和整理室,空气洁净度等级不应低于300000级。

b. 空气洁净度300000级的洁净室(区)的洁净工作服可在清洁环境下洗涤和干燥。

c. 不同空气洁净度等级的洁净室(区)内使用的工作服应分别清洗和整理。

d. 无菌工作服的洗涤和干燥设备宜专用。洗涤干燥后的无菌工作服应在空气洁净度100级的单向流空气区域内整理,并应及时灭菌。

⑧ 质量控制实验室的布置和空气洁净度等级,应符合下列要求:

a. 原料检验、过程检验及其他各类实验室应与栽培种制作区分开设置。

b. 各类实验室的设置应符合下列要求:无菌检查、微生物限度检查等实验室应分开设置;无菌检查室、微生物限度检查实验室应为无菌洁净室,其空气洁净度等级不应低于10000级,并应配置相应的人员净化和物料净化设施;有特殊要求的仪器应设置专门仪器室。

⑨ 洁净区域内部应设立独立的消防通道和逃生设施。

## 四、母种及栽培种制作区的布局及要求

### (一) 母种实验室

母种实验室是用于制作和保存母种的场所,应能满足试验台、恒温培养箱、菌种储藏箱等装置的放置和使用面积要求。如果栽培种检查设在母种实验室内,应设立独立的工作台和设备。对于日产小于50000瓶的工厂,可以将栽培种的储存设在母种实验室内;对于日产50000瓶以上的工厂,推荐将母种制作、菌种储存、栽培种检查独立设置。

(1) 上水 母种实验室内应设置独立的工艺用水和净水水源。如果净水管路复杂,用水量不大,也可安装独立的净水设备。

(2) 下水 母种实验室内应设置独立的排水设施。

(3) 供电 母种实验室应安装独立的配电箱(柜)。

(4) 监控 母种实验室应安装视频监控和温度监控系统。

### (二) 水淋间(罐冷却室)

水淋间(罐冷却室)是液体种配料灭菌结束后,栽培液体种基料冷却的场所。其面积的大小根据每日所使用的培养罐数量而定,应能满足罐的安放和周转要求;地面标高应低于其他房间2~3 cm以利于排水。

(1) 上水 水淋间内应设置独立的工艺冷却用水水源。如果采用地下水作为冷却用水,应对地下水做定期检测,检查其是否能够满足工艺用水要求。没有地下水作为冷却用水的工厂应检查夏季工艺用水能否满足一次冷却的温度要求(料温达到接种温度);如果不能,建议采用制冷装置控制冷却水的温度以满足工艺要求,或者后期采用空气冷却的方法。无论采用什么方法,都需要对料温有一定的控制,使接种时料温能够满足对应品种液体种的接种要求。上水量根据罐的数量和冷却时间而定,一般建议流量为0.5 $m^3$/(h·罐),上水管道的设计应能满足流量要求。

(2) 下水 水淋间内应设置独立的排水设施和排水沟,且冷却完成后沟内不得积水。排水沟的设计应能方便清理和消毒,并有防虫、防鼠等设施。

(3) 供气 水淋间应设置洁净压缩空气管道和快速接头及阀门,接头和阀门的数量应和罐的数量配套,耗气量和罐的数量配套,压缩空气管道和阀门等建议采用不锈钢材质。

### （三）栽培种接种室

栽培种接种室是罐冷却结束后,用于液体培养罐接种的场所。

栽培种接种室面积的大小根据每日所使用的培养罐的数量而定,建议生产工艺为每天的培养罐一次进入接种区,每个培养罐所占面积为 1.2 m×1.2 m,其他区域面积为接种区面积的 2~3 倍。栽培种接种室应设置 2 个门,一个通向水淋间,一个通向栽培种培养室,门的大小为 2.2 m×1.2 m。母种可以通过传递窗或者从栽培种培养室传递进来,不得从水淋间或其他净化等级低于栽培种接种室的区域传递进来。

（1）上水　栽培种接种室内应设置独立的工艺用水水源。

（2）下水　栽培种接种室内应设置独立的排水设施。

### （四）栽培种培养室（液体种培养室）

栽培种培养室（液体种培养室）是接种完毕,用于液体种培养的场所。

栽培种培养室面积的大小根据所使用的培养罐的数量而定,应能满足罐的安放、周转要求,每个罐的占地面积不得小于 2 m²,每批罐与罐之间应留有宽度不小于 2 m 的物流通道。栽培种培养室应最少设置 2 个物流门,一个开向栽培种接种室,一个开向栽培料接种室,门的大小为 2.2 m×1.2 m。对于独立设置栽培种检测室的工厂,如果可能,应设置栽培种检测取样通道或传递窗。

（1）上水　栽培种培养室内应设置独立的工艺用水水源。

（2）下水　栽培种培养室内应设置独立的排水设施。

（3）供气　栽培种培养室应设置洁净压缩空气管道和快速接头、阀门,接头和阀门的数量应和罐的数量配套,耗气量和罐的数量配套,一般建议耗气量不小于 0.2 m³/min（0.08 MPa）,压缩空气管道和阀门等建议采用不锈钢材质,现在也有采用 PPR 管布置的。空气应经过去油、去水和冷干处理,并经粗、中效过滤器过滤。如果条件允许,可以安装压缩空气恒温装置以调节菌丝生长速度。

### （五）固定式发酵罐的布置

有一些品种或者工艺采用固定式发酵罐制作栽培种。所谓固定式发酵罐就是,栽培种的原料灭菌、冷却和培养等工序都在固定位置的发酵罐内进行。固定式发酵方式可以减小栽培种制作所需的面积,但罐培养室内除安装上下水管道外,还应设置用于罐灭菌的蒸汽和蒸汽冷凝水的排放管道。

## 五、栽培料制作区

栽培料经过装瓶（袋）、上架、灭菌后进入栽培料的冷却和接种区,由于栽培料处于无菌状态,食用菌工厂习惯上将这个区域称为净化区。

## （一）初冷室（出炉缓冲间）

初冷室是灭菌炉和冷却室之间的缓冲过道，用于菌瓶初步冷却和灭菌柜排气。

初冷室建议于灭菌柜的垂直方向设置，宽度在 4~6 m，长度根据灭菌柜的放置要求而定，高度应高于相邻功能间 0.5 m 以上。推荐墙体内板采用不锈钢材料，内墙四周应设置高度不低于 0.2 m 的防撞装置。初冷室应设置面向冷却室的无门槛的密闭门，门的高度为 2.2 m，宽度不小于 1.5 m，以便电动叉车通过。栽培种灭菌柜和栽培料灭菌柜安排在一起的工厂还应设置通向罐冷却室的无门槛的密闭门，门的大小为 2.2 m×1.2 m。同时，初冷室应设置独立的更衣间和风淋室，便于出炉工进出。

（1）上水　初冷室内应设置独立的工艺用水水源。

（2）下水　初冷室内应设置独立的排水设施。

## （二）冷却室

冷却室是用于将栽培料冷却到接种温度的场所，其需能达到在设定的时间内将菌瓶（包）内的栽培料温度降到指定的温度（根据菌种的不同，料温在 16~22 ℃ 之间），且料中心和外圈温差不得大于 3 ℃ 的要求。

冷却室的数量根据工厂的产量设定，一般单间的进货量不超过灭菌柜 2 h 的出货量。冷却室的大小根据每间冷却室的冷却小车或压盘的摆放量而定，每个小车之间的距离不得少于 0.2 m。还应设置人员通道，方便工作人员检查冷却效果，通道宽度不得小于 0.5 m，高度不高于 4 m，在冷风机的正下方留出宽度大于 1.2 m 的回风通道，以利于冷却室内空气循环。内墙四周应设置高度不低于 0.2 m 的防撞装置。冷却室应设置开向初冷室和接种准备室的无门槛的密闭门，门的高度为 2.2 m，宽度不小于 1.5 m。多个冷却室之间也应设置上述密闭门，用于被冷却物在冷却室之间转运。冷却室的工作人员通过接种准备室设立的人员入口进出。

## （三）接种准备室

接种准备室是用于冷却后菌瓶（袋）上生产线的场所。根据生产量确定机械手数量和安装位置，从而确定机械手所占的面积大小。除机械手所占空间外，接种准备室还应设置一条供冷却室内所有载物小车（或托架）通过的回车通道。一般来说，接种准备室的面积不小于单个冷却室的 2 倍，高度同冷却室，但机械手高度大于冷却室的高度时，按机械手所需高度设置接种准确室的高度。内墙四周应设置高度不低于 0.2 m 的防撞装置，有条件的工厂应在接种准备室设置冷却效果检测工位和记录工位。接种准备室应设置通向所有冷却室及小车回车通道的密闭门，门的大小参考冷却室的标准。接种准备室一般可以允许冷却室工作人员进入。

接种准备室应设置压缩空气管道和快速接头、阀门，接头和阀门的数量应与气动机械手的数量配套。

### （四）栽培料接种室

栽培料接种室是菌瓶（袋）冷却完上生产线，用于栽培瓶（袋）接种的场所。

栽培料接种室面积的大小应根据每日所生产的菌瓶（袋）所需的接种机数量而定。按生产时间计算，一般接种机的工作时间不超过 6 h，超过 5 万瓶/天的工厂还应考虑备接种机。栽培料接种室应设置 2 个通道，一个用于人员出入，通道应符合人员通道要求，一个通向栽培种（液体种）培养室，用于罐的进出，门的大小为 2.2 m×1.2 m（用管道输送的液体种可以不设置罐通道）。菌瓶（袋）的进出通过传送带，接种室四周应安装观察窗和应急门。

（1）上水　接种室内应设置独立的工艺用水水源。

（2）下水　接种室内应设置独立的排水设施。

（3）供气　接种室应设置洁净压缩空气管道、快速接头和阀门，耗气量参照接种机参数确定，压缩空气管道和阀门等建议采用不锈钢材质。

### （五）接种后室

接种后室是用于将接种完后的菌瓶（袋）码放在栈板上的场所。如果工厂的洁净度能够满足生产要求，接种后室也可以安排在前期培养区内。

根据生产量确定机械手数量和安装位置，从而确定机械手所占的面积大小。除机械手所占空间外，接种后室还应留有摆放一天所用栈板（或培养架）的位置。接种后室为制瓶（袋）区和生产区的中间地带，应有足够的空间便于叉车高效行驶，高度同冷却室。当机械手的高度大于冷却室的高度时，按机械手所需高度设置接种后室高度。内墙四周应设置高度不低于 0.2 m 的防撞装置。接种后室一般允许前期培养室工作人员进入，布局困难的工厂也可以采用传送带将菌瓶（袋）输送至独立的上架车间，其空间要求同接种后室，输送通道的洁净度要求也同接种后室，空气湿度小于 70%RH。

（1）上水　接种后室内应设置独立的工艺用水水源。

（2）下水　接种后室内应设置独立的排水设施。

（3）供气　接种后室应设置压缩空气管道、快速接头和阀门，接头和阀门的数量应与气动机械手的数量配套。

（4）其他　如果接种后室允许前期培养室的工作人员进出，需按净化要求安装风淋设备和手、鞋消毒设施，并设置更衣间。

# 第三节　食用菌工厂的栽培区域

## 一、栽培区域的组成及一般要求

食用菌工厂化生产采用封闭式厂房,由栽培车间、出菇车间和辅助生产车间构成。以瓶栽食用菌工厂生产车间为例,栽培区域包含以下5个部分(图2.3)。

栽培区域 $\begin{cases} 前期培养区 \\ 中期培养区 \\ 后期培养区 \\ 挠菌区 \\ 出菇室 \end{cases}$

**图 2.3　食用菌工厂栽培区域组成**

（1）前期培养区　接种、码瓶工序完成后,用于菌瓶前期培养的场所。

（2）中期培养区　前期培养完成后用于菌瓶中期培养的场所。

（3）后期培养区　用于一些品种后期在不同环境条件下处理的培养场所。

（4）挠菌区　培养完成,用于挠菌补水等工艺的场所。

（5）出菇室　食用菌子实体生长的场所。

栽培车间根据食用菌不同生长发育阶段的生长规律和全天候工厂化周年生产的需求设计厂房,其一般要求如下。

（1）栽培车间的数量和大小　培养室、出菇室等应根据菌种栽培特点及日产量合理安排。

（2）栽培车间的墙体　为了减少能耗、降低成本,栽培车间的墙体需要进行保温设计,应夏季隔热、冬季保温。根据具体情况,墙体可采用双层彩钢夹聚氨酯或砖混结构。双层彩钢结构的聚氨酯板厚度一般为10~15 cm。砖混结构墙体通过室内整体表面粘贴彩钢夹芯板或聚氨酯发泡材料实现保温,要求夹芯板或发泡材料阻燃性要好,厚度一般为5~10 cm。

（3）栽培车间的环境调控系统　主要包括温控系统(包括加热系统和制冷系统)、调湿系统、通风系统、光照系统。

加热系统:一般根据出菇室温度的不同,北方多采用暖气片或地板供暖,南方在温度较低的时候可采用暖风机、空气加热器等设备。

制冷系统:根据培养室、出菇室温度的不同及菇房空间的大小,南方多采用水冷式机组,北方则采用风冷式或蒸发冷式机组。

调湿系统:当制冷机组运行时,系统除湿能力加强,菇房湿度下降,采用小型加湿器或管道式超声波加湿系统加湿即可。

通风系统:为了定时换气和排出 $CO_2$,一般采用风机或换气扇,其数量和功率取决于菇房的空间大小和栽培品种。为了保证栽培室内温度、湿度和氧气量均匀一致,应考虑菇房内的空气流场分布。

光照系统:一般在发菌室、催蕾室、出菇室安装。根据食用菌在发菌、催蕾、出菇、长菇过程中对光线的不同要求,设置不同数量、不同功率的 LED 灯管或灯带。有些品种在培养后期也需要光照刺激。

## 二、栽培区域的工艺布局

食用菌栽培区域的工艺布局应符合生产工艺流程及空气洁净度等级的要求,并应根据工艺设备安装和维修、管线布置、气流流型和净化空调系统的选择及设置等的要求综合确定。此外,培养区域应设置防止昆虫和其他动物进入的设施和设备。

工艺布局应防止人流和物流之间发生交叉污染,并符合下列基本要求:

① 应分别设置人员和物料进出栽培区域的出入口。对于在生产过程中易造成污染的物料,应设置专用出入口。

② 应分别设置人员和物料进入前期培养区的净化用室和设施。

③ 培养区内工艺设备和设施的设置应符合生产工艺要求。生产和储存区域不得用作非本区域工作人员的通道。

④ 培养区内物料传递路线宜尽量短,且应避免培养期长的物料反向进入培养期短的物料存放区域。

## 三、前期培养区的布局及要求

前期培养区是接种、码瓶完成后菌瓶进入的培养场所,其使用面积应能满足所有前期培养菌瓶的存放、周转,以及货物方便进出的要求。如果接种后室安排在前期培养室内,还应考虑码瓶机械等设备的安装位置及周转机械所需的空间大小。

（1）前期培养区面积的确定　前期培养区的面积大小由以下几个因素决定:工艺要求的前期培养时间(天数)、每日计划生产量(瓶数)、垫仓板(培养架)的选择、物料周转方式、垫仓板的摆放方式等。

① 面积的快速计算方法:叉车过道位于中间、菌垛布置在过道两边时,前期培养区使用面积为菌垛净占地面积的 1.8(6 筐垫仓板)~2(4 筐垫仓板)倍;叉车过道位于一侧、菌垛布置在过道一边时,前期培养区使用面积为菌垛净占地面积的 2(6 筐

垫仓板)~2.2(4筐垫仓板)倍。可以根据建筑的特点,采用一间或者数间前期培养室的布置方法,根据每日生产的菌瓶(袋)的摆放面积确定前期培养室的面积,总面积应是单日占地面积的整数倍,倍数的大小与生产的品种相关。

② 前期培养区高度:前期培养区高度应根据培养菌垛高度而定,室内净高高于菌垛顶端2.2~2.5 m,常用高度为6 ~7 m。

③ 工艺要求的前期培养时间(天数):由于每个品种的菌丝生长速度和抗杂能力各不相同,因而前期培养区使用面积应根据工艺所划分的前期培养时间而定,一般要求以菌瓶料面菌丝开始封面为标准。除标准要求的培养前期所需的时间外,还应增加一天的时间用于倒库。

④ 每日计划生产量:应为工厂每天计划生产的瓶数。

⑤ 垫仓板(培养架):垫仓板是用来支撑多个菌筐以便于叉车移动菌瓶的塑料或木制板状物体。可以根据工艺要求选用6筐或4筐垫仓板,每个垫仓板可以堆放8~10层菌瓶,每一垛可以堆放512~640瓶(4筐垫仓板)或768~960瓶(6筐垫仓板)。垫仓板的数量根据工厂的日生产量计算而定,每个菌垛上下堆放2~3组垫仓板。培养架为袋栽培养的菌包支撑物,原理同垫仓板。

⑥ 物料周转方式:物料一般通过电瓶叉车在培养室内周转,空间布局时应考虑叉车的工作空间且不影响每天物料的进出及堆放。随着互联网技术的发展,VGA小车逐渐应用于食用菌工厂的菌瓶转运系统中。

⑦ 菌垛摆放:根据叉车的进出方向确定菌垛的摆放方向,每2~4排菌垛为一组,组内菌垛之间的距离不得小于0.2 m,组与组之间的距离不得小于0.5 m,以方便查库。菌垛和墙壁之间的距离不得小于0.8 m,以便于空气流通。菌垛出货面叉车回旋宽度不得小于4 m。

(2) 上水　前期培养区内应设置独立的工艺用水水源,用于清洁室内地面。

(3) 下水　前期培养区内无须设置排水设施。

(4) 供气　如果采用二流体加湿模式,前期培养区应设置用于加湿器的压缩空气管道,其数量和管径根据加湿器耗气量确定。

**四、中期培养区的布局及要求**

中期培养区是完成前期培养后菌瓶进入的培养场所,应能满足所有中期培养菌瓶的存放、周转,以及方便货物进出的使用要求。

(1) 中期培养区面积的确定　中期培养区使用面积的大小取决于以下几个因素:工艺要求的中期培养时间(天数)、每日计划生产量(瓶数)、垫仓板的选择、物料周转方式、垫仓板的摆放方式等(同前期培养)。

① 工艺要求的中期培养时间(天数):除标准要求的培养中期所需的时间外,还应增加 1~2 天的时间用于倒库。

② 菌垛的摆放:根据叉车的进出方向确定菌垛的摆放方向,每 2~4 排菌垛为一组,组内菌垛之间的距离不得小于 0.3 m,组与组之间的距离不得小于 0.6 m,以方便查库。菌垛和墙壁之间的距离不得小于 0.8 m,以便于空气流通。菌垛出货面叉车的回旋宽度不得小于 4 m。

③ 面积的快速计算方法:叉车过道位于中间、菌垛布置在过道两边时,中期培养区使用面积为菌垛净占地面积的 2(6 筐垫仓板)~2.4(4 筐垫仓板)倍;叉车过道位于一侧、菌垛布置在过道一边时,中期培养区使用面积为菌垛净占地面积的 2.2(6 筐垫仓板)~2.6(4 筐垫仓板)倍。可以根据建筑特点,采用一间或者数间中期培养室的布置方法,根据每日生产的菌瓶(袋)的摆放面积确定中期培养室的面积,总面积应是单日占地面积的整数倍,倍数的大小与生产的品种相关。对于培养期特别长的品种,应考虑适当降低堆放密度,减少因长期风机吹动所造成的瓶内培养料的干耗,同时换热器的循环风量也应做适当调整。

④ 中期培养区室内高度:中期培养区室内高度根据培养菌垛的高度而定,室内净高高于菌垛顶端 2.2~2.5 m,一般将高度设为 6~7 m。

(2) 上水　中期培养区内应设置独立的工艺用水水源,用于清洁室内地面。

(3) 下水　中期培养区内无须设置排水设施。

(4) 供气　如果采用二流体加湿模式,中期培养区应设置用于加湿器的压缩空气管道,其数量和管径根据加湿器耗气量确定。

## 五、后期培养区的布局及要求

后期培养区是一些特殊品种在完成培养后进行冷热处理的场所,或者发育成熟的菌丝体在后期培养室完成后熟工序,有些食用菌品种如百灵菇、秀珍菇等需要在后熟后进行低温刺激,故需要设置独立的冷刺激车间。后期培养区作为进行后期冷热处理的场所,其应能满足全部的后期培养菌瓶的存放、周转,以及货物方便进出的使用要求。

(1) 后期培养区面积的确定　后期培养区面积的大小取决于以下几个因素:工艺要求的后期培养时间(天数)、每日计划生产量(瓶数)、垫仓板的选择、物料周转方式、垫仓板的摆放方式等。

① 工艺要求的后期培养时间(天数):根据品种的不同,后期培养时间也不一样。

② 菌垛的摆放:根据叉车的进出方向确定菌垛的摆放位置,每 2~4 排菌垛为

一组,组内菌垛之间的距离不得小于0.2 m,组与组之间的距离不得小于0.5 m,以方便查库。菌垛和墙壁之间的距离不得小于0.8 m,以便于空气流通。菌垛出货面叉车回旋宽度不得小于4 m。

③后期培养区面积的快速计算方法:叉车过道位于中间、菌垛布置在过道两边时,后期培养区使用面积为菌垛净占地面积的1.8(6筐垫仓板)~2(4筐垫仓板)倍;叉车过道位于一侧、菌垛布置在过道一边时,后期培养区使用面积为菌垛净占地面积的2(6筐垫仓板)~2.2(4筐垫仓板)倍。可以根据建筑的特点将后期培养室设为一间或者数间,根据每日生产的菌瓶(袋)的摆放面积确定后期培养室的面积,总面积应是单日占地面积的整数倍,倍数的大小与生产的品种相关。

④后期培养区室内高度:后期培养区室内高度根据培养菌垛的高度而定,室内净高高于菌垛顶端2.2~2.5 m,一般将高度设为6~7 m。

(2)上水　后期培养区内应设置独立的工艺用水水源,用于清洁室内地面。

(3)下水　后期培养区内无须设置排水设施。

(4)供气　如果采用二流体加湿模式,后期培养区应设置用于加湿器的压缩空气管道,其数量和管径根据加湿器耗气量确定。

## 六、挠菌区的布局及要求

挠菌区是食用菌培养完成,用于完成挠菌、补水等工艺的场所。

(1)挠菌区面积的确定　挠菌区应将上线区和挠菌间分开。根据生产量确定上线机械手数量和安装位置,从而确定机械手占地面积大小。除机械手所占空间外,上线区还应考虑能让两台叉车回旋的通道,高度为3.5~4 m;若机械手高度大于此高度,按机械手高度设计上线区高度,内墙四周应设置高度不低于0.2 m的防撞装置。挠菌间的面积应根据生产所需的开盖、挠菌、注水等机械设备的占地面积来确定。挠菌间应设置通向所有后期培养室的密闭门,还应考虑留出菌瓶生产线进出的通道及瓶盖、菌皮、垫仓板等货物出库的通道。设置在后期培养室内的挠菌间可以作为中、后期培养室工作人员的进出通道,通道设置在挠菌间一侧。

(2)上水　挠菌区内应配备独立的工艺用水和菌瓶注水用的纯净水,其流量根据工艺要求而定。

(3)下水　挠菌区内应设置独立的排水设施和明沟,明沟的坡度不得小于0.01°,以保证消毒清洗后无积水现象。明沟排放室外应设置大小合适的沉降池,以保证排放物不对工厂环境造成污染。

(4)供气　挠菌区设置压缩空气管道和快速接头、阀门,接头和阀门的数量应与气动机械手和挠菌机械的数量配套。

### 七、出菇室的布局及要求

出菇室是食用菌子实体生长的场所。菌瓶经挠菌后进入出菇室进行子实体生长,由于食用菌子实体生长所需环境与培养所需环境有极大的差别,因而需要将其移到出菇室进行生长。按目前种植工艺的要求,出菇室分为移动床架式出菇室和固定床架式出菇室两大类。

#### (一)移动床架式出菇室

不同品种的子实体在生长过程中对环境的要求有明显差异,移动床架式出菇室的主要功能是更精准地满足食用菌子实体生长所需的环境要求,其采用菌瓶移动而环境参数相对固定的一种种植模式。其最大的特点是空间环境参数固定在一个相对比较小且精确的范围内,物料在各个固定的空间环境内周转。由于子实体在生长前期较矮小,故前期可以增大出菇室密度,提高单位面积生产效率。

1. 总体要求

出菇室面积的大小取决于以下因素:工艺要求的出菇时间(天数)、每日计划生产量(瓶数)、移动床架的结构和库内分布方式等。

① 面积快速计算方法:单个出菇室的面积可以按床架的净占地面积来估算,一般没有特殊要求时,出菇室使用面积为床架净占地面积的 2~2.4 倍,每个过道都开门的出菇室面积取下限,需要在库内周转床架的库房取上限。

② 工艺要求的出菇室房间数:由于不同品种的生育成熟期各不相同,因而出菇室房间数一般根据生长天数来确定,每日一间。日产量大于 10 万瓶的工厂,应考虑每日两间或更多。设计出菇室时应在计算所需库房数量后再增加 1~2 间库房作为备用周转库房。

③ 每日生产量:应为工厂设定的每天生产的瓶数。

④ 移动床架的结构和库内分布方式:移动床架由金属材料制成,对于垂直生长的品种,一般移动床架单层的装瓶量为 64~96 瓶,层数为 8~10 层,层与层之间的高度在 0.45~0.5 m,床架宽度为 0.9~1 m、长度为 1.3~1.7 m。确定移动床架结构后选择分布方式。

⑤ 库房面积的大小:库房面积的大小取决于移动床架的数量和床架在库内的分布方式。库房由床架和过道组成,从进门处开始纵向布置。布置的方法:墙壁↔过道(0.2~0.4 m)↔单列移动床架(约 1 m)↔过道(0.8~1 m)↔双列移动床架(2.2~2.6 m)↔过道(0.4~0.6 m),以此类推,直到满足库房额定的装瓶量要求。库房的宽度和长度应能满足建筑的标准模数值;出菇室高度根据移动床架的高度而定,室内净高高于移动床架顶端 2~2.2 m,一般将高度设为 6~7 m,墙壁四周应

安装高度不小于 0.2 m 的防撞装置。

2. 各区域的要求

按食用菌生长特性来划分,移动床架式出菇室通常划分为发芽室、抑制室和生长室三个区域,这三个区域的制冷和室内空气循环量要求各不相同。有些工厂将抑制室和生长室合并,在整个出菇过程中只移动一次床架。

(1)发芽室

① 上水:发芽室内应设置独立的工艺用水水源,用于清洁室内地面,并设置用于加湿的洁净水水源,用水量根据加湿器加湿量确定。

② 下水:发芽室内应设置排水设施。

③ 供气:如果采用二流体加湿模式,发芽室应设置用于加湿器的压缩空气管道,其数量和管径根据加湿器耗气量确定(建议使用超声波加湿器)。

④ 诱导灯光:部分品种在出芽阶段需配置诱导灯光,诱导灯光的光照强度和频率根据各品种的工艺要求确定。

(2)抑制室

① 上水:抑制室内应设置独立的工艺用水水源,用于清洁室内地面,并设置用于加湿的洁净水水源,用水量根据加湿器加湿量确定。

② 下水:抑制室内应设置排水设施。

③ 供气:如果采用二流体加湿模式,抑制室应设置用于加湿器的压缩空气管道,其数量和管径根据加湿器耗气量确定(建议使用超声波加湿器)。

④ 抑制灯光:部分品种在抑制阶段需配置抑制灯光,抑制灯光的光照强度和频率根据各品种的工艺要求确定。

(3)生长室

① 上水:生长室内应设置独立的工艺用水水源,用于清洁室内地面,并设置用于加湿的洁净水水源,用水量根据加湿器加湿量确定。

② 下水:生长室内应设置排水设施。

③ 供气:如果采用二流体加湿模式,生长室应设置用于加湿器的压缩空气管道,其数量和管径根据加湿器耗气量确定(建议使用超声波加湿器)。

④ 诱导灯光:部分品种在出菇阶段需配置诱导灯光,诱导灯光的光照强度和频率根据各品种的工艺要求确定。

**(二)固定床架式出菇室**

为减少货物周转量,固定床架式出菇室采用菌瓶固定、环境参数改变的方式来满足食用菌的生长需求。其最大的特点是食用菌在生长过程中不再改变位置,通过环境设备调节食用菌各个生长阶段所需的环境参数。总体要求如下:

（1）出菇室面积的确定　出菇室面积的大小取决于以下几个因素:工艺要求的生育时间(天数)、每日计划生产量(瓶数)、固定床架的结构和库内分布方式等。

① 出菇室面积快速计算方法:单个出菇室的面积可以按床架的净占地面积来估算,一般没有特殊要求时,出菇室使用面积为床架净占地面积的 1.8~2.5 倍,每个过道都开门的出菇室面积取下限,需要对货物实现周转的库房取上限。

② 工艺要求的出菇室房间数:由于每个品种的生育成熟期各不相同,因此出菇室房间数一般根据生长天数来确定,建议每间的装瓶量不超过 6 万瓶。日产量大于 6 万瓶的工厂,应考虑每日两间或更多。设计出菇室时应在计算所需库房数量后再增加 1~2 间库房作为备用周转库房。

③ 每日计划生产量:应为工厂设定的每天生产的瓶数。

④ 固定床架的结构和库内分布方式:固定床架由金属材料制成,对于垂直生长的品种,一般单层床架的装瓶量为 64 瓶,层数不大于 10 层,层与层之间的高度在 0.45~0.5 m,床架宽度为 0.9~1.1 m,床架所需长度为库长度减去工艺长度。确定床架结构后选择床架的分布方式。

出菇室单间面积的大小取决于固定床架的数量和床架在库内的分布方式。库房由床架和过道组成,从进门处开始纵向布置。布置的方法:墙壁↔过道(0.2~0.4 m)↔单列床架(0.9~1.1 m)↔过道(0.8~1 m)↔双列床架(2~2.6 m)↔过道(0.8~1 m),以此类推,直到满足库房额定的装瓶量要求。库房的宽度和长度应能满足建筑的标准模数值;出菇室高度根据固定床架的高度确定,室内净高高于床架顶端 2~2.2 m,一般将高度设为 5.5~6.5 m。

（2）上水　出菇室内应设置独立的工艺用水水源,用于清洁室内地面,并设置用于加湿的洁净水水源,用水量根据加湿器加湿量确定。

（3）下水　出菇室内应设置排水设施。

（4）供气　如果采用二流体加湿模式,出菇室应设置用于加湿器的压缩空气管道,其数量和管径根据加湿器耗气量确定。

（5）诱导和抑制灯光　部分品种在出菇阶段需配置诱导或抑制灯光,灯光的光照强度和频率根据各品种的工艺要求确定。

# 第四节　生产区域的环境要求

菌丝体和子实体是食用菌生长发育的两个主要阶段,食用菌生长需要适宜的温度、通风、湿度和光照等环境因素。

## （一）温度

温度是影响食用菌生长发育的重要因素。在一定温度范围内，食用菌生长和代谢的速度随温度的上升而加快。温度升高到一定限度后会产生不良影响，如果继续升高，食用菌的细胞功能就会被破坏，甚至造成食用菌死亡。

不同的食用菌生长所需的温度范围不同，每一种食用菌只能在一定的温度范围内生长。食用菌按其生长速度可分为三个温度范围，即最低生长温度、最适生长温度和最高生长温度。若环境温度处在最低和最高生长温度的范围内，食用菌的生命活动就会受到抑制，甚至导致食用菌死亡。因此，在食用菌的生产过程中，可以通过对温度的调节来促进食用菌的生长，抑制或杀死有害杂菌，实现食用菌的稳产、高产。表 2.1 至表 2.3 列出了常见食用菌不同阶段对温度的要求。

表 2.1　常见食用菌孢子萌发温度

| 食用菌 | 萌发温度范围/℃ | 最适萌发温度/℃ |
| --- | --- | --- |
| 平菇 | 20~30 | 24~28 |
| 香菇 | 20~30 | 22~26 |
| 双孢蘑菇 | 18~30 | 24 |
| 黑木耳 | 22~32 | 25~30 |
| 金针菇 | 15~24 | 20 |
| 鸡腿菇 | 22~26 | 24 |

表 2.2　常见食用菌菌丝生长温度

| 食用菌 | 生长温度范围/℃ | 最适生长温度/℃ |
| --- | --- | --- |
| 平菇 | 10~30 | 22~26 |
| 香菇 | 5~35 | 23~25 |
| 双孢蘑菇 | 5~32 | 22~26 |
| 黑木耳 | 6~36 | 22~28 |
| 金针菇 | 5~25 | 24 |
| 鸡腿菇 | 3~35 | 20~28 |
| 猴头菇 | 6~32 | 22~25 |
| 茶树菇 | 4~34 | 22~26 |
| 杏鲍菇 | 6~35 | 23~27 |

表 2.3　常见食用菌子实体分化温度

| 食用菌 | 子实体分化 | 分化温度范围/℃ | 最适分化温度/℃ |
|---|---|---|---|
| 平菇 | 低温型 | 5~15 | 8~13 |
| | 中温型 | 12~22 | 15~20 |
| | 高温型 | 20~30 | 25 |
| 香菇 | | 5~24 | 8~16 |
| 双孢蘑菇 | | 8~22 | 13~18 |
| 黑木耳 | | 15~27 | 20~24 |
| 金针菇 | | 5~20 | 8~12 |
| 鸡腿菇 | | 8~26 | 12~22 |
| 猴头菇 | | 15~24 | 18~20 |
| 茶树菇 | | 10~30 | 20 |
| 杏鲍菇 | | 8~20 | 12~15 |

## （二）水分和空气相对湿度

水分是食用菌细胞的重要组成成分,菌丝体和新鲜菇体中约有 90% 的水分。食用菌机体对营养物质的吸收与代谢产物的分泌都是通过水来完成的,机体内的一系列生理生化反应都是在水中进行的。

食用菌生长发育所需要的水分绝大部分来自培养料。培养料的含水量是影响菌丝生长和出菇的重要因素,只有含水量适当时才能形成子实体。培养料含水量可用水分在湿料中的含量(百分比)表示。一般适宜食用菌菌丝生长的培养料含水量在 60% 左右。培养料中的水分常因蒸发或出菇而逐渐减少。因此,栽培期间必须满足食用菌生长所需的水分。

此外,菇房中保持一定的空气相对湿度,可以防止培养料或子实体的水分过度蒸发。食用菌的菌丝体生长和子实体发育阶段所需要的空气相对湿度不同。大多数食用菌的菌丝体生长和子实体发育阶段需要的空气相对湿度分别为 65%RH~75%RH 和 80%RH~95%RH。如果菇房的空气相对湿度低于 60%RH,侧耳等子实体的生长就会停止;当空气相对湿度降至 40%RH~45%RH 时,子实体不再分化,已分化的幼菇也会干枯死亡。但菇房的空气相对湿度不宜超过 96%RH,因为菇房过于潮湿,则易导致病菌滋生,这会抑制子实体的正常蒸腾作用。因此,若菇房过于潮湿,则子实体发育不良,常表现为只长菌柄、不长菌盖,或者盖小肉薄。表 2.4 和表 2.5 列出了不同食用菌不同生长阶段的培养料含水量及空气相对湿度。

表 2.4　不同食用菌菌丝体生长阶段的培养料含水量及空气相对湿度

| 食用菌 | 培养料含水量/% | 空气相对湿度/%RH |
|---|---|---|
| 平菇 | 60～65 | <70 |
| 香菇 | 55～65 | <70 |
| 双孢蘑菇 | 50～75 | 75 |
| 黑木耳 | 60 | 70 |
| 金针菇 | 60 | 60～70 |
| 鸡腿菇 | 60～70 | <70 |
| 猴头菇 | 65 | <70 |
| 茶树菇 | 65～70 | <70 |
| 杏鲍菇 | 60～65 | 60 |

表 2.5　不同食用菌子实体发育阶段的空气相对湿度

| 食用菌 | 空气相对湿度/%RH |
|---|---|
| 平菇 | 85～95 |
| 香菇 | 90 |
| 双孢蘑菇 | 85～90 |
| 黑木耳 | 85～90 |
| 金针菇 | 90 |
| 鸡腿菇 | 85～90 |
| 猴头菇 | 90～95 |
| 茶树菇 | 85～95 |
| 杏鲍菇 | 90 |

### （三）空气中二氧化碳（氧气）含量

由于食用菌是好气性菌类,因而氧与二氧化碳的含量也是影响食用菌生长发育的重要环境因素。食用菌通过呼吸作用吸收氧气、排出二氧化碳,因此,在食用菌生长过程中经常通风换气是一项重要的栽培措施。

一般情况下,过高的 $CO_2$ 含量会影响食用菌的呼吸活动,抑制菌丝体的生长。如双孢蘑菇的菌丝体在 $CO_2$ 体积分数为 10% 的环境下,其生长量只有在正常空气中的40%, $CO_2$ 含量越高,其生长速度越慢。当然,不同种类食用菌对 $CO_2$ 含量的需求是有差异的,如平菇的菌丝体,在 $CO_2$ 体积分数为 20%～30% 时,生长量比在正常空气条件下增加 30%~40%,当 $CO_2$ 体积分数大于 30% 时,菌丝的生长量骤然下降。

在食用菌的子实体分化阶段,即从菌丝体到出菇的阶段,微量的 $CO_2$($0.034\%$~$0.1\%$)对子实体的分化是必要的。子实体形成后,子实体的呼吸旺盛,对氧气的需求量也急剧增加,这时过高的 $CO_2$ 含量对子实体有毒害作用。实际生产中,可以利用 $CO_2$ 含量对子实体形状的影响调整菇形,得到所需要的商品菇的形状,有时也能够通过高 $CO_2$ 含量抑制弱小蕾的生长达到间苗的目的。对 $CO_2$ 含量的控制是食用菌工厂调控食用菌生长分化的重要手段。

为了防止环境中 $CO_2$ 积贮过多,在食用菌栽培过程中,适时适量地通风换气,是确保子实体正常发育的一项关键措施。在林地栽培时,应选择较开阔的场地作菇(耳)场,并砍除场内的杂草及低矮灌木,以利于场地通风。在室内栽培时,栽培室(房)应设置足够多的换气窗。适当通风还能调节空气的相对湿度,减少害虫、杂菌的侵害,确保食用菌稳产和高产。

**(四) 空气洁净度**

以单位体积空气某粒径粒子和微生物的数量来区分洁净程度。洁净车间是指按照特定程序进行操作来控制空气悬浮微粒浓度,使得车间达到规定的洁净度级别,而车间内其他参数,如温度、湿度、压差等按生产产品的需要调控。

在食用菌生长发育过程中,通过有效措施对污染物进行处理和控制后,能够显著提高食用菌的出菇成功率,这种有效控制污染物(亦包括感染物料的代谢物或孢子等)的技术称为洁净技术或污染控制。

**(五) 空气流场**

为了保证食用菌生长的一致性和出菇的高成功率,对于处于菇房不同空间位置的食用菌,需要设置相同或者相近的环境条件。因此,必须对室内空气的流动型态和分布状态进行调控,使得室内空气按照设计的压差或导向流动,一方面可带走食用菌生长过程中产生的大量热量和代谢产物,另一方面将食用菌生长所需的新鲜空气交换至菌瓶周边环境,从而保证每个菌瓶周围的流场分布和环境参数基本一致。

食用菌工厂的环境控制系统就是用人工手段营造出满足食用菌各个阶段生长需求的环境的集成系统。例如,在菌丝萌发阶段,环境控制系统可阻止外界杂菌的侵扰,使菌丝能够在适宜的环境中快速萌发,形成优势菌落;在菌丝生长阶段,菌丝集约化生产会产生大量的二氧化碳和热量,环境控制系统可将食用菌生长过程中产生的代谢产物和热量排出菇房,同时提供菌丝生长所需的温湿度等,在特定的季节也可以通过改变环境参数,增强有益菌的生长能力,抑制有害菌的生长;在出菇阶段,环境控制系统调节出菇所需的环境参数,达到提升产品产量和品质的目的。

# 第三章

# 食用菌工厂化生产区域的净化、通风、灭菌、消毒及光照

## 第一节　食用菌工厂化生产区域的净化

空气净化和洁净室技术是20世纪50年代逐渐形成和发展起来的一门综合性和系统性的新兴技术。它是研究产品工艺和科学实验与其环境的关系,防止生产的产品及科研成果受环境因素影响,保证被加工的产品和科研成果不被有害的污染物质(气体、液体、固体等粒子,以及有生命和无生命的粒子)污染的专门技术。食用菌工厂化栽培所需要的洁净室技术不仅仅要能保护食用菌,更要能保护操作人员的安全和周围环境的安全。

### 一、洁净室

#### (一)洁净室的定义

根据我国国家标准《洁净室及相关受控环境　第1部分:空气洁净度等级》(GB/T 25915.1—2010/ISO 14644-1:1999)和《洁净厂房设计规范》(GB 50073—2013),洁净室是空气中悬浮粒子浓度受控的房间,其建造和使用方式使房间内进入的、产生的、滞留的粒子最少,房间内温度、湿度、压力等其他相关参数按要求受控。洁净室已广泛地应用于电子(微电、光电等)、航空、机械、化工、农业、制药、医疗、食品、生物安全和生物工程等各行各业。随着科学技术和国民经济的迅猛发展,空气净化和洁净室技术在食用菌工厂化栽培中的应用越来越广泛和深入。

#### (二)洁净室的技术要素

从洁净室的建造和维护看,洁净室有四大技术要素:

① 洁净室的净化空调系统至少应有粗效、中效、高效过滤器等三级,尤其是在终端应有高效空气过滤器(HEPA)或超高效空气过滤器(ULPA)。

② 洁净室送风量应能满足空调系统和净化系统的需求。其送风量应不仅能使

空调系统消除室内的余热和余湿,提供和维持室内适宜的温度和相对湿度,同时还应能使净化系统消除室内污染粒子或稀释其浓度,达到一定的洁净度要求。

③ 洁净室必须建立和维持必要的相对压差(正压或负压)。

④ 洁净室应有合理的气流流型,以获得适宜的室内洁净度和温湿度等。

**(三)洁净室空气洁净度等级划分**

我国国家标准《洁净厂房设计规范》(GB 50073—2013)对洁净室空气洁净度等级做出了规定(表3.1),其等同于国际标准 ISO 14644-1 中的空气洁净度等级。现在,中国、美国、欧盟、日本、俄罗斯等国家和地区洁净室的空气洁净度等级均采用或参照上述标准来制定本国或本地区的洁净室空气洁净度的等级标准。

**表3.1　洁净室及洁净区空气洁净度整数等级(GB 50073—2013)**

| 空气洁净度等级(N) | 大于或等于要求粒径的粒子最大浓度限值/(pc·m$^{-3}$) | | | | | |
|:---:|:---:|:---:|:---:|:---:|:---:|:---:|
| | 0.1 μm | 0.2 μm | 0.3 μm | 0.5 μm | 1 μm | 5 μm |
| 1 | 10 | 2 | — | — | — | — |
| 2 | 100 | 24 | 10 | 4 | — | — |
| 3 | 1000 | 237 | 102 | 35 | 8 | — |
| 4 | 10000 | 2370 | 1020 | 352 | 83 | — |
| 5 | 100000 | 23700 | 10200 | 3520 | 832 | 29 |
| 6 | 1000000 | 237000 | 102000 | 35200 | 8320 | 293 |
| 7 | — | — | — | 352000 | 83200 | 2930 |
| 8 | — | — | — | 3520000 | 832000 | 29300 |
| 9 | — | — | — | 35200000 | 8320000 | 293000 |

注:按不同的测量方法,各等级水平的浓度数据的有效数字不应超过三位。

根据要求,粒径为 D 的粒子最大浓度限值由下式确定(粒径 0.1~0.5 μm):

$$C_n = 10^N \times (0.1/D)^{2.08} \qquad (3.1)$$

式中:$C_n$ 为大于或等于要求粒径的粒子最大浓度限值(pc/m$^3$),是四舍五入至相近的整数,有效位数不超过三位数;N 为空气洁净度等级,数字不超过9,空气洁净度等级整数之间的中间数可以按 0.1 为最小允许递增量;D 为要求的粒径(μm);0.1 为常数,其量纲为微米(μm)。空气洁净度等级的粒径范围应为 0.1~0.5 μm,超出粒径范围时可采用 U 描述符或 M 描述符补充说明。

**(四)洁净室的分类**

洁净室按照气流流型可分为单向流洁净室、非单向流洁净室、混合流洁净室和矢流洁净室。

（1）单向流洁净室　单向流洁净室的净化原理是活塞挤压和置换原理,即洁净气流将室内产生的粒子由一端向另一端以活塞的形式挤压出去,使洁净气流充满洁净室。根据单向流气流流型(图3.1),单向流洁净室又可分为垂直单向流洁净室和水平单向流洁净室。

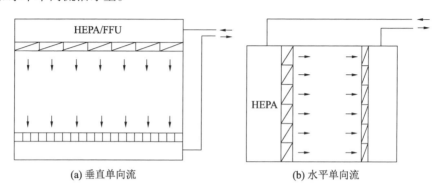

(a) 垂直单向流　　　　　　　　　　(b) 水平单向流

**图3.1　单向流气流流型**

垂直单向流洁净室是在其吊顶上满布(≥80%)高效空气过滤器或风机过滤器机组(FFU),经其过滤的洁净气流从吊顶以≥0.25 m/s的速度、小于14°的偏斜角度,用活塞的形式将室内的污染粒子从上向地面挤压,将被挤压的污染空气通过地板格栅排出洁净室,这样不断循环运行保证了洁净室的高洁净度等级。垂直单向流洁净室可达到极高的洁净度(1~5级),但它的初始投资最高、运行费最多。在食用菌工厂中,通常在试管接种、罐接种、栽培料接种等关键工序采用垂直单向流洁净方式,设备多采用风机过滤器机组(FFU)。

水平单向流洁净室是在其送风墙上满布(≥80%)高效空气过滤器,被其过滤的洁净气流以≥0.3 m/s的速度用活塞的形式将污染粒子挤压到对面的回风墙,被挤压的污染空气通过回风墙排出洁净室,这样不断循环保证了高洁净度等级。水平单向流洁净室可达到5级洁净度等级,其初始投资与运行费用低于垂直单向流洁净室。水平单向流洁净室与垂直单向流洁净室最大的区别是垂直单向流洁净室的气流是由吊顶顶棚流向地面,所有工作面全部被洁净的气流覆盖;而水平单向流洁净室的气流是由送风墙流向回风墙,因此气流在第一工作面洁净度最高,后面的工作面的洁净度会越来越低。

（2）非单向流洁净室　非单向流洁净室的净化原理是稀释,即用一定量的洁净空气来稀释室内产生的污染粒子的浓度。洁净空气量越多,稀释后的洁净度等级就越高。因此,洁净空气的送风量(换气次数)不同,室内空气的洁净度等级也不相同。《洁净厂房设计规范》(GB 50073—2013)规定:6级洁净室的换气次数为

50~60 次/h；7 级洁净室的换气次数为 15~25 次/h；8 级和 9 级洁净室的换气次数为 10~15 次/h。洁净度等级不同，洁净室的初始投资和运行费用就不相同。最常用的非单向流洁净室的气流流型主要有顶送下回、顶送下侧回和顶送顶回，如图3.2 所示。

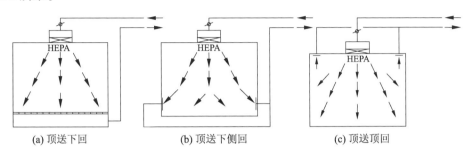

(a) 顶送下回　　　　　(b) 顶送下侧回　　　　　(c) 顶送顶回

图 3.2　非单向流气流流型

（3）混合流洁净室　如图 3.3 所示，混合流洁净室是将垂直单向流和非单向流两种形式的气流组合在一个洁净室中。混合流洁净室可大大压缩垂直单向流的面积，只将其应用在必要的关键工序和关键部位，用大面积的非单向流来替代垂直单向流，这样不仅显著节约投资，也大大地节省了运行费用。目前，这种混合流洁净室广泛地应用在有大面积高洁净度等级洁净室的电子工业洁净厂房和食用菌工厂中。

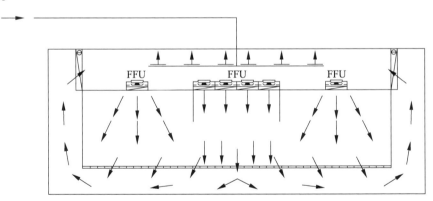

图 3.3　混合流气流流型

（4）矢流洁净室　如图 3.4 所示，矢流洁净室是用圆弧形高效空气过滤器构成圆弧形送风装置，经圆弧形高效空气过滤器送出的气流是放射形洁净气流，流线之间不发生交叉，灰尘粒子被放射形气流带到回风口，回风口设在对面墙的下侧。矢流洁净室可通过较少的洁净送风量达到较高的洁净度等级（5 级）。这种气流流型多用在小型的洁净室和有特殊要求的洁净实验室中。

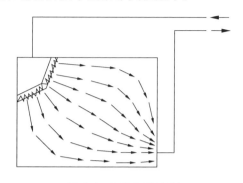

**图 3.4　矢流气流流型**

### （五）洁净室的污染源及其控制措施

洁净室的污染源及其控制措施如下：

① 人是洁净室最大的污染源。规范进入洁净室内人员的着装和洁净室内人员的行为动作可控制人员产尘。

② 周围环境污染空气的渗入。可通过加强围护结构的密封、堵漏，维持洁净室的正压来控制。

③ 未经 HEPA 过滤的空气送入。送入洁净室的空气要全部经过三级过滤，终端是 HEPA 过滤，要对安装的过滤器进行密封、检漏、堵漏，维持洁净室内的正压。

④ 围护结构的产尘和其他设施表面的产尘。应正确选择洁净室围护结构的材料，并对围护结构的表面、顶、墙、地及其他表面进行定期擦拭、清扫和消毒。

⑤ 工艺设备和工艺过程的产尘。对工艺设备的产尘要进行局部处理，避免污染扩散到全室；对工艺过程的产尘要加强局部围挡和局部排风等。

⑥ 原材料、容器、气、其他溶剂及外包装的产尘。外包装不应在洁净室内拆除，容器要进行清洗、消毒处理，原材料要溯源到生产、供应、包装等情况。对原材料、水、气和其他溶剂进行净化处理来控制污染。

⑦ 自然界中存在的大量微生物。例如，每克土壤中存在 $10^4 \sim 10^{10}$ 个微生物，每克水中存在 $10 \sim 10^4$ 个微生物，每克空气中存在 $10^4 \sim 10^6$ 个微生物，人的皮肤每平方厘米存在 $10 \sim 10^4$ 个微生物，地板每平方厘米存在 $10^4 \sim 10^7$ 个微生物，而且大多数微生物是耐寒、耐热、抗辐射、抗紫外线照射、抗药能力很强的污染物。微生物的数量可以通过定期的消毒和灭菌进行控制。

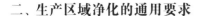

## 二、生产区域净化的通用要求

### (一)空气洁净度等级要求

针对食用菌工厂,净化区域洁净室空气洁净度等级划分如下(表3.2)。

表3.2　食用菌工厂空气洁净度等级划分

| 空气洁净度等级 | 悬浮粒子最大允许数/(pc·m⁻³) | | 微生物最大允许数 | |
| --- | --- | --- | --- | --- |
| | ≥0.5 μm | ≥5 μm | 浮游菌/(cfu·m⁻³) | 沉降菌/(cfu·m⁻³) |
| 100 级 | 3500 | 0 | 5 | 1 |
| 10000 级 | 350000 | 2000 | 100 | 3 |
| 100000 级 | 3500000 | 20000 | 500 | 10 |
| 300000 级 | 10500000 | 60000 | — | 15 |

注:在静态条件下洁净室监测的悬浮粒子数、浮游菌数或沉降菌数必须符合规定。测试方法应符合现行国家标准《医药工业洁净室(区)悬浮粒子的测试方法》(GB/T 16292—2010)、《医药工业洁净室(区)浮游菌的测试方法》(GB/T 16293—2010)和《医药工业洁净室(区)沉降菌的测试方法》(GB/T 16294—2010)的有关规定。

### (二)洁净室气流的送、回风方式要求

在食用菌工厂中,洁净室气流的送、回风方式应符合下列要求:① 洁净室气流的送、回风方式应符合表3.3的规定;② 散发粉尘或有污染物的洁净室不应采用走廊回风,且不宜采用顶部回风。

表3.3　洁净室气流的送、回风方式

| 空气洁净度等级 | 气流流型 | 气流流型的送、回风方式 |
| --- | --- | --- |
| 100 级 | 单向流 | 水平、垂直 |
| 10000 级 | 非单向流 | 顶送下侧回、侧送下侧回 |
| 100000 级 | 非单向流 | 顶送下侧回、侧送下侧回、顶送顶回 |
| 300000 级 | | |

### (三)洁净室循环风量要求

洁净室循环风量应取下列最大值:① 按照表3.4中的相关数据计算或按照室内发尘量计算送风量(循环风量);② 根据热、湿负荷计算确定的空调机组送风量;③ 需要向洁净室内供给的新鲜空气量。

表 3.4　空气洁净度等级和送风量(静态)

| 空气洁净度等级 | 气流流型 | 平均风速/(m·s⁻¹) | 换气次数/(次·h⁻¹) |
|---|---|---|---|
| 100 级 | 单向流 | 0.2~0.5 | |
| 10000 级 | 非单向流 | | 15~25 |
| 100000 级 | 非单向流 | | 10~15 |
| 300000 级 | 非单向流 | | 8~12 |

注:① 换气次数适用于层高小于 4 m 的洁净室。

② 室内人员少、发尘少、热源少时应采用下限值。

③ 人员工作区新风量不得少于 50 m³/(h·人)。

### 三、栽培区域的净化设计

#### (一) 净化设计区域

对于食用菌工厂的栽培区域,一般不作循环过滤的净化处理。净化指对栽培区提供的新风进行过滤,不同的栽培区域要求采用不同的过滤等级。需要新风净化处理的区域主要有前期培养区、中期培养区、后期培养区、挠菌区和出菇室等。

#### (二) 净化(过滤)要求

1. 前期培养区

前期培养区不作净化处理,只对新风作过滤处理。对于抗杂能力比较强的菌种,新风需处理至 100000 级;对于其他抗杂能力比较弱的菌种,新风需处理至 10000 级。

2. 中期培养区

中期培养区不作净化处理,只对新风作过滤处理。对于抗杂能力比较强的菌种,新风需处理至 300000 级;对于其他抗杂能力比较弱的菌种,新风需处理至 100000 级。

3. 后期培养区

后期培养区不作净化处理,只对新风作过滤处理,过滤等级达到 300000 级即可。

4. 挠菌区

挠菌区作为排气通道使用,无净化等级要求,房间压力高于室外压力 5 Pa,低于培养室的压力。新风过滤等级达到 300000 级即可。

5. 出菇室

出菇室不作净化处理,只对新风作过滤处理,过滤等级达到 300000 级即可。

## 四、洁净区域的净化设计

### (一) 净化设计区域

食用菌工厂需要进行净化设计的洁净区域主要有:① 母种及栽培种制作区,包括母种实验室、水淋间(罐冷却室)、栽培种接种室、栽培种培养室(液体种培养室)等;② 栽培料制作区,包括初冷室、冷却室、接种准备室、栽培料接种室和接种后室等。

### (二) 洁净区域人员与物料净化

① 洁净厂房内人员净化用室和生活用室的设置,应符合下列要求:

a. 人员净化用室应根据产品生产工艺和空气洁净度等级要求设置。不同空气洁净度等级的洁净室(区)的人员净化用室宜分别设置。空气洁净度等级相同的无菌洁净室(区)和非无菌洁净室(区)的人员净化用室应分别设置。

b. 人员净化用室应设置换鞋、存外衣、盥洗、消毒、更换洁净工作服、气闸室等区域。

c. 厕所、淋浴室、休息室等生活用室可根据需要设置,但不得对洁净室(区)产生不良影响。

② 洁净厂房内人员净化用室和生活用室的设计应符合下列要求:

a. 人员净化用室入口处应设置净鞋和换鞋设施。

b. 存外衣和更换洁净工作服的区域应分别设置。

c. 外衣存衣柜应按工作和参观需要每人一柜设置。

d. 盥洗室应设置洗手和消毒设施。

e. 厕所和淋浴室不得设置在洁净区域内,宜设置在人员净化用室外。需设置在人员净化用室内的厕所应有前室。

f. 洁净区域的入口处应设置气闸室,气闸室的出入门应采取防止同时被开启的措施。

③ 洁净厂房内人员净化用室和生活用室的面积,应根据不同空气洁净度等级和工作人员数量确定。

④ 洁净室(区)的人员净化程序宜按图 3.5 布置。

**图 3.5 洁净室(区)的人员净化程序**

⑤ 物料净化。

a. 洁净室（区）的原（辅）料、包装材料和其他物品出入口，应设置物料净化用室和设施。

b. 进入无菌洁净室（区）的原（辅）料、包装材料和其他物品，除应满足上述第一条的规定外，还应在出入口设置供物料、物品灭菌用的灭菌室和灭菌设施。

c. 物料清洁室或灭菌室与医药洁净室（区）之间应设置气闸室或传递柜。

d. 传递柜应具有良好的密闭性，并应易于清洁。两边的传递门应有防止同时被开启的措施。传递柜的尺寸和结构，应能满足所需传递物品的体积和质量要求。传送至无菌洁净室（区）的传递柜应设置相应的净化设施。

e. 生产过程中产生的废弃物的出口宜单独设置专用传递设施，不宜与物料进口合用一个气闸室或传递柜。

**（三）洁净区域功能区的净化要求**

1. 母种实验室

母种实验室为无菌实验室，净化等级为 10000 级，局部操作区域要求为 100 级。空气循环量和循环方式应满足相对应的净化等级要求；新风量应能满足人员活动及酒精灯燃烧等所需的耗氧量，一般每小时新风量取值为洁净室体积的 1.5~2 倍，同时也要满足母种实验室的相对压力要求（高于周边 5~10 Pa）。

2. 水淋间（罐冷却室）

水淋间为无菌实验室，净化等级为 10000 级。空气循环量和循环方式应满足相对应的净化等级要求；新风量应能满足空间正压的要求，一般每小时新风量取值为水淋间体积的 1~1.5 倍，高于周边压力 5~10 Pa。

3. 栽培种接种室

栽培种接种室为无菌实验室，净化等级为 10000 级，局部操作区域要求为 100 级。空气循环量和循环方式应满足相对应的净化等级要求；新风量应能满足人员活动等所需的耗氧量。一般每小时新风量取值为栽培种接种室体积的 1~1.5 倍，高于周边压力 5~10 Pa。采用移动发酵罐工艺的工厂可以在水淋间和罐培养室之间设置有 FFU 装置的接种间，也可以在罐培养室的一角设置接种区域。固定罐系统采用火焰法灭菌，接种在培养室内进行，不设专门的罐接种室。

4. 栽培种培养室

栽培种培养室为无菌实验室，净化等级为 10000 级，空气循环量和循环方式应满足相对应的净化等级要求，新风量应能满足空间正压的要求，一般每小时新风量取值为栽培种培养室体积的 1~1.5 倍。

5. 初冷室

初冷室为无菌实验室,净化等级为 10000 级,送风采用全新风方式,新风经粗、中效过滤器在离地 0.5 m 处送出,送风口设置高效过滤器。新风送风量计算如下:按同时打开柜门的灭菌柜的最大数量计,每个灭菌柜 5000 $m^3$/h。排风罩设置在灭菌柜的正上方。对于以出炉缓冲间作为初冷室的系统,出炉缓冲间的排风罩应设置防冷凝水装置,压力应小于冷却室。有些工厂设置专门的初冷室,采用室外空气对高温菌瓶进行冷却的方式,这种初冷室应设置独立的新排风装置,新风处理达到 10000 级洁净度,排风量应配合新风量使初冷室压力介于出炉缓冲间和冷却室之间。

6. 冷却室

冷却室为无菌室,净化等级为 10000 级。空气循环量和循环方式应满足相对应的净化等级要求;新风量应能满足空间相对压力高于初冷室和接种准备室的要求,一般新风设备送风量取值为冷却室体积的 1~3 倍/h。通过变频器调节新风量以达到控制压力的目的。

7. 接种准备室

接种准备室作为排气通道使用,无净化等级要求,房间压力高于室外压力 0~5 Pa,低于接种室和冷却室的压力。

8. 栽培料接种室

栽培料接种室为无菌实验室,净化等级为 10000 级,局部操作区域要求为 100 级,通常采用 FFU 布置于接种机或接种生产线上部的方式。空气循环量和循环方式应满足相对应的净化等级要求,新风量除应能满足人员活动等所需的耗氧量外,还应考虑因菌瓶进出用传送线开口导致的空气泄压造成的新风损失。一般设备装机新风量取值为栽培料接种室体积的 4~6 倍,新风设备应具备变频风量调节功能。

9. 接种后室

接种后室作为排气通道使用,无净化等级要求,房间压力高于室外压力 0~5 Pa,低于栽培种接种室和初期培养室的压力。

## 五、净化设备

空气净化和杂菌孢子的有效过滤是食用菌稳产和高产的重要前提。食用菌空气净化设备是一种食用菌生产栽培专用机械设备,其核心技术集空气过滤、臭氧杀菌为一体,可快速实现空间环境净化,无化学残留,能达到百级净化标准。目前,国内的净化设备主要采用工业大型空气净化机组、风淋室、洁净层流罩等。

### （一）工业大型空气净化机组

该机组一般采用大风量柜式结构,如图3.6所示,由进风口预过滤网、进气风道和净化空气过滤器组成。空气净化新风由高压离心风机送入,经粗效和中效过滤器过滤后,经制冷或加热盘管处理空气至温度设定值,再由高效过滤风口送入房间,连续循环,实现室内净化,最高可达到10000级洁净度。由于空调机组回风段引入室内新风并形成正压,因此可防止室外空气倒流。高精度净化机组集成了光氢离子催化分解、生物法分解和等离子体杀菌三大过滤净化技术,净化过程长,能有效分解有机气体及粉尘颗粒。

**图3.6　柜式空气净化机组**

### 1. 高压离心风机

离心风机是利用高速旋转的叶轮加速气体运动,然后使气体减速、改变流向,从而使动能转换成势能(压力能)。在单级离心风机中,气体由轴向进入叶轮,气体流经叶轮时改变成径向,然后进入扩压器。在扩压器中,气体改变了流动方向,并且管道断面面积增大使气流减速,这种减速作用将动能转换成压力能。压力增高主要发生在叶轮中,其次发生在扩压过程。多级离心风机采用回流器使气流进入下一叶轮,产生更高的压力。离心风机的构造可分为转动部分(转子)和固定部分,前者由叶轮、转轴等组成,后者一般由机壳、集流器、出风口、轴承和轴承座等组成,如图3.7所示。

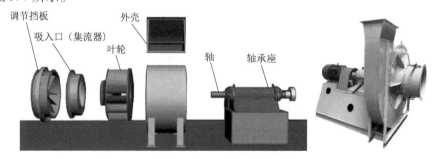

**图3.7　高压离心风机**

离心风机的压力指升压(相对于大气的压力),即气体在风机内压力的升高值或该风机进出口处气体压力之差。它有静压、动压、全压之分,性能用全压(等于风机出口与进口总压之差)表示。在标准状态下,低压离心风机的全压 $P \leqslant 1000$ Pa,中压离心风机的全压 $P$ 为 $1000 \sim 5000$ Pa,高压离心风机的全压 $P$ 为 $5000 \sim 30000$ Pa。

2. 空气过滤器

根据《空气过滤器》(GB/T 14295—2019),过滤器按效率级别分为粗效过滤器、中效过滤器、高中效过滤器和亚高效过滤器,代号分别为 C、Z、GZ 和 YG。其中,粗效过滤器分为粗效 1 型、粗效 2 型、粗效 3 型和粗效 4 型,代号分别为 C1、C2、C3 和 C4;中效过滤器分为中效 1 型、中效 2 型和中效 3 型,代号分别为 Z1、Z2 和 Z3。按结构类型,过滤器分为平板式(图 3.8 a)、袋式(图 3.8 b)、折褶式、卷绕式、筒式、极板式和蜂巢式,代号分别为 PB、DS、ZZ、JR、TS、JB 和 FC。在初始状态下,空气过滤器阻力、计重效率和计数效率如表 3.5 所示。

表 3.5  空气过滤器额定风量下的阻力和效率

| 类别 | 效率级别 | 代号 | 指标 | | | | |
|---|---|---|---|---|---|---|---|
| | | | 迎面风速/ $(m \cdot s^{-1})$ | 额定风量下的效率($E$)/% | | 额定风量下的初阻力($\Delta P_i$)/Pa | 额定风量下的终阻力($\Delta P_f$)/Pa |
| 粗效过滤器 | 粗效 1 | C1 | 2.5 | 标准试验尘计重效率 | $50 > E \geqslant 20$ | $\leqslant 50$ | 200 |
| | 粗效 2 | C2 | | | $E \geqslant 50$ | | |
| | 粗效 3 | C3 | | 计数效率(粒径 $\geqslant$ 2.0 μm) | $50 > E \geqslant 10$ | | |
| | 粗效 4 | C4 | | | $E \geqslant 50$ | | |
| 中效过滤器 | 中效 1 | Z1 | 2.0 | 计数效率(粒径 $\geqslant$ 0.5 μm) | $40 > E \geqslant 20$ | $\leqslant 80$ | 300 |
| | 中效 2 | Z2 | | | $60 > E \geqslant 40$ | | |
| | 中效 3 | Z3 | | | $70 > E \geqslant 60$ | | |
| 高中效过滤器 | 高中效 | GZ | 1.5 | | $95 > E \geqslant 70$ | $\leqslant 100$ | |
| 亚高效过滤器 | 亚高效 | YG | 1.0 | | $99.9 > E \geqslant 95$ | $\leqslant 120$ | |

《高效空气过滤器》(GB/T 13554—2020)规定了高效空气过滤器和超高效空气过滤器的分类与标记、材料、结构与生产环境、技术要求、试验方法、检验规则、标志、包装、运输和贮存等。该标准适用于常温条件下送风及排风净化系统和设备使用的过滤器。高效空气过滤器为用于空气过滤且使用 GB/T 6165 规定的计数法进

行试验,额定风量下未经消静电处理时的过滤效率及经消静电处理后的过滤效率均不低于99.95%的过滤器。按 GB/T 6165 规定的方法检测过滤器过滤效率,高效空气过滤器可分为35、40、45 三类,如表 3.6 所示。超高效空气过滤器为用于空气过滤且使用 GB/T 6165 规定的计数法进行试验,额定风量下未经消静电处理时的过滤效率及经消静电处理后的过滤效率不低于99.999%的过滤器。按 GB/T 6165 规定的计数法检测过滤器过滤效率,超高效空气过滤器可分为50、55、60、65、70、75六类,如表 3.6 所示。按过滤器滤芯结构,高效空气过滤器可分为有隔板过滤器和无隔板过滤器(图 3.8 c)。

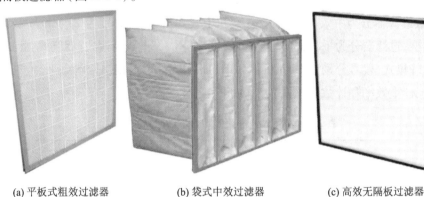

(a) 平板式粗效过滤器          (b) 袋式中效过滤器          (c) 高效无隔板过滤器

图 3.8　空气过滤器

表 3.6　高效空气过滤器效率

| 类别 | 效率级别 | 额定风量下的效率($E$)/% | 额定风量下的计数法效率($E$)/% |
|---|---|---|---|
| 高效空气<br>过滤器 | 35 | $E \geqslant 99.95$ | |
| | 40 | $E \geqslant 99.99$ | |
| | 45 | $E \geqslant 99.995$ | |
| 超高效空气<br>过滤器 | 50 | | $E \geqslant 99.999$ |
| | 55 | | $E \geqslant 99.9995$ |
| | 60 | | $E \geqslant 99.9999$ |
| | 65 | | $E \geqslant 99.99995$ |
| | 70 | | $E \geqslant 99.99999$ |
| | 75 | | $E \geqslant 99.999995$ |

**（二）风淋室**

风淋室是人进入洁净室所必需的通道,它可以减少人进出洁净室所带来的污染问题。空气经粗效过滤器由外转子风机压入静压箱,再经高效过滤器过滤后从出风面吹出高速洁净气流,洁净气流以均匀的高风速旋转喷射到人身上,有效而迅速地清除人身上从非洁净区带来的尘埃粒子及细菌。

　　风淋室包括单人、多人、单吹、多吹等类型,图3.9a~c所示为单人、双人、多人,分别适合于1人、2~3人及4~6人进行两侧风淋。

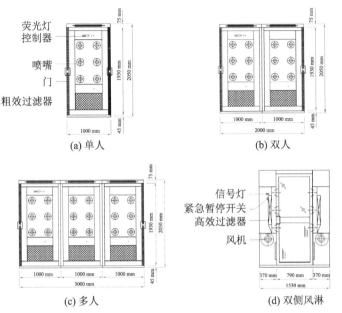

图 3.9　风淋室

　　图3.10所示为人员出入风淋室的工作流程。风淋室的内外两道门电子互锁,可以兼起气闸室的作用,防止未被净化的空气进入风淋室,减少人员出入风淋室过程中尘埃对洁净室的污染。

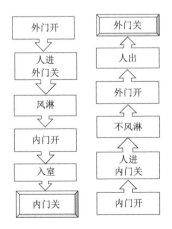

图 3.10　风淋室工作流程

### （三）洁净层流罩

洁净层流罩通过风机吸取洁净室的空气,首先送风通过粗效过滤器进行预过滤,将气流中的大颗粒粉尘处理掉,再经过高效过滤器进行二次过滤,最后洁净空气通过均流膜形成均流层,垂直单向流动覆盖关键区域,从而保证工作区内达到工艺要求的高洁净度。如图 3.11 所示,洁净层流罩一般主要由箱体、风机、空气过滤器、均流膜、风速和压差检测仪、灯具及电气系统等组成。

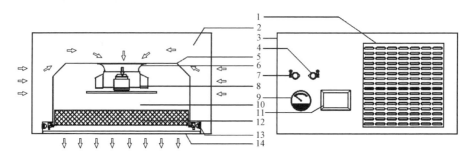

1—回风网孔板;2—负压区;3—箱体;4—PAO 注入口;5—静压箱;6—风机导流圈;7—DOP 检测口;8—风机;9—压差表;10—正压区;11—控制屏;12—液槽高效过滤器;13—照明灯具;14—均流膜。

**图 3.11 层流罩气流及结构示意图**

洁净层流罩是一种可提供局部高洁净环境的空气净化单元,可灵活地安装在需要高洁净度的工艺点上方。洁净层流罩可以单个使用,也可以多个组合成带状洁净区域。洁净层流罩有风机内装和风机外接两种,安装方式有悬挂式和落地支架式两种。洁净层流罩与洁净室相比,具有投资少、见效快、对厂房土建施工要求低、安装方便、省电等优点。

# 第二节 食用菌工厂化生产区域的通风

## 一、概述

所谓通风,就是用自然或机械的方法把自然界的新鲜空气(又称"室外空气""新鲜空气"或"新风")不作处理或作适当处理(如过滤、加热或冷却)后送进室内,将室内的污浊气体经消毒、杀菌后排至大气,从而保证室内空气品质达到一定的卫生要求和新鲜程度,且应使排放的废气符合规定。换句话说,通风是利用自然界空气(又称"新鲜空气"或"新风")来置换室内空气,以改善室内空气品质。

### （一）通风的功能

① 提供生物呼吸所需要的氧气;

② 稀释室内污染物浓度、减淡甚至消除气味；

③ 排出室内污染物或气体；

④ 除去室内多余的热量（称为"余热"）或湿量（称为"余湿"）。

**（二）通风方式的分类**

常见的通风方式按照空气流动的动力分类，可分为自然通风和机械通风；按照通风的服务范围分类，可分为局部通风、全面通风、诱导通风和循环风。

1. 按照空气流动的动力分类

（1）自然通风　依靠室外风力造成的风压或室内外温差造成的热压，使室外新鲜空气进入室内，室内空气排到室外的通风方式为自然通风（图 3.12），前者称为风压作用下的自然通风，后者称为热压作用下的自然通风。风压作用下的自然通风是指气流受到阻挡时产生静压，当风吹过建筑物时，由于建筑物的阻挡，迎风面气流受阻，静压增高；侧风面和背风面将产生局部涡流，静压降低。这样在迎风面与背风面形成压差，室内外的空气在这个压差的作用下由压力高的一侧向压力低的一侧流动（图 3.12a）。建筑物四周的风压分布与建筑物的形状和风向、风速等因素有关。

热压作用下的自然通风是指建筑物内外的温差使空气密度产生差异，于是形成压力差，驱使室内外的空气流动。室内温度高的空气密度小而上升，并从建筑物上部风口排出，这时低密度空气会形成负压区，于是，室外温度比较低而密度大的新鲜空气从建筑物的底部被吸入，从而使室内外的空气源源不断地流动（图 3.12b）。

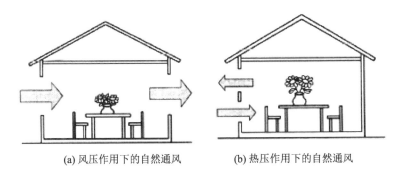

(a) 风压作用下的自然通风　　(b) 热压作用下的自然通风

**图 3.12　自然通风原理**

建筑物中的自然通风往往是风压与热压共同作用的结果，只是各自作用的强度不同，对建筑物整体自然通风的贡献不同。人们利用自然通风主要是利用其两大功能：一是通风降温（除湿），以改善室内热环境（热舒适）状态；二是通风换气，以改善室内空气质量和状态（如增加新风、排出各种有害气体等）。

合理利用自然通风不仅能取代或部分取代传统制冷空调系统,可以在不消耗不可再生能源的情况下,在一定程度上降低室内温度,带走潮湿气体,改善室内热环境;还能提供新鲜、清洁的自然空气,改善室内空气质量,有利于人的生理和心理健康,满足人们心理上亲近自然、回归自然的需求。但是,自然通风受室外气象参数的影响很大,可靠性差。

(2) 机械通风　依靠风机的动力向室内送入空气或排出室内空气。这是一种常用的通风方式(图 3.13),工作的可靠性高,但需要消耗一定的能量。

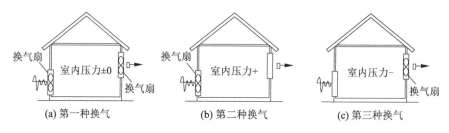

图 3.13　机械通风方式

2. 按通风的服务范围分类

(1) 局部通风　控制室内局部区域污染物的传播方向或调节局部区域污染物浓度达到卫生标准要求的通风。局部通风又分为局部排风和局部送风。局部送排方式在食用菌工厂中主要应用在装瓶间和初冷室(出炉缓冲间)等场所。

① 局部排风:这是直接从污染源处排出污染物的一种局部通风方式。当污染物集中于某处时,局部排风是最有效的治理污染物的通风方式。如果此时采用全面通风方式,反而使污染物在室内扩散。

② 局部送风:在一些大型车间,尤其是有大量余热的高温车间,采用全面通风已无法保证车间内所有地方都达到环境适宜的状态,只能采用局部送风的方法使车间某些地方的环境达到较为适宜的状态,这是既经济又实惠的方法。我国相关规范规定,当车间的操作点温度达不到要求或辐射照度 $\geqslant 350\ W/m^2$ 时,应设置局部送风。局部送风可提高空气流速,增强人体热量蒸发和空气对流,以改善局部地区的热环境。当有若干个工位需局部送风时,可合为一个系统。夏季需对新风进行降温处理,应尽量采用喷水方式实现等焓冷却,如无法达到要求,则采用人工制冷。有些地区室外温度并不是太高,可以只对新风进行过滤处理。冬季采用局部送风时,应将新风加热到 18~25 ℃。一般根据作业的强度将空气送到工作点的风速控制在 1.5~6 m/s。送风宜从人的前侧上方吹向头、颈、胸部,必要时也可以从上向下垂直送风。送风到达人体的直径宜为 1 m。当人在工作岗位的活动范围较大时,采用旋转风口进行调节。

具有一定流量、流速、压力、覆盖面积等参数并直接向对象吹的空气气流称为空气淋浴。采用空气淋浴的办法可在射流范围内创造与房间内其他空气不同的空气介质。局部送风的另一种形式就是空气幕（安设于大门旁、炉子旁、各种槽子旁等），设置空气幕的目的就是产生空气隔层，或改变污染空气气流的方向，并将它送走，如送至排气口等。

（2）全面通风　在下列情况下安设全面通风系统：局部排气罩笨重，以致影响使用和观察工艺过程，因而无法或不宜采用局部排气罩时；由于局部排气罩不能大大减少换气量而在卫生方面无优点时。全面通风（通常称为全面换气通风）时，污染物会被气流扩散至整个房间，送风的目的就是稀释污染物浓度至允许的浓度范围。

全面通风是向整个房间送入清洁新鲜空气，用新鲜空气把整个房间的污染物浓度稀释到最高容许浓度以下，同时把含污染物的空气排到室外的通风方式，因而又称为稀释通风。全面通风所需要的风量大大超过局部通风，相应的设备和消耗的动力也较大。如果由于生产条件的限制不能采用局部通风，或者采用局部通风后，室内污染物浓度仍超过卫生标准，在这种情况下可以采用全面通风。全面通风的效果不仅与换气量有关，而且与通风气流的路径有关。如将进风先送到对象的工作位置，再经过污染物源头将污染物排至室外，这样对象的工作位置就能保持空气新鲜；如进风先经过污染物源头，再送到对象的工作位置，这样工作位置的空气就比较污浊。

全面通风按空气流动的动力分为机械通风和自然通风。利用机械（即风机）实施全面通风的系统可分成机械进风系统和机械排风系统。对于某一房间或区域，可以有以下几种系统的组合方式：① 既有机械进风系统，又有机械排风系统；② 只有机械排风系统，室外空气从门窗自然渗入；③ 机械进风系统和局部排风系统（机械的或自然的）相结合；④ 机械排风系统与空调系统相结合；⑤ 机械通风与空调系统相结合，或是由空调系统实施全面通风。在食用菌工厂中使用的通风方式主要为全面通风。

（3）诱导通风　利用装设在风管内的诱导装置（引射器）喷出的高速气流，将系统内的空气诱导出来并使之流动的通风方式称为诱导通风。它是机械通风的一种特殊形式。在通风过程中，诱导通风适用于：① 被排出的气体温度过高并具有腐蚀性或爆炸性而不宜通过风机时；② 生产车间有剩余的较高压力的废气可以作为诱导空气时；③ 被诱导空气量较小，使用风机投资过高时。

（4）循环风　送回厂房内循环使用的净化气体称为循环风。使用循环风可以大大节省补充空气（补风）的费用。为了防止循环风在循环过程中使厂房内的有害物质浓度增加到有害的程度，要求净化设备具有很高的净化效率。厂房内存在大量对温度有要求的物料时,为了将厂房内物料的热量带走,可使用制冷(或加热)后的循环空气,为减少能耗,采用回风再利用的方式维持温度。

## 二、通风基本方程

### (一) 连续性方程

通风工程中认为空气流动范围内充满着空气质点,质点与质点之间不存在空隙,可看成连续流体。在充满连续流体的空间内,取一个固定不变的平行六面体,六面体的边长分别为 $dx,dy,dz$。作空间坐标系,使坐标轴平行于六面体的各边,如图 3.14 所示。对图 3.14 所示的微元控制体,按照质量守恒定律可写出以下表达式:

$$\iint \rho(\boldsymbol{v} \cdot \boldsymbol{n}) \mathrm{d}A + \iiint \frac{\partial}{\partial t}\rho \mathrm{d}V = 0 \tag{3.2}$$

式中:$\rho$ 为流体质点的密度;$\boldsymbol{v}$ 为流体速度;$\boldsymbol{n}$ 为微元面积矢量 $\mathrm{d}A$ 外法线方向上的单位矢量;$A$ 为微元控制体表面积;$V$ 为微元控制体体积;$t$ 为时间。

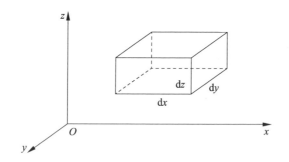

**图 3.14 微元控制体**

在稳定流动的情况下,密度不随时间的变化而变化,只是位置的坐标函数。对于通风工程中的空气,由于它的压力变化很小,可以忽略它的密度的变化,因而把空气当作不可压缩流体。这样,密度既不是时间的函数,也不是坐标的函数。因此,式(3.2)经数学处理可写成

$$\frac{\partial v_x}{\partial x} + \frac{\partial v_y}{\partial y} + \frac{\partial v_z}{\partial z} = 0 \tag{3.3}$$

式(3.3)即为不可压缩流体稳定流动的连续性微分方程。

### (二) 能量方程

能量方程是流体力学中最基本的方程,是自然界能量守恒和转换定律在流体力学中的表现,它显示了流动流体的压能、动能和位能的变化规律。

对于图 3.14 所示的控制体,牛顿第二运动定律的微分表达式为

$$\sum F = \iint_{cs} \rho \boldsymbol{v}(\boldsymbol{v} \cdot \boldsymbol{n}) \mathrm{d}A + \frac{\partial}{\partial t} \iiint_{cv} \rho \boldsymbol{v} \mathrm{d}V \tag{3.4}$$

式中:cs 为控制体表面;cv 为控制体;$\rho$ 为流体质点的密度;$\boldsymbol{v}$ 为流体速度;$\boldsymbol{n}$ 为微元面积矢量 dA 外法线方向上的单位矢量;$A$ 为微元控制体表面积;$V$ 为微元控制体体积;$t$ 为时间。对于理想流体,根据牛顿定律,式(3.4)经数学处理可写成

$$(X\mathrm{d}x + Y\mathrm{d}y + Z\mathrm{d}z) - \frac{1}{\rho}\left(\frac{\partial p}{\partial x}\mathrm{d}x + \frac{\partial p}{\partial y}\mathrm{d}y + \frac{\partial p}{\partial z}\mathrm{d}z\right) = v_x\mathrm{d}t\frac{\mathrm{d}v_x}{\mathrm{d}t} + v_y\mathrm{d}t\frac{\mathrm{d}v_y}{\mathrm{d}t} + v_z\mathrm{d}t\frac{\mathrm{d}v_z}{\mathrm{d}t} \tag{3.5}$$

在稳定流动中,流体压强 $p$ 不是 $t$ 的函数,则

$$\frac{1}{\rho}\left(\frac{\partial p}{\partial x}\mathrm{d}x + \frac{\partial p}{\partial y}\mathrm{d}y + \frac{\partial p}{\partial z}\mathrm{d}z\right) = \frac{1}{\rho}\mathrm{d}p \tag{3.6}$$

式中:$\rho$ 为流体质点的密度;$p$ 为压强。

对于不可压缩流体,$\rho$ 是常数,在稳定流动中,则

$$\mathrm{d}\left(W - \frac{p}{\rho} - \frac{v^2}{2}\right) = 0 \tag{3.7}$$

其中,势函数 $W = X\mathrm{d}x + Y\mathrm{d}y + Z\mathrm{d}z$。

对式(3.7)积分得

$$W - \frac{p}{\rho} - \frac{v^2}{2} = 常数 \tag{3.8}$$

或写成

$$z_1 + \frac{p_1}{\rho_1 g} + \frac{v_1^2}{2g} = z_2 + \frac{p_2}{\rho_2 g} + \frac{v_2^2}{2g} \tag{3.9}$$

式(3.9)即为稳定流动能量方程,也称为稳定流动伯努利方程。

**(三) 热量传递方程**

质量传递过程总是伴随着热量的传递过程,即使在等温过程中也有热量的传递。这是因为在传质过程中,组分质量传递的同时也将它本身所具有的焓值带走,因而产生了热量的传递。

对于图 3.14 所示的控制体,热力学第一定律的微分表达式为

$$\frac{\delta Q}{\mathrm{d}t} - \frac{\delta W}{\mathrm{d}t} - \frac{\delta W_U}{\mathrm{d}t} = \iint_{cs} \rho\left(e + \frac{p}{\rho}\right)(\boldsymbol{v} \cdot \boldsymbol{n})\mathrm{d}A + \frac{\partial}{\partial t}\iiint_{cv} \rho e \mathrm{d}V \tag{3.10}$$

式中:$Q$ 为从外界吸收的热;$t$ 为时间;$W$ 为环境交换的功;$W_U$ 为内能的变化;cs 为控制体表面;cv 为控制体;$\rho$ 为流体质点的密度;$e$ 为单位质量的总储存能量;$p$ 为压强;$\boldsymbol{v}$ 为流体速度;$\boldsymbol{n}$ 为微元面积矢量 dA 外法线方向上的单位矢量;$V$ 为微元控制体

体积。

对于含有组分 A 的混合物在其内部予以流动的控制体,质量守恒定律表达式为

$$\iint_{cs} \rho(\boldsymbol{v} \cdot \boldsymbol{n}) \mathrm{d}A + \frac{\partial}{\partial t} \iiint_{cv} \rho \mathrm{d}V = 0 \qquad (3.11)$$

那么,对于二元混合物的二维稳态层流流动,当不计流体的体积力和压力梯度,忽略耗散热、化学反应热及由分子扩散而引起的能量传递时,经数学处理得

热量方程:

$$v_x \frac{\partial t}{\partial x} + v_y \frac{\partial t}{\partial y} = a \frac{\partial^2 t}{\partial y^2} \qquad (3.12)$$

式中:$a$ 为热扩散率,$\mathrm{m}^2/\mathrm{s}$。

扩散方程:

$$v \nabla C_A = D \nabla^2 C_A + \frac{r_A}{M_A} \qquad (3.13)$$

式中:$\nabla$ 为物理量的散度;$C_A$ 为组分 A 的比热容;$D$ 为扩散率;$r_A$ 为单位时间单位体积内组分 A 的生成量;$M_A$ 为组分 A 的相对分子质量。

**(四)稀释方程**

用通风方法改善房间的空气环境,简单地说,就是在局部区域或整个空间把不符合卫生标准的污浊空气排至室外,把新鲜空气或经过净化达到卫生标准的空气送入室内。前者称为排风,后者称为送风。

图 3.15 为某车间的通风系统。该车间体积为 $V$,其中有污染源 $S$,其散发量为 $s_h(\mathrm{g/s})$,下标 h 代表污染物。进入房间的送风体积流量为 $q_{in}(\mathrm{m}^3/\mathrm{s})$,其所含的污染物浓度为 $x_h(\mathrm{g/m}^3)$,离开房间的排风体积流量为 $q_{out}(\mathrm{m}^3/\mathrm{s})$,其所含的污染物浓度为 $y_h(\mathrm{g/m}^3)$,且认为流量 $q_{in}$,$q_{out}$ 和浓度 $x_h$,$y_h$,$s_h$ 都是时间 $t$ 的函数;并假设送风气与室内空气的混合在瞬间完成,送排风气流是等温的。

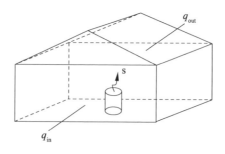

**图 3.15　某车间的通风系统**

根据质量守恒定律,室内污染增量 $\Delta H$ 应等于进入室内的污染量 $H_{in}$ 和室内排出的污染量 $H_{out}$ 的差值,即

$$\Delta H = H_{in} - H_{out} \qquad (3.14)$$

当 $t$ 在 $t_0$ 取得增量 $\Delta t$ 时,即在时间段 $[t_0, t_0 + \Delta t]$ 内,进入室内的污染量 $H_{in}$ 为

$$H_{in} = q_{in}\Delta t x_h + s_h \Delta t \qquad (3.15)$$

式中:$q_{in}\Delta t x_h$ 是送风中污染气体的质量;$s_h\Delta t$ 是室内污染源的散发量。

在时间段 $[t_0, t_0 + \Delta t]$ 内,从室内排出的污染量 $H_{out}$ 为

$$H_{out} = q_{out}\Delta t y_h \qquad (3.16)$$

由于送风量应该等于排风量,所以有

$$q_{out} = q_{in} = q \qquad (3.17)$$

$$H_{out} = q_{out}\Delta t y_h = q\Delta t y_h \qquad (3.18)$$

在 $t$ 瞬时,室内总的污染量为 $y_h V$,则 $\Delta t$ 时间内的变化量为

$$\Delta H = \Delta(y_h V) \qquad (3.19)$$

式中:$V$ 为常数。

式(3.19)可以写成

$$\Delta H = V\Delta(y_h) \qquad (3.20)$$

式(3.14)、式(3.15)、式(3.18)、式(3.20)联立得到

$$V\Delta(y_h) = q\Delta t x_h + s_h \Delta t - q\Delta t y_h \qquad (3.21)$$

取 $\Delta t \to 0$,则有

$$V dy_h = q dt x_h + s_h dt - q dt y_h \qquad (3.22)$$

令

$$n(t) = \frac{q}{V} \qquad (3.23)$$

式中:$n(t)$ 在通风工程中为换气次数,即通风房间的送风体积流量与通风房间体积的比值,单位为"次/s"。在工程实践中,常将该值视为常数,并记为 $n$(次/h)。不同房间的换气次数可从有关资料中查得。

令

$$\varphi(t) = \frac{q}{V}x_h + \frac{s_h}{V} \qquad (3.24)$$

将式(3.22)两边分别除以 $V$ 得

$$\frac{dy_h}{dt} + n(t)y_h = \varphi(t) \qquad (3.25)$$

式(3.25)反映任何瞬间室内空气中污染物浓度与房间换气量之间的关系,称为通

风微分方程。

式(3.25)积分后代回 $n(t)$ 和 $\varphi(t)$，则

$$y_h = e^{-\int \frac{q}{V} dt} \int \left( \frac{q}{V} x_h + \frac{s_h}{V} \right) e^{\int \frac{q}{V} dt} dt + Ce^{-\int \frac{q}{V} dt} \tag{3.26}$$

引入换气次数 $n(t)$，则

$$y_h = e^{-\int n(t) dt} \int \left[ n(t) x_h + \frac{s_h}{V} \right] e^{\int n(t) dt} dt + Ce^{-\int n(t) dt} \tag{3.27}$$

式中：积分常数 $C$ 等于 $t=0$ 时室内初始污染物浓度。如果 $x_h, s_h, q$ 随时间的变化关系已知，那么可计算任何时间室内的污染物浓度。

设边界条件为：① 送风中的污染物浓度 $x_h$ 是常数；② 污染源的散发量 $s_h$ 是常数；③ 送风量 $q$ 是常数；④ 换气次数 $n$ 是常数；⑤ 起始条件 $t=0$ 时，房间内的污染物浓度 $y_h$ 等于 $y_{h0}$。

求解式(3.26)，则可用以下公式描述任意时刻室内的污染物浓度 $y_h$：

$$y_h = e^{-\frac{q}{V}t} \int \left( \frac{q}{V} x_h + \frac{s_h}{V} \right) e^{\frac{q}{V}t} dt + Ce^{-\frac{q}{V}t} \tag{3.28}$$

$$y_h = e^{-\frac{q}{V}t} \left( \frac{q}{V} x_h + \frac{s_h}{V} \right) \frac{V}{q} e^{\frac{q}{V}t} + Ce^{-\frac{q}{V}t} \tag{3.29}$$

$$y_h = x_h + \frac{s_h}{q} + Ce^{-\frac{q}{V}t} \tag{3.30}$$

当 $t=0$ 时

$$y_{h0} = x_h + \frac{s_h}{q} + C \tag{3.31}$$

则

$$C = y_{h0} - x_h - \frac{s_h}{q} \tag{3.32}$$

于是

$$y_h = \left( x_h + \frac{s_h}{q} \right) (1 - e^{-\frac{q}{V}t}) + y_{h0} e^{-\frac{q}{V}t} \tag{3.33}$$

若室内空气中初始的污染物浓度 $y_{h0}=0$，上式可以写成

$$y_h = \left( x_h + \frac{s_h}{q} \right) (1 - e^{-\frac{q}{V}t}) \tag{3.34}$$

当室内达到稳定条件，即 $t \to \infty$，$e^{-\frac{q}{V}t} \to 0$ 时，室内污染物浓度 $y_h$ 趋于稳定，则

$$y_h = x_h + \frac{s_h}{q} \tag{3.35}$$

式(3.35)表示室内污染物浓度 $y_h$ 趋于稳定时,只取决于污染源的散发量 $s_h$,与房间体积大小无关。实际上,室内污染物浓度趋于稳定的时间并不需要 $t \to \infty$,例如,当 $\frac{q}{V}t \geqslant 3$ 时,$e^{-3} = 0.0498 \ll 1$,即可以近似认为 $y_h$ 已趋于稳定。

由此可以绘出室内污染物浓度 $y_h$ 随通风时间 $t$ 变化的曲线,如图3.16所示。图中曲线1是 $y_{h1} > x_h + \frac{s_h}{q}$,曲线2是 $0 < y_{h2} < x_h + \frac{s_h}{q}$,曲线3是 $y_{h3} = 0$。

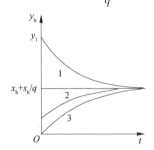

图3.16　通风过程室内污染物浓度变化曲线

从上述分析可以看出,室内污染物浓度 $y_h$ 按指数规律增加或减少,其增减速度取决于 $\frac{q}{V}$。

室内污染物浓度 $y_h$ 处于稳定状态时,所需的通风量 $q$ 按式(3.36)计算:

$$q = \frac{s_h}{y_h - x_h} \tag{3.36}$$

对于不通风的情况,即换气次数 $n = 0$ 时,室内污染物浓度 $y_h$ 也可由对式(3.27)求 $n \to 0$ 的极限得到,即

$$\lim_{n \to 0} y_h = \lim_{n \to 0} \left[ e^{-\int n dt} \int \left( n x_h + \frac{s_h}{V} \right) e^{\int n dt} dt + C e^{-\int n dt} \right] \tag{3.37}$$

## 三、生产区域全面通风量计算

按照稀释和排出污染物的浓度计算全面通风量。全面通风量是指在房间气流组织合理,污染物连续均匀地散发下,把这些散发到室内的污染物浓度稀释到卫生标准规定的最高容许浓度以下所必需的风量。

### (一)稀释污染物浓度所需要的风量

室内污染物的分布及通风气流是不可能非常均匀的,混合过程也不可能在瞬

间完成。即使室内污染物的平均浓度符合卫生标准,污染物源头附近空气中污染物的浓度仍然会比室内污染物的平均浓度高很多。稀释污染物浓度所需要风量的计算公式如下:

$$L = \frac{Kx}{y_2 - y_1}$$ （3.38）

式中:$L$ 为稀释污染物浓度所需的全面通风量,$m^3/h$;$K$ 为安全系数,对于精心设计的小型实验室,$K$ 取 1,对于一般通风房间,可根据经验在 3~10 范围内取值;$x$ 为污染物散发强度,$mg/h$;$y_1$ 为送风中含有的该种污染物的浓度,$mg/m^3$;$y_2$ 为室内空气中污染物的最高容许浓度,$mg/m^3$。

**（二）排出余热所需的风量**

车间内产生余热时,为保证达到车间要求的空气温度（即卫生标准规定的或生产工艺要求的空气温度）,需要排出余热。排出余热所需风量的计算公式如下:

$$L = \frac{Q}{c\rho(t_p - t_0)}$$ （3.39）

式中:$L$ 为排出余热所需的全面通风量,$m^3/h$;$Q$ 为室内余热量,$kJ/s$;$c$ 为空气的质量比热,可取 1.01 $kJ/(kg \cdot ℃)$;$\rho$ 为空气密度,$kg/m^3$;$t_p$ 为排出空气的温度,$℃$;$t_0$ 为进入空气的温度,$℃$。

**（三）排出余湿所需的风量**

根据车间对含湿量的要求,排出余湿所需风量的计算公式如下:

$$L = \frac{W}{\rho(d_p - d_0)}$$ （3.40）

式中:$L$ 为排出余湿所需的全面通风量,$m^3/h$;$W$ 为余湿量,$g/s$;$d_p$ 为排出空气的含湿量,$g/kg_{干空气}$;$d_0$ 为进入空气的含湿量,$g/kg_{干空气}$。

当送、排风温度不相同时,送、排风的体积流量是变化的,故式(3.40)均采用质量流量。

**（四）全面通风量的计算**

车间可能同时散发多种污染物和余热、余湿,故全面通风量按以下要求确定:根据卫生标准的规定,当数种溶剂蒸发或数种刺激性气体同时在室内散发时,由于它们对人体的作用是叠加的,因而全面通风量应按将各种气体浓度分别稀释至容许浓度所需空气量的总和计算;同时散发数种污染物时,全面通风量应分别计算稀释各污染物浓度所需的风量,然后取最大值。此外,对于食用菌工厂,应考虑置换后的空气能够满足菌菇生长所需的环境要求,主要是氧气和二氧化碳的浓度。

## 四、通风设备

一个完整的通风系统由通风机、风管、调节设备、送风口、排风口（除尘罩、排烟罩）和除尘设备等部分组成，其中，风管、送风口与排风口是通风系统的基本结构。

### （一）通风机

1. 通风机的分类

通风机是为通风系统中的空气流动提供动力的机械设备。按照通风机的作用原理和不同的构造，通风机可分为离心式通风机、轴流式通风机和贯流式通风机，如图 3.17 所示。

（1）离心式通风机　主要由叶轮、机壳、风机轴、进风口、电动机等部分组成，有旋转的叶轮和蜗壳式外壳，叶轮上装有一定数量的叶片。通风机在启动之前，机壳中充满空气，风机叶轮在电动机的带动下转动时，由进风口吸入空气，在离心力的作用下空气被抛出叶轮、甩向机壳，获得了动能与压力能，再由出风口排出。空气沿着叶轮转动轴的方向进入，从与转动轴成直角的方向送出，由于叶片的作用而获得能量。这种进风口与出风口方向相互垂直的风机即为离心式通风机。

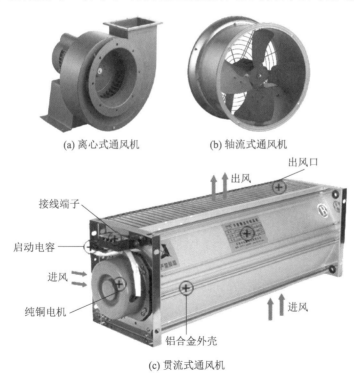

(a) 离心式通风机　　　　(b) 轴流式通风机

(c) 贯流式通风机

**图 3.17　通风机**

（2）轴流式通风机　　主要由叶轮、机壳、风机轴、进风口、电动机等部分组成。它的叶片安装于旋转的轮毂上,叶片旋转时将气流吸入并向前方送出。通风机的叶轮在电动机的带动下转动时,空气由机壳一侧进入,从另一侧送出。这种空气流动方向与叶轮旋转轴相互平行的风机即为轴流式通风机。轴流式通风机按其用途可分为一般通风换气用轴流式通风机、防爆轴流式通风机、矿井轴流式通风机、锅炉轴流式通风机等。

（3）贯流式通风机　　将机壳部分地敞开使气流径向进入通风机,气流横穿叶片两次后排出。它的叶轮一般是前向多叶型,两个机壳端面封闭。通风机的流量随叶轮宽度增大而增加。贯流式通风机的全压系数较大,效率较低,其进出口均呈矩形,容易安装。

2. 通风机的基本性能参数

（1）流量　　通风机在标准状态下工作时,单位时间内所输送的气体体积称为通风机流量(又称风量)。

① 容积流量:单位时间内流经风机的气体体积,常用单位为 $m^3/s$,$m^3/min$,$m^3/h$,分别用 $Q_s$,$Q_{min}$,$Q_h$ 表示。由于气体在风机内压力升高不大,容积变化很小,故一般设定风机的容积流量不变。无特殊说明,风机的容积流量是指标准状态下的容积。

② 质量流量:单位时间内流经风机的气体质量,单位为 $kg/s$,$kg/min$,$kg/h$,分别用 $M_s$,$M_{min}$,$M_h$ 表示。

（2）压力　　通风机压力的性能参数是指风机的全压(它等于风机出口与进口全压之差),以符号 $H$ 表示,单位为 $Pa$。全压是静压和动压的总和,反映了流体的做功能力。

（3）转速　　通风机的转速指叶轮每分钟的转数,用符号 $n$ 表示,单位为 $r/min$。通风机的常用转速为 2900 $r/min$,1450 $r/min$,960 $r/min$。选用电动机时,电动机的转速必须与风机的转速一致。

（4）功率　　驱动通风机所需的功率 $N$ 称为轴功率,或者说是单位时间内传递给通风机轴的能量,单位为 $kW$,$ps$。$ps$ 为工程单位制单位,$kW$ 与 $ps$ 之间的换算关系为 1 $kW = 1.36$ $ps$。

（5）效率　　通风机在把原动机的机械能传给气体的过程中,要克服各种损失,其中只有一部分是有用功。常用效率来反映损失的大小,效率高则损失少。从不同的角度出发可有不同意义的效率,效率常用 $\eta$ 表示。

选择通风机时,必须根据风量 $L$ 和相应于计算风量的全压量 $H$,参阅厂家样本或有关设备选用手册来选择,从而确定经济合理的通风机台数。

## （二）风管

风管用来输送空气,是通风系统的重要组成部分。对风管的要求是可有效和经济地输送空气。"有效"表现在:① 严密,不漏气;② 有足够的强度;③ 耐火、耐腐蚀、耐潮。"经济"体现在:① 材料价格低廉,施工方便;② 表面光滑,具有较小的流动阻力,从而减少运转费用。

在食用菌工厂通风工程中,风管主要由薄钢板、不锈钢板等制成。

### 1. 薄钢板

薄钢板是指厚度不大于 4 mm 的钢板,包括普通薄钢板(如普通碳素钢板、花纹薄钢板及酸洗薄钢板等)、优质薄钢板和镀锌薄钢板等。

目前,薄钢板风管应用得最广泛。结合板材尺寸,同时出于便于安装起吊的考虑,把每节风管做成一定长度,各节风管之间用法兰连接起来(图 3.18)。薄钢板风管的特点是:① 制作、安装方便;② 严密性较好;③ 空气流动时摩擦阻力较小;④ 能制成任意尺寸、任意形状的截面(但要考虑薄钢板的规格,采用的风管尺寸要使材料得到充分利用);⑤ 刷油漆后能经受一般的湿气侵蚀,但对腐蚀性物质的防护作用则较差;⑥ 在必要时需附加保温材料;⑦ 价格较贵。

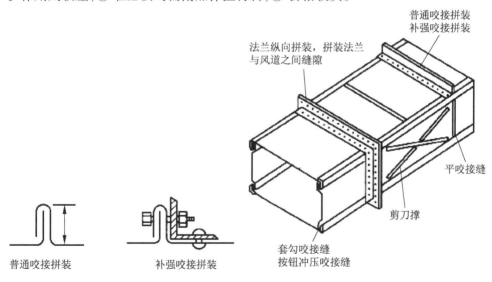

(a) 纵向对头接缝的构造　　　　　　　　(b) 镀锌铁板风道角钢拼装法

**图 3.18　用薄钢板制作的风管**

镀锌薄钢板由普通薄钢板镀锌而成,其表面有锌层保护,起防腐作用,故一般不用刷漆。因镀锌薄钢板是银白色,所以又称为白铁皮。由于镀锌薄钢板具有较好的耐腐蚀性能,因而在食用菌工厂通风工程的送风、排风、净化系统中得到了广泛的应用。

2. 不锈钢板

常用的不锈钢板有铬镍钢板和铬镍钛钢板等。不锈钢板不但有良好的耐腐蚀性,而且有较高的塑性和良好的力学性能。由于不锈钢对高温气体及各种酸类有良好的耐腐蚀性能,所以常用于制作输送腐蚀性气体的通风管道及部件。

不锈钢能耐腐蚀的主要原因是铬在钢的表面形成一层非常稳定的钝化保护膜,如果保护膜受到破坏,钢板也会被腐蚀。根据不锈钢板的这一特点,在加工运输过程中应尽量避免损伤板材表面。不锈钢板的强度比普通钢板要高,所以当板材厚度大于 0.8 mm 时要采用焊接,厚度小于 0.8 mm 时可采用咬口连接。采用焊接时,可采用氩弧焊,这种焊接方法加热集中,热影响区小,风管表面焊口平整。当板材厚度大于 1.2 mm 时,可采用普通直流电焊机,选用反极法进行焊接。不锈钢板一般不采用气焊,以防不锈钢的耐腐蚀性能降低。

3. 铝板

铝板的种类很多,可分为纯铝板和合金铝板两种。铝板表面有一层细密的氧化铝薄膜,可以阻止外部环境对材料的进一步腐蚀。铝能抵抗硝酸的腐蚀,但容易被盐酸和碱类所腐蚀。由 99% 的纯铝制成的铝板,有良好的耐腐蚀性能,但强度较低,可在铝中加入一定量的铜、镁、锌等炼成铝合金。当采用铝板制作风管或部件时,厚度小于 1.5 mm 时可采用咬口连接,厚度大于 1.5 mm 时可采用焊接。在运输和加工过程中要注意保护板材表面,以免产生划痕和擦伤。

4. 复合钢板

由于普通钢板的表面极易被腐蚀,为使钢板得到保护并防止腐蚀,可用电镀或喷涂的方法在普通钢板表面涂上一层保护层,这就成了复合钢板,这样既保持了普通钢板的机械强度,又具有不同程度的耐腐蚀性。常见的复合钢板除镀锌钢板外,还有塑料复合钢板,它是在普通薄钢板表面喷上一层厚 0.2~0.4 mm 的塑料层,常用于防尘要求较高的空调系统和 -10~70 ℃ 下耐腐蚀系统的风管。这种风管在加工时应注意不要破坏它的塑料层,其连接方法只能采用咬口和铆接,不能采用焊接。

(三)调节设备

为了调整通风系统的风量或适应系统运行工况的变化,在设计通风系统时,在风管上通常要设置调节设备。通风系统常用的调节设备有:

(1)插排阀 通过风管中插排的上下(或左右)移动改变风管的有效通道面积。

(2)蝶阀 通过控制旋转风管中阀板的角度改变风管的有效通道面积。当风管截面尺寸较大时,可采用多叶蝶阀。

(3)防火阀 当有防火要求时,风道内应装防火阀。防火阀是用低熔点的金属线牵引着阀板,一旦有火险,风道内空气温度升高到一定值时,金属线熔断,阀板由于自重或其他部件的作用而自动落下,阻止风管中的气流继续流动,从而隔断火源。

（4）电动风阀　电动风阀是一种电动的单向阀门。电动风阀无电时受强力弹簧压迫,不会因反向气流作用而开启,有效地保证了相应空间的密闭性。通常电动执行机构和阀体连接,经过安装调试后成为暖通控制阀。阀门以电能为动力来接通电动执行机构驱动阀门,实现阀门的开关、开度调节等,从而实现对介质的输送截止。

### （四）新风进风口与废气排风口

新风进风口（又称采气口）（图3.19）是进气通风系统的空气进口（用以吸取室外空气的装置）或排气通风系统的吸气口（用以抽取室内空气的装置）。采气口应设置在室外空气较清洁之处,其与污染物源头（烟囱、排气口、厕所等）之间在水平及垂直方向都应有一定的距离,以免在采气时吸入污染物;当排气口的排气温度高于室外空气温度时,进气口低于排气口。采气口可以设置在外墙侧,风管可设于墙内或沿外墙做贴附风道。为了防止垃圾落在采气口,采气口一般高出地面2.0 m以上,并装有百叶风格或网格。进气口也可以设置在屋面上,可以做成独立的进风塔。进风口的空气流通净截面面积,可根据进风量及风速确定。

**图3.19　新风进风口**

排风口（图3.20）是通风系统的送风口（用以向室外排风的装置）或排气通风系统的空气排放口（用以向室外排出空气的装置）。排风口的形式一般比较简单,通常可在排气竖风管的顶端加一个伞形风帽或套环式风帽,以防雨雪入侵或室外空气"倒灌"。排风口排气面积较大,或为了不影响建筑的美观,也可将排风口做成送风口的形式。

**图3.20　排风口**

由于排出的空气中常含有水蒸气,在冬季为防止水蒸气在排出以前就因为温度下降而在排风口附近风管中结露、结霜,甚至结冰,排气风管的外露部分及排气口应考虑采取保温措施。排风口的空气流通净截面面积,可根据排气量及风速确定,排气风速一般不宜小于1.5 m/s,否则容易造成室外空气"倒灌"。排气风速不宜过大,否则将会增加排气口的动压损失。

### (五) 除尘设备

在食用菌工厂拌料过程中产生的大量含尘气体会危害人体健康,污染环境。为了防止大气污染,当排风中的污染物浓度超过卫生标准所允许的最高浓度时,必须使用除尘器或其他有害气体净化设备对排风进行处理,达到规范允许的排放标准后才能排入大气。

除尘器一般根据主要的除尘机理可分为重力、惯性、离心、过滤、洗涤、静电除尘器等6类;根据气体的净化程度可分为粗净化、中净化、细净化与超净化除尘器等4类;根据除尘器的除尘效率和阻力可分为高效、中效、粗效和高阻、中阻、低阻等几类。常用的除尘净化设备有以下几种。

#### 1. 重力沉降室

重力沉降室的原理是借助于重力使尘粒分离。含尘气流进入突然扩大的空间后,速度迅速减慢,其中的尘粒在重力的作用下缓慢向灰斗沉降。为加强效果还可在沉降室中设挡板。其结构形式如图3.21所示。

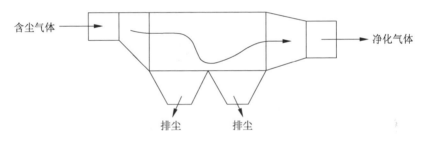

**图3.21 重力沉降室示意图**

#### 2. 惯性除尘器

惯性除尘器是使含尘气流方向急剧变化或与挡板、百叶等障碍物碰撞时,尘粒利用自身惯性从含尘气流中分离的装置。其性能主要取决于特征速度、折转半径与折转角度。除尘效率优于重力沉降室,可用于收集粒径大于20 μm的尘粒。进气管内流速一般取10 m/s为宜。其结构形式如图3.22所示。

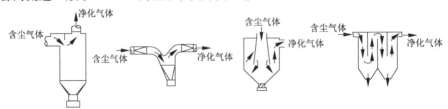

**图3.22 惯性除尘器示意图**

### 3. 旋风除尘器

旋风除尘器是利用离心力从气流中除去尘粒的设备。这种除尘器结构简单、没有运动部件、造价便宜、维护管理方便,除尘效率一般可达85%左右,高效旋风除尘器的除尘效率可达90%以上。其结构形式如图3.23所示。

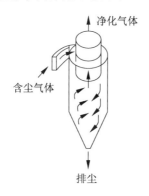

**图 3.23 旋风除尘器示意图**

### 4. 过滤式除尘器

过滤式除尘器是通过多孔过滤材料的作用从气固两相流中捕集尘粒,并使气体得以净化的设备。按照过滤材料和工作对象的不同,过滤式除尘器可分为袋式除尘器、颗粒层除尘器、空气过滤器3种。过滤式除尘器除尘效率高,结构简单。脉冲喷吹滤袋式除尘器的结构如图3.24所示。

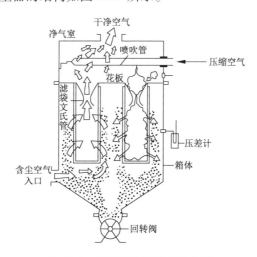

**图 3.24 脉冲喷吹滤袋式除尘器**

### 五、生产区域通排风实施方案

生产区域通排风实施方案的好坏关系到食用菌能否正常生长。涉及通排风实施方案的生产区域有初冷室、冷却室、前期培养区、中期培养区、后期培养区、出菇室等。初冷室(出炉缓冲间)的通风目的主要是将初冷室灭菌炉门打开时排出的蒸汽排出,同时利用室外空气将 100 ℃的菌瓶和栽培料降温到 65 ℃以下。冷却室的降温主要通过制冷系统实现,通风的目的是维持冷却室内的空气压力为正压状态。前期、中期、后期培养区通风的目的是用室外低 $CO_2$ 浓度的空气置换室内高 $CO_2$ 浓度的空气,为栽培料呼吸提供 $O_2$,同时维持培养室内的压力。出菇室通风的目的是用室外低 $CO_2$ 浓度的空气置换室内高 $CO_2$ 浓度的空气,为子实体生长、呼吸提供 $O_2$,同时通过调节新风量的大小,维持合适的 $CO_2$ 浓度,控制子实体的生长速度和形状,达到生产商品菇的目的。下面对各生产区域的通排风实施方案逐一介绍。

#### (一)初冷室

初冷室为洁净室,送风采用全新风方式。初冷室内的每台灭菌柜要求设置独立的排风机构,风量不得小于 4000 $m^3/h$,排风风机应选用消防排烟风机,采用不锈钢风管单独送至室外,风机压力根据风管管路和口径确定。当灭菌柜数量少于 2 台(含 2 台)时,送风机最大有效风量为排风机风量之和;当灭菌柜数量大于 3 台时,送风机最大有效送风量为 3 台排风机风量之和。送风机应设置变风量调节系统,以保证初冷室不出现室内空气负压状态及压力高于相邻功能间的情况。

#### (二)冷却室

冷却室为洁净室,空气循环量和循环方式应满足相应的净化等级要求,新风量应能满足空间正压的要求(相对于初冷室和接种准备室),一般新风补风量取值为冷却室体积的 2~3 倍/h。冷却室还应设置用于熏蒸消毒的全新风和全排风系统,送排风量为冷却室体积的 20~25 倍/h,进风经粗中效和高效过滤器过滤,换气方式为上送下排。

#### (三)前期培养区

前期培养区菌瓶的呼吸量和发热量比较少,新风量按体积计算为前期培养室体积的 2~3 倍/h,送风机需保证送风均匀,排风不做强制排风处理,前期培养区相对室外静压为 5~10 Pa。所有的新风风管分布应考虑安装防止冷凝水积存的设施。前期培养区换热器循环风量的设计准则为节能降温,且不至于使室内空气发生过大的搅动,防止空气中的杂菌由于空气的流通污染环境。通用的做法是设定单位时间内换热器循环风量为前期培养室体积的 30~35 倍;换热器模式建议为下回双出风;如果空气流场得到有效控制,也可采用其他形式的冷风机。

**（四）中期培养区**

中期培养区菌瓶的呼吸量和发热量比较多,新风量按体积计算为库房体积的4~6倍/h,送风机需保证送风均匀,排风应做强制排风处理,中期培养区相对室外静压为5 Pa。所有的新风风管分布应考虑安装防止冷凝水积存的设施。中期培养区换热器循环风量的设计准则为使菌瓶的温度变化不要太大,从而使菌瓶的热量能够快速地释放。通用的做法是设定单位时间内换热器循环风量为库房体积的50~60倍;换热器模式为后回前出风;在静态满负荷使用时任何菌垛间的空气流动速度不小于2.5 m/s;高度方向上温度梯度分布在风机开机状态下不得大于换热器3 ℃;对于培养期特别长的品种,菌垛堆放密度应适当减小,循环风量可以调整为中期培养室体积的40~50倍。

**（五）后期培养区**

后期培养区菌瓶的呼吸量比较小,新风量按体积计算为库房体积的1.5~2.5倍/h,送风机需保证送风均匀,排风不做强制排风处理,后期培养区相对室外静压为5~10 Pa。由于低温环境排风所造成的能耗非常大,因而设计时应考虑变风量送风系统,在实际运行过程中寻找最小的通风量,以确定运行点。所有的新风风管分布应考虑安装防止冷凝水积存的设施。后期培养区换热器循环风量的设计准则为维持后期培养所需要的温度环境,并保持温度均匀。通用的做法是设定单位时间内换热器循环风量为库房体积的30~40倍;换热器模式为后回前出风;库房温度低于5 ℃的后期培养区还应考虑换热器融霜问题。

**（六）出菇室**

出菇室菌瓶的呼吸量比较大,新风量按体积计算为库房体积的4~8倍/h,对于不同的品种,其取值不同,送风机需通过风管保证送风均匀,排风应做强制排风处理,出菇室内相对室外静压为5 Pa。所有的送排风出口都应配备防虫防鸟设施。所有的新风风管分布应考虑安装防止冷凝水积存的设施。出菇室换热器(冷风机)循环风量的设计准则有两点,一为满足出菇室内制冷量的要求,二为满足出菇室内温度均匀性的要求。通常情况下,冷风机单位时间(每小时)内循环风量为库房体积的40~50倍,循环模式为后回前侧出风。对于采用下回双侧出风的换热器系统,循环风量应适当加大20%,部分有特殊要求的菇种还应配置用于吹扫菇头的抑制设备。所有的循环风机应配置风量调节装置用以调节风量,满足子实体在不同时期的生长要求。

### 六、气密室的应用

#### （一）气密室的定义

气密室（位于过道上面）在食用菌行业中特指空气受约束的进气通道。需要特殊说明两点：① 空气受约束是指空气的进口不处于 0 Pa 的外界状态；② 进气通道气密室一定是用于单个菇房新风机前面的进气部分，排气部分不称为气密室。

菇房的气密室如图 3.25 所示，菇房采用了标准的气密室新风送风方式，新鲜空气经过菇房两边的粗效滤网被吸入气密室内，然后通过新风送风机送入菇房，再由排风机排出菇房，达到菇房换气的目的。如果气密室负压太大，可将过道内的负压阀打开以补充空气。

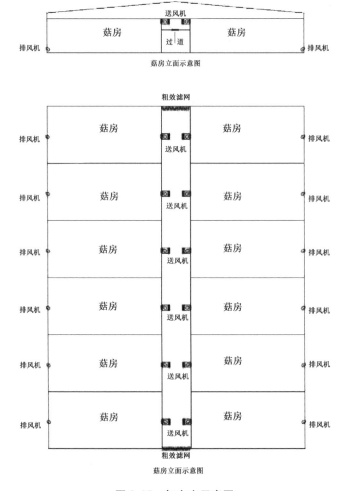

图 3.25　气密室示意图

**（二）气密室的种类**

气密室按进风方式可分为负压送风方式气密室和正压送风方式气密室。

（1）负压送风方式　图3.25所示的气密室就是负压送风方式,这种方式是空气通过压力差由进风口或过道上方的负压阀进入气密室内,由于进气口空气滤网和负压阀会消耗一定的压力,加上气密室内空气流量非常大,所以无论什么状态下,气密室的空气压力始终是负压状态。

（2）正压送风方式　这种送风方式是在空气进口安装一台或多台正压风机,通过压力传感器测量气密室的压力,通过变频器调节送风机的送风量,以维持气密室的微正压,如图3.26所示。

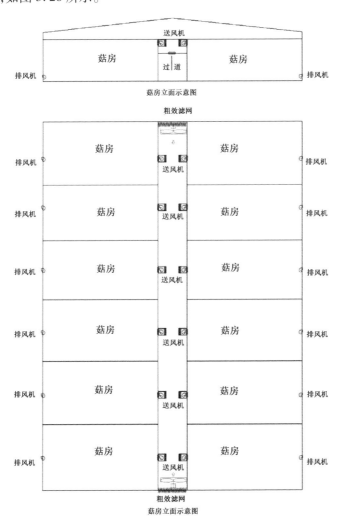

**图3.26　正压送风方式示意图**

气密室也可按空气处理方式划分为空气预处理气密室和空气不处理气密室。空气预处理气密室是指在气密室内安装制冷和制热设备,将室外空气处理到需要的温度,然后由新风机送入菇房。不处理就是气密室内无空气处理装置。

现有的气密室有以下4种组合方式:① 负压送风,空气不处理方式;② 负压送风,空气预处理方式;③ 正压送风,空气预处理方式;④ 正压送风,空气不处理方式。严格意义上来说,食用菌工厂的气密室并不是真正意义上的气密室,其无论从施工方面还是从开口数量上来说都无法做到真正气密。

### (三) 各种气密室的优缺点

(1) 负压送风,空气不处理方式  最常见的气密室通风就是这种方式。在这种方式中,由于空气是被被动吸入气密室内的,所以气密室始终处于负压状态。由于送风机的启停是随机进行的,因此在开机的瞬间,送风机四周会形成很高的负压,四周空气由于缺少动能而不能及时补充。相邻菇房如果送风机处于停机状态,菇房空气就会穿过送风机倒灌进气密室,从而带来以下三个后果:

① 如果某个菇房发生污染或有螨虫,污染源和螨虫就会进入气密室,使整个工厂发生污染。

② 由于菇房内空气含有大量水汽,水分进入气密室会在气密室内部积聚,形成大量的凝露,为杂菌的生长提供环境。

③ 由于菇房内空气 $CO_2$ 浓度较高,倒灌会造成新风的 $CO_2$ 浓度远高于室外空气,造成换气效率下降,能耗增加。

(2) 负压送风,空气预处理方式  此方式除了以上问题不能解决以外,还有以下几个问题:

① 由于气密室内部体积比较小,因此冷风机在处理空气时出风口位置温度会远低于进气空气露点温度,造成板壁凝露情况严重。在长时间运行后,气密室内部会出现非常严重的积水情况,给菇房的管理带来严重的影响。

② 对于菇房来说,置换空气是为了置换 $CO_2$,空气置换总量不会因为预处理而变化。与空气置换总量相同的室外空气从32 ℃降温到15 ℃,并不因为经过这两个阶段(室外到气密室,气密室到菇房)而使能耗有变化,所以气密室处理空气对能耗几乎没有影响。

③ 在现代化的菇厂设计中,采用新风和冷风机回风混合的方法减少新风对蘑菇个体的温差冲击,特别是在南方的工厂中不进行新风的预处理。

(3) 正压送风方式  正压送风方式是为了避免气密室负压倒灌所采用的送风手段。一些工厂发现负压送风方式的弊端后,便加装正压风机,但这样做也会带来一些问题:

① 实际应用中,采用正压送风方式的气密室的换气效率无法控制。气密室正压风机通过测量气密室和室外空气的相对压力来调节正压风机的转速,从而控制新风量。单个出菇室的新风机在气密室内取风,新风机的启动速度非常快,开启后新风机周边相对于远处形成较大负压,测量元件和执行元件无法在短时间内响应这种空气压力的快速变化,造成气密室内局部空气压力低于室外压力;相邻菇房的空气通过停止的风机叶轮的间隙回流到气密室,出现串气现象,使气密室内 $CO_2$ 浓度远高于室外,降低了换气效率。同理,在出菇室新风机骤然停止时,空气动压转变为静压,造成气密室内压力远高于室外压力,空气通过风机间隙压入相邻菇房,造成一些需要高浓度 $CO_2$ 的菇房被动送风,难以维持高浓度 $CO_2$ 环境。

② 正压气密室空气降温后,由于普通结构的气密室的实际密封效果很差,因此一方面,会造成处理后的低温空气在结构缝隙泄漏;另一方面,在泄露处冷热空气交界面处会出现凝水现象,增加污染的可能。

综合上述原因,笔者认为气密室方式送风弊多利少。

# 第三节　食用菌工厂化生产区域的灭菌和消毒

## 一、概述

在食用菌生产中,消毒与灭菌贯穿于整个生产过程。自然界中普遍存在的微生物大部分对食用菌生长是有害的,统称为"杂菌"。为了保证食用菌能正常生长,生产操作空间、使用的工具、操作者的手等不能带有任何活的杂菌,因此必须采取相应的措施对生产环节进行灭菌和消毒。

灭菌是指采用物理或化学的方法杀灭全部微生物,包括致病和非致病微生物及芽孢,使之达到无菌保证水平。经灭菌处理后,未被污染的物品称为无菌物品,未被污染的区域称为无菌区域。在食用菌生产中,灭菌主要是指培养料灭菌,即熟料栽培方式培养基的灭菌。

消毒是指杀死病原微生物,但不一定能杀死细菌芽孢的方法。通常采用化学的方法来达到消毒的目的。在食用菌生产中,消毒主要是针对环境和物品进行的,比如接种室、培养室、接种工具、菌种袋表面等。

## 二、灭菌

### (一) 灭菌方法

常用的灭菌方法有化学试剂灭菌、射线灭菌、热灭菌和过滤除菌等。热灭菌利用高温使微生物细胞内的蛋白质变性,酶活性消失,致使细胞死亡,通常有干热、湿热和间歇加热灭菌等。

目前,对于培养基、工作衣等,常用高压蒸汽灭菌;对于金属接种工具,采用火焰灭菌;对于玻璃器皿,采用干热灭菌;对于一些不耐高温、体积庞大的培养基和物品,常采用射线和紫外线等辐射灭菌;对于热不稳定的生化药品(如酶制剂、维生素的水溶液等),则采用过滤灭菌。

1. 高压蒸汽灭菌

高压蒸汽灭菌属于湿热灭菌,其原理是利用温度高于 100 ℃的蒸汽在很短的时间内杀死一切微生物的营养体及其芽孢和孢子,从而达到快速彻底灭菌的目的。首先利用真空泵把灭菌室的空气抽净使之为真空状态,然后通入高温高压状态下的水蒸气,水蒸气及其释放的大量潜热对有细菌的菌体物质进行有效的灭菌处理。灭菌完成后,排出灭菌室内的蒸汽。相对于干热灭菌,高压蒸汽灭菌的温度较高、灭菌时间短、污染率低,缩短了菌体跟空气的接触时间,避免菌包的二次污染,节约了能源,是食用菌生产中使用较普遍、灭菌效果最好的灭菌方式。

2. 常压蒸汽灭菌

以自然压力的蒸汽进行灭菌的方法称为常压蒸汽灭菌法。此方法广泛用于小型工厂对食用菌栽培种、栽培料的培养基灭菌和熟料栽培的培养料灭菌。由于灭菌时所需的密封性能及所处的海拔不同,因而常压蒸汽灭菌法的灭菌温度在 95~100 ℃变动,灭菌时间较长,如表 3.7 所示。应用此法,培养料养分损失较多,热效率低,能源消耗大。

表 3.7　常压蒸汽灭菌所需时间

| 温度/℃ | 微生物死亡时间/h | 达到温度后灭菌所需时间/h |
| --- | --- | --- |
| 100 | 3.0 | 4.2 |
| 99 | 3.3 | 4.5 |
| 98 | 4.0 | 5.2 |
| 97 | 4.4 | 6.0 |
| 96 | 5.3 | 6.5 |
| 95 | 6.3 | 7.5 |

3. 干热灭菌

干热灭菌是指在干燥环境(如干热空气或火焰)中进行灭菌的技术,一般有火焰灭菌和干热空气灭菌。火焰灭菌是指用火焰直接烧灼的灭菌方法。该方法灭菌迅速、可靠、简便,适用于耐火焰材料如金属物品与用具(如钢管、针头、镊子、剪刀等)的灭菌,不适用于药品的灭菌。干热空气灭菌是指用高温干热空气灭菌的方法。该法适用于耐高温的玻璃器皿(如试管、培养皿)等的灭菌。在干热状态下,由于热穿透力较差,微生物的耐热性较强,必须在高温下长时间作用才能达到灭菌的目的。因此,干热空气灭菌采用的温度一般比湿热灭菌高。为了保证灭菌效果,一般规定:135~140 ℃灭菌3~5 h;160~170 ℃灭菌2~4 h;180~200 ℃灭菌0.5~1 h。

### 4. 过滤灭菌

过滤灭菌,即用筛除或滤材吸附等物理方式除去微生物,是一种常用的灭菌方法。对于不耐热液体,过滤是唯一实用的灭菌方法。过滤灭菌不是将微生物杀死,而是把它们排出去。过滤除菌采用两类器具,一类是深层滤器,如用烧结玻璃、不上釉的陶瓷颗粒或石棉压成的滤器等;另一类是滤膜。深层滤器有逐渐被滤膜取代的趋势,但因为大量沉淀物容易堵塞滤膜,所以一般先用深层滤器除去大颗粒杂质。

滤膜一般由醋酸纤维素、硝酸纤维素、多聚碳酸酯、聚偏氟乙烯等合成纤维材料制成。滤膜的孔径一般为 0.2 μm,它可以滤除绝大多数微生物的营养细胞。过滤灭菌的最大缺点是不能滤除病毒。

滤器不得对被滤过成分有吸附作用,也不能释放物质,不得有纤维脱落。滤器和滤膜在使用前应进行洁净处理,并用高压蒸汽进行灭菌。

### (二) 灭菌参数

通过以下有关参数对灭菌效果进行检验,同时对灭菌方法进行可靠性验证。

### 1. $D$ 值

$D$ 值是指在一定温度下,杀灭 90% 的微生物(或残存率为 10%)所需的灭菌时间。在一定灭菌条件下,不同微生物具有不同的 $D$ 值;同一微生物在不同灭菌条件下,$D$ 值亦不相同。因此,$D$ 值随微生物的种类、环境和灭菌温度的变化而异。

### 2. $Z$ 值

$Z$ 值是指灭菌时间减少到原来的 1/10 所需升高的温度,或在相同灭菌时间内杀灭 99% 的微生物所需提高的温度。

### 3. $F$ 值

$F$ 值为在一定温度($T$)下给定 $Z$ 值所产生的灭菌效果,与在参比温度($T_0$)下给定 $Z$ 值所产生的灭菌效果相同时所需的灭菌时间,以 min 为单位。$F$ 值常用于干热灭菌。

### 4. $F_0$ 值

$F_0$ 值为一定灭菌温度($T$)下 $Z$ 值为 10 ℃时所产生的灭菌效果,与 121 ℃下 $Z$ 值为 10 ℃所产生的灭菌效果相同时所需的灭菌时间(min)。也就是说,不管温度如何变化,$t$ 分钟内的灭菌效果相当于在 121 ℃下灭菌 $F_0$ 分钟的效果。$F_0$ 值仅应用于湿热灭菌。

### 三、消毒

#### (一)巴氏消毒

巴氏消毒是指在 60~70 ℃的温度下杀死物品中的病原菌和大多数细菌的营养体。此法适用于不耐高温物品的消毒。在草腐菌的生产中常采用巴氏消毒对栽培料进行发酵处理,利用栽培料内耐热微生物的活动,促使栽培料的温度上升到 65 ℃以上并维持一定的时间,从而杀死或减少栽培料中的有害微生物,如表 3.8 所示。

表 3.8 霉菌、细菌、虫卵在栽培料不同发酵温度下的存活时间

| 名称 | 温度/℃ | 存活时间/min | 名称 | 温度/℃ | 存活时间/min |
|------|--------|--------------|------|--------|--------------|
| 绿色木霉 | 55 | 60 | 宛氏拟青霉 | 65 | 180 |
| 网纹梭孢壳霉 | 65 | 180 | 结核杆菌 | 60 | 15~20 |
| 黄曲霉 | 60 | 30 | 白喉棒杆菌 | 55 | 45 |
| 土曲霉 | 65 | 30 | 大肠杆菌 | 65 | 15~20 |
| 球孢毛霉 | 60 | 30 | 志贺氏痢疾杆菌 | 55 | 60 |
| 黄色暗孢霉 | 55 | 60 | 猪布氏杆菌 | 50~55 | 60 |
| 芽枝霉 | 60 | 30 | 黄色化脓性球菌 | 55 | 10 |
| 粪生帚霉 | 50 | 60 | 麦锈病菌 | 54 | 10 |
| 枝顶孢霉 | 55 | 120 | 紫附球菌 | 50 | 30 |
| 小孢矛束霉 | 55 | 180 | 金龟子卵 | 50 | 10 |
| 白地霉 | 55 | 180 | 黏虫卵 | 60 | 10 |

#### (二)化学消毒

化学消毒是利用化学药剂杀死微生物或抑制微生物生长的方法。消毒剂主要用于对接种室、接种箱、菇房、用具、环境和操作人员的手等进行消毒,有时也用于培养料的辅助消毒。常用的消毒剂有酒精、甲醛、高锰酸钾、石灰、漂白粉等。要使消毒剂充分发挥杀菌效力,一般要使化学药品成为气态或者液态。

气态消毒是利用加热、焚烧、氧化等方法,使化学药剂呈气态扩散到空气中,杀死空气和物体表面的微生物。这种方法操作简便,只需使消毒的空间密闭即可。另一种方法是把要消毒的物品放在特殊的容器中,先抽净物品孔隙里的空气,再通入消毒气体,这种方法消毒彻底,但需有一定的设备。

液态消毒是将消毒剂按一定的比例直接投入待消毒的溶液中,或先配置一定浓度的药液,然后根据不同情况分别采用喷洒、擦拭、浸泡或加入培养基中等方法进行消毒或杀菌。

### (三) 紫外线消毒

紫外线消毒是指通过适当波长的紫外线破坏微生物机体细胞中的核酸结构,造成辐射损伤,从而杀死微生物,达到消毒的目的。紫外线对核酸的作用可导致键和链的断裂、股间交联和形成光化产物等,从而改变 DNA、RNA 的生物活性,使微生物自身不能复制,这种紫外线损伤也是致死性损伤。紫外线只适用于空气和物体表面消毒,在接种室、接种箱、超净工作台、培养室等培养和接种场所均可使用。

### (四) 臭氧消毒

臭氧消毒灭菌是以空气为媒介的溶菌性方法,消毒灭菌过程发生了氧化反应。臭氧消毒灭菌有以下 3 种形式:① 氧化分解细菌内葡萄糖所需的酶,使细菌灭活死亡;② 直接与细菌作用,破坏它们的细胞器和 DNA、RNA,使细菌的新陈代谢受到破坏,导致细菌死亡;③ 透过细胞膜组织侵入细胞内,作用于外膜的脂蛋白和细胞内的脂多糖,使细菌发生通透性畸变而溶解死亡。

与常规的灭菌方法相比,臭氧消毒灭菌方法具有以下特点:

① 消毒无死角,杀菌效率高,可清除异味。消毒进行时,臭氧发生装置产生一定量的臭氧,在相对密闭的环境下,扩散均匀,通透性好,克服了紫外线消毒存在死角的问题,达到全方位、快速、高效的消毒杀菌目的。

② 臭氧的杀菌谱广,其既可以杀灭细菌繁殖体、芽孢、病毒、真菌和原虫孢子等多种微生物,还可以破坏肉毒杆菌、毒素及立克次氏体等,同时还具有很强的除霉、腥、臭等功能。

③ 无残留、无污染。臭氧通过空气中的氧气产生,氧化过程中,多余的氧原子在一段时间内又结合成为氧分子,不存在任何残留物质,解决了消毒剂消毒后残留的二次污染问题,同时省去了消毒结束后再次清洁的操作。

④ 臭氧消毒可以每天使用,使用时间短,开机 1 h 即可达到消毒的臭氧浓度,而且臭氧在密闭的环境中能够很快还原成氧气,无须排风换气,克服了化学药剂熏蒸时间长、操作烦琐、有残留等缺点。

采用臭氧消毒,可使接种空间达到百级洁净度。臭氧的杀菌能力是化学药剂的几十倍,且不产生抗药性。同时,臭氧不是添加的化学试剂,瞬间完成杀菌后又很快还原为氧气,无残留,从而保障了员工在生产过程中的生命安全和健康,保证了食用菌产品绿色有机的品质。

## 四、消毒灭菌设备

### （一）高压蒸汽灭菌器

高压蒸汽灭菌器制造严密、操作方便、灭菌时间短、效率高,可节省燃料,但价格高、投资大。常见的高压蒸汽灭菌锅有手提式、立式与卧式等。手提式高压蒸汽灭菌锅的容积小,适用于试管、培养基、三角瓶或培养皿、无菌水、少量菌种瓶等的灭菌(图3.27)。立式和卧式主要用于菌种瓶、罐头瓶及塑料袋装培养基的灭菌。图3.28所示为卧式高压蒸汽灭菌器,该灭菌器需要单独的蒸汽供给装置供应水蒸气;图3.29和图3.30所示为电加热式蒸汽发生器和燃气蒸汽锅炉。

图3.27　手提式高压蒸汽灭菌锅　　　　图3.28　卧式高压蒸汽灭菌器

图3.29　电加热式蒸汽发生器　　　　　图3.30　燃气蒸汽锅炉

在热蒸汽下,微生物及其芽孢或孢子经20~30 min可全部被杀死(0.01 MPa,121 ℃);高压蒸汽灭菌所需压力的保持时间与被灭菌的物料有关,一般对液体培养基处理20~30 min(0.1 MPa,121 ℃);对固体培养基,如木屑、棉籽壳、谷粒、粪草等,必须处理60~120 min(0.15 MPa,128 ℃)才能达到满意的灭菌效果。

高压蒸汽灭菌时,摆放的菌种瓶(袋)要与锅壁之间有一定的空隙,摆得过紧会妨碍蒸汽流通,易造成死角,达不到完全灭菌的效果。锅内冷空气一定要排尽,否则空气压力达到要求,但温度并未达到要求,见表3.9。当气压达到要求时,灭菌才能开始计时。灭菌结束后,只有当压力降到零时,才能打开排气阀。

表3.9　高压蒸汽灭菌锅内排气程度与温度的关系

| 蒸汽压力/ MPa | 不同冷空气排出量情况下的蒸汽温度/℃ | | | | |
| --- | --- | --- | --- | --- | --- |
| | 完全排出 | 排出2/3 | 排出1/2 | 排出1/3 | 完全不排 |
| 0.034 | 109 | 100 | 94 | 90 | 72 |
| 0.069 | 115 | 109 | 105 | 100 | 90 |
| 0.103 | 121 | 115 | 112 | 109 | 100 |
| 0.138 | 126 | 121 | 118 | 115 | 109 |
| 0.172 | 130 | 126 | 124 | 121 | 115 |
| 0.207 | 135 | 130 | 128 | 126 | 121 |

**（二）臭氧发生器**

臭氧发生器主要有高压放电式、紫外线照射式、电解式等3种。高压放电式臭氧发生器(图3.31)是使用一定频率的高压电流制造高压电晕电场,使电场内或电场周围的氧分子发生电化学反应,从而制造臭氧。这种臭氧发生器具有技术成熟、工作稳定、使用寿命长、臭氧产量大(单机可达1 kg/h)等优点,是国内外相关行业使用最广泛的臭氧发生器。

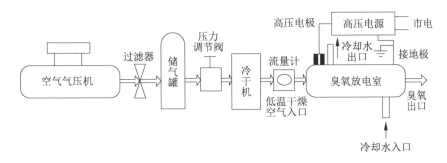

图3.31　高压放电式臭氧发生器示意图

高压放电式臭氧发生器又可分为以下几种类型:

① 按发生器的高压电频率划分,有工频(50~60 Hz)、中频(400~1000 Hz)和高频(>1000 Hz)3种。工频发生器由于具有体积大、功耗高等缺点,已基本退出市场。中、高频发生器具有体积小、功耗低、臭氧产量大等优点,是现在最常用的产品。

② 按使用的气体原料划分,有氧气型和空气型两种。氧气型通常是由氧气瓶或制氧机供应氧气;空气型通常是使用洁净干燥的压缩空气作为原料。由于臭氧

是由氧气产生的,而空气中氧气的含量只有21%,所以空气型臭氧发生器产生的臭氧浓度相对较低,而瓶装或制氧机的氧气纯度都在90%以上,所以氧气型发生器产生的臭氧浓度较高。

③ 按冷却方式划分,有水冷型和风冷型。臭氧发生器工作时会产生大量的热,需要冷却,否则臭氧会因高温而边产生边分解。水冷型臭氧发生器冷却效果好,工作稳定,臭氧无衰减,并能长时间连续工作,但结构复杂,成本稍高。风冷型臭氧发生器冷却效果不够理想,臭氧衰减明显。总体稳定的高性能臭氧发生器通常都是水冷型的。风冷型一般只用于臭氧产量较小的中低档臭氧发生器。在选用发生器时,应尽量选用水冷型的。臭氧消毒机在食用菌工厂化栽培中主要用于栽培料冷却、接种和罐制作等场所,具体的装机大小根据需要消毒的房间容积确定。

虽然臭氧消毒灭菌具有很多优点,但是臭氧浓度太高时会对人体造成伤害。《美国国家环境空气质量标准》(*National Ambient Air Quality Standards*, NAAQS)提出,人在一个小时内可接受臭氧的极限浓度是 260 μg/m³。人在臭氧浓度为 320 μg/m³ 的环境中活动 1 h 就会出现咳嗽、呼吸困难及肺功能下降症状。臭氧还能参与生物体中的不饱和脂肪酸、氨基酸及其他蛋白质的反应,因而长时间直接接触高浓度臭氧的人会出现疲乏、咳嗽、胸闷胸痛、皮肤起皱、恶心头痛、脉搏加速、记忆力衰退、视力下降等症状。用臭氧消毒空气,必须是在无人的情况下,消毒后至少 30 min 人才能进入。

### (三)紫外线消毒灯

紫外线消毒灯亦称紫外线杀菌灯、紫外线荧光灯,其向外辐射波长为 253.7 nm 的紫外线。该波段紫外线的杀菌能力最强,可用于对水、空气、衣物等的消毒灭菌;还可用于对要求空气洁净的化验室和手术室等进行空气消毒,照射 30 min 左右就可以将空气中的细菌杀死。

1. 紫外线消毒灯的应用

(1)对物品表面消毒 最好使用便携式紫外线消毒灯近距离移动照射,也可采取紫外线消毒灯悬吊式照射,小件物品可放于紫外线消毒箱内照射。不同种类的微生物对紫外线的敏感性不同,用紫外线消毒时必须使用能杀灭目标微生物所需的照射剂量。

杀灭一般细菌繁殖体时,应使辐照剂量达到 10000 μW·s/cm²;杀灭细菌芽孢时应达到 100000 μW·s/cm²。病毒对紫外线的抵抗力介于细菌繁殖体和芽孢之间;真菌孢子的抵抗力比细菌芽孢更强,有时需要照射到 600000 μW·s/cm²。在需消毒的目标微生物不详时,辐照剂量不应低于 100000 μW·s/cm²。

辐照剂量是所用紫外线消毒灯照射物品表面处的辐照强度和辐照时间的乘积。

因此,根据紫外线光源的辐照强度,可以计算出需要辐照的时间。例如,用辐照强度为 70 $\mu$W/ cm$^2$ 的紫外线表面消毒灯近距离辐照物品表面,选择的辐照剂量是 100000 $\mu$W·s/cm$^2$,则需辐照的时间是 100000 $\mu$W·s/cm$^2$÷70 $\mu$W/ cm$^2$≈24 min。

（2）对室内空气消毒　间接照射法,首选高强度紫外线空气消毒灯,其不仅消毒效果可靠,而且可在室内有人活动时使用,一般开机消毒 30 min 即可达到消毒效果;直接照射法,在室内无人时,可采取紫外线消毒灯悬挂式或移动式直接照射。

在室内采用悬吊式照射时,安装紫外线消毒灯(30 W 紫外线消毒灯,在 1.0 m 处的强度>70 $\mu$W/ cm$^2$)的强度为平均每立方米不少于 1.5 W,同时照射时间不少于 30 min。

2. 紫外线消毒灯的类型

（1）普通直管热阴极低压汞紫外线消毒灯　灯管采用石英玻璃或其他对紫外线透过率高的玻璃制成,功率为 40 W,30 W,20 W,15 W 等。要求出厂新灯辐射 253.7 nm 紫外线的强度(在距离 1 m 处测定,不加反光罩)为:功率>30 W/灯,强度≥100 $\mu$W/cm$^2$;功率>20 W/灯,强度≥60 $\mu$W/cm$^2$;功率 15 W/灯,强度≥20 $\mu$W/cm$^2$。由于这种灯在辐射 253.7 nm 紫外线的同时,也辐射一部分 184.9 nm 紫外线,故可产生臭氧,如图 3.32 所示。

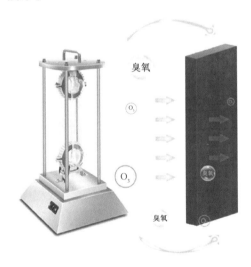

**图 3.32　臭氧紫外线消毒灯**

（2）高强度紫外线消毒灯　要求辐射 253.7 nm 紫外线的强度(在灯管中心垂直距离 1 m 处测定)为:功率 30 W/灯,强度>170 $\mu$W/cm$^2$;功率 11 W/灯,强度>40 $\mu$W/cm$^2$。

（3）低臭氧紫外线消毒灯　这也是热阴极低压汞消毒灯,可为直管形或 H 形,由于采用了特殊工艺和灯管材料,故臭氧产量很低,要求臭氧产量<1 mg/h。

（4）紫外线空气消毒器　采用低臭氧紫外线消毒灯制造,可用于有人情况下的室内空气消毒。

（5）紫外线表面消毒器　采用低臭氧高强度紫外线消毒灯制造,能快速达到良好的消毒效果。

（6）紫外线消毒箱　采用高臭氧高强度紫外线消毒灯或直管高臭氧紫外线消毒灯制造,一方面利用紫外线和臭氧的协同作用杀菌,另一方面利用臭氧对紫外线照射不到的部位进行消毒。

在用紫外线消毒灯对室内空气进行消毒时,房间内应保持清洁干燥,减少尘埃和水雾,温度低于20 ℃或高于40 ℃、相对湿度大于60%RH时应适当延长照射时间。用紫外线消毒物品表面时,应使照射表面受到紫外线的直接照射,且应达到足够的辐照剂量。另外,紫外线光源不可照射到人,以免引起损伤。

## 第四节　食用菌工厂化生产区域的光照

用于食用菌的光照设备不是指普通的车间照明,而是在培养和出菇期间为了满足食用菌对光照的需求而增加的设备。设置合理的光照强度与光照周期对提高食用菌产量和品质等方面起到至关重要的作用。

食用菌光照一般采用冷光光源,如金针菇和杏鲍菇广泛使用的 LED( light emitting diode)光带(图3.33a)。LED 光带常规分为柔性 LED 灯带和 LED 硬灯条两种。柔性 LED 灯带采用 FPC 作组装线路板,用贴片 LED 进行组装,使产品的厚度仅为0.1 cm,不占空间,其可以随意剪断,也可以任意延长而发光。FPC 材质柔软,可以任意弯曲、折叠、卷绕,可在三维空间随意移动及伸缩而不会折断,适用于不规则和狭小的空间。LED 硬灯条是用 PCB 硬板作组装线路板,有用贴片 LED 进行组装的,也有用直插 LED 进行组装的,根据需要采用不同的元件。LED 硬灯条的优点是比较容易固定,加工和安装都比较方便,缺点是不能随意弯曲,不适合用于不规则的地方。

LED,即发光二极管(图3.33b),是一种半导体固体发光器件,利用固体半导体芯片作为发光材料,当两端加上正向电压时,半导体中的载流子复合引起光子发射而产生光(图3.33c)。LED 可以直接发出红、黄、蓝、绿、青、橙、紫、白色的光。

LED 光源利用红、绿、蓝三基色原理,在计算机技术精准控制下使3种颜色具有256级灰度并任意混合,根据不同植物对光色的要求而组合变化,同时可剔除植物生长过程中不需要的和有害的光波成分,光利用率达到90%以上。LED 光谱中没有紫外线和红外线,既没有热量,也不会产生辐射,眩光小,没有污染,属于典型的绿色照明光源。与传统光源单调的发光效果相比,LED 光源是低压微电子产品,成功融合了计算机技术和调光远程监控技术,大大节省了现场人工成本。

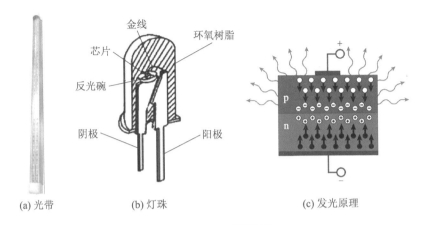

(a) 光带　　　　　　(b) 灯珠　　　　　　(c) 发光原理

**图 3.33　LED 照明灯**

在出菇期间,为了满足食用菌生长需求,需增加光照,因此需要监测车间的光照强度。光照强度是指单位面积上所接收可见光的光通量,简称照度,单位勒克斯(lx)。光照强度是用于指示光照的强弱和物体表面被照明的程度,常用光电照度计来测量,如图 3.34 所示。

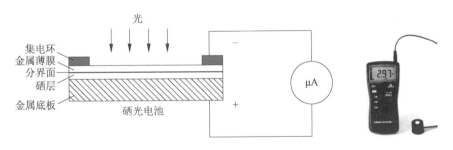

**图 3.34　光电照度计**

光电照度计通常是由硒光电池或硅光电池配合滤光片和微安表组成。光电池是把光能直接转换成电能的光电元件。当光线射到硒光电池表面时,入射光透过金属薄膜到达半导体硒层和金属薄膜的分界面上,在界面上产生光电效应。产生的光生电流的大小与光电池受光表面的照度有一定的比例关系。光线照到电池表面时,如果接上外电路,就会有电流通过,电流值在以勒克斯(lx)为单位的微安表上显示。光生电流的大小取决于入射光的强弱。光电照度计有变挡装置,因此可以测高照度,也可以测低照度。

# 第四章

# 食用菌工厂化生产区域的温度、湿度及空气流场

　　食用菌工厂生产车间内冷负荷和湿负荷是决定空调系统风量、空调装置容量等的依据。负荷量的大小与工厂建筑布置和围护结构的热工性能有很大关系。在设计时还要保证工厂建筑布置和围护结构热工性能合理并满足节能要求。

　　在空调技术中,为保持房间内的一定温度而向房间内提供的冷量或热量称为空调系统的冷负荷或热负荷;为保持房间内一定的相对湿度而需要减少(或增加)的湿量称为空调系统的湿负荷。空调系统的作用就是在调整房间内热负荷的同时调整室内的湿负荷,使房间内的温度和湿度维持在要求的范围内。

　　冷负荷由食用菌工厂房间内的下列热量经车间蓄热后转化而成:

① 食用菌散热量;

② 通过围护结构(窗、墙、楼板、屋盖、地板等)传入车间的热量;

③ 渗透空气(新风)带入房间的热量;

④ 设备、器具、管道等其他热源散入房间的热量;

⑤ 照明散热量;

⑥ 物料等货物的散热量;

⑦ 各种散湿的潜热散热量,即伴随着各种散湿过程的潜热量。

食用菌工厂房间内的湿负荷主要由以下因素构成:

① 食用菌生长过程中的散湿量(呼吸所产生的湿量);

② 渗透空气(新风)带入房间内的湿量;

③ 各种非围护结构潮湿表面、液面或液流的散湿量;

④ 围护结构散湿量;

⑤ 设备、器具的散湿量。

# 第一节　生产区域环境参数

大气是由干空气和水蒸气组成的混合物,称为湿空气。干空气是由氮气、氧气、氩气、二氧化碳、氖气、氦气和其他一些微量气体所组成的混合气体。除二氧化碳外,干空气中其他气体的含量是非常稳定的。二氧化碳的含量会随着动植物的生长状态、气象条件、生产过程中的排放物等因素的改变有较大的变化。在研究空气的物理性质时,可以将干空气视为一个整体考虑。湿空气中水蒸气的含量很低,它来源于表面水分的蒸发,以及各种生物的新陈代谢过程和生产过程。在湿空气中,水蒸气所占百分比不稳定,时常随地区、季节、气候、湿源等各种条件的变化而变化。虽然湿空气中水蒸气的含量少,但它对湿空气的状态影响很大。

在空气调节系统的设计、空调设备的选择及运行管理中往往要考虑湿空气的状态参数和状态变化等问题。湿空气的物理性质是由它的组成成分和所处的状态决定的。湿空气的状态通常可以用压力、温度、相对湿度、含湿量及焓等参数来描述和度量。这些参数称为湿空气的状态参数。空调工程中几种常用的湿空气的状态参数如下。

## (一) 压力

### 1. 大气压力

环绕地球的空气层对单位地球表面积形成的压力称为大气压力(或湿空气总压力),大气压力通常用 $p$ 或 $B$ 表示,单位为帕(Pa)或千帕(kPa)。

大气压力不是一个定值,它随各地海拔高度的不同而存在差异。通常以北纬45°处海平面的全年平均气压作为一个标准大气压或物理大气压,其数值为101325 Pa。大气压力不仅与海拔高度有关,还受季节、气候的影响。大气压力不同,空气的物理性质就会不同,反映空气物理性质的状态参数也会发生变化。所以,在空气调节系统的设计和运行中,如果不考虑当地大气压力的大小,就会造成一定的误差。

空调系统采用仪表测定空气压力,仪表上显示的压力称为工作压力(曾称"表压力")。工作压力不是空气的绝对压力,而是与当地大气压的差值,其相互关系为

$$绝对压力 = 当地大气压 + 工作压力 \tag{4.1}$$

绝对压力才是湿空气的状态参数。本书凡未标明工作压力时,均应理解为绝对压力。当地大气压可以用"大气压力计"测得。

### 2. 水蒸气分压力与饱和水蒸气分压力

湿空气中,水蒸气单独占有湿空气的容积,并具有与湿空气相同的温度时,所

产生的压力称为水蒸气分压力,用 $p_q$ 表示。

湿空气可视为理想气体,它是由干空气和水蒸气组成的混合气体。如果湿空气的总压力为 $p$,则 $p$ 应是干空气分压力 $p_g$ 与水蒸气分压力 $p_q$ 之和,即

$$p = p_g + p_q \qquad (4.2)$$

从气体分子运动论的观点来看,压力是由于气体分子撞击容器壁而产生的宏观效果。因此,水蒸气分压力的大小直接反映水蒸气含量的多少。

在一定温度下,空气中水蒸气的含量越多,空气就越潮湿,水蒸气分压力也就越大,在空气中水蒸气的含量超过某一限值时,多余的水蒸气就会凝结成水而从空气中析出。这说明,在一定温度条件下,湿空气中水蒸气的含量达到最大限度时,则称湿空气处于饱和状态,亦称为饱和空气,此时相对应的水蒸气分压力即为饱和水蒸气分压力,用 $p_{q,b}$ 表示。$p_{q,b}$ 仅取决于温度,温度越高,$p_{q,b}$ 越大。

## (二)温度

空气的温度表示空气的冷热程度。温度的高低用"温标"来衡量,目前国际上常用的有:绝对温标(又称开氏温标),符号为 $T$,单位为 K;摄氏温标,符号为 $C$,单位为℃。有的国家也采用华氏温标,符号为 $F$,单位为℉。这 3 种温标的换算关系为

$$C = T - 273.15 = \frac{5 \times (F - 32)}{9} \qquad (4.3)$$

干球温度是从暴露于空气中而又不受太阳直接照射的干球温度表上所读取的数值。它是温度计在普通空气中所测出的温度,即一般天气预报里常说的气温,是真实的热力学温度。干球温度计测出的温度与当前空气中的湿度无关。

湿球温度(绝热饱和温度)是指在绝热条件下,大量的水与有限的湿空气接触,水蒸发所需的潜热完全来自湿空气温度降低所放出的显热,当系统中空气达饱和状态且系统达到热平衡时系统的温度。在一定温度下,湿度测量装置(湿球)表面的温度也可以称为湿球温度。湿球温度和干球温度之间的差异可以用来评估周围环境的相对湿度。湿球温度的测量方法包括干湿球温度计法、镀铂温度计法、电容法等。干湿球温度计法是一种较为常用的湿球温度测量方法。将湿球和干球依次暴露于周围空气中,并记录下温度读数,然后应用一些公式进行计算,就可以得到相对湿度、露点等数据。

## (三)密度与比体积

单位容积的湿空气所具有的质量,称为密度,用符号 $\rho$ 表示,单位为 $kg/m^3$,即

$$\rho = \frac{m}{V} \qquad (4.4)$$

式中:$m$ 为湿空气的质量,kg;$V$ 为湿空气占有的容积,$m^3$。

单位质量的湿空气所占有的容积,称为比体积,用符号 $v$ 表示,单位为 $m^3/kg$,即

$$v = \frac{V}{m} = \frac{1}{\rho} \qquad (4.5)$$

需要指出的是,在湿空气的计算中,往往以含 1 kg 干空气的湿空气为计算基础。湿空气的质量 $m$ 应是干空气的质量 $m_g$ 与水蒸气的质量 $m_q$ 之和,所以以 1 kg 干空气为计算基础时,干空气的密度 $\rho_g$(单位为 kg 干空气/$m^3$)与比体积 $v_g$(单位为 $m^3$/kg 干空气)应分别为

$$\rho_g = \frac{m_g}{V} \qquad (4.6)$$

$$v_g = \frac{V}{m_g} \qquad (4.7)$$

**(四) 湿度**

湿度是表示湿空气中水蒸气含量的物理量,一般有绝对湿度、含湿量和相对湿度 3 种表示方法。

1. 绝对湿度

单位容积湿空气中含有水蒸气的质量,称为湿空气的绝对湿度,用符号 $z$ 表示,单位为 $kg/m^3$,即

$$z = \frac{m_q}{V} \qquad (4.8)$$

式中:$m_q$ 为水蒸气的质量,kg;$V$ 为水蒸气占有的容积,即湿空气的容积,$m^3$。

绝对湿度表示单位容积湿空气中所含水蒸气的量。容积随温度的变化而变化,即使 $m_q$ 不变,$z$ 也随温度的变化而变化。所以,在计算中用 $z$ 表示空气的湿度不方便,需定义含湿量。

2. 含湿量

湿空气是由干空气和水蒸气组成的。湿空气的含湿量为所含水蒸气的质量($m_q$)与干空气质量($m_g$)之比,用符号 $d$ 表示,单位为 kg/kg 干空气,也可为 g/kg 干空气,即

$$d = \frac{m_q}{m_g} \qquad (4.9)$$

式中:$m_q$ 为湿空气中水蒸气的质量,kg;$m_g$ 为湿空气中干空气的质量,kg。

由理想气体状态方程可以得出:

$$d(\text{g/kg 干空气}) = 622\frac{p_q}{p - p_q} \tag{4.10}$$

式中:$p$ 为大气压力。

前已述及,用绝对湿度不能确切反映湿空气中水蒸气的含量,而以 1 kg 干空气为计算基础的含湿量就弥补了绝对湿度的不足。温度和湿度变化时干空气的质量不变,含湿量仅随水蒸气含量的变化而改变。因此,用含湿量可以方便而确切地表示空气中水蒸气的含量。后面对空气进行加湿、减湿处理时,都是用含湿量来计算空气中水蒸气的含量的。含湿量是湿空气的一个重要的状态参数。

3. 相对湿度

含湿量虽能确切地反映空气中水蒸气的含量,但还不能反映空气的吸湿能力,不能表示湿空气接近饱和状态的程度,为此,定义另一个湿空气的状态参数——相对湿度。相对湿度是另一种度量湿空气中水蒸气含量的间接指标,是空气中水蒸气分压力($p_q$)与同温度下饱和状态湿空气水蒸气分压力($p_{q,b}$)之比,用符号 $\varphi$ 表示,即

$$\varphi = \frac{p_q}{p_{q,b}} \times 100\% \tag{4.11}$$

由式(4.11)可知,相对湿度反映了湿空气中水蒸气含量接近饱和状态的程度。显然,$\varphi$ 值小,表示空气离饱和状态的程度大,空气较为干燥,吸收水蒸气的能力强;$\varphi$ 值大,表示空气更接近饱和状态,空气较为潮湿,吸收水蒸气的能力弱;当 $\varphi = 0$,则为干空气;若 $\varphi = 100\%\text{RH}$,则为饱和空气。因此,由 $\varphi$ 值可以直接看出空气的干湿程度。

相对湿度和含湿量都是表示空气湿度的参数,但意义不相同。$\varphi$ 能表示空气接近饱和状态的程度,却不能表示水蒸气的含量;而 $d$ 能表示水蒸气的含量,却不能表示空气接近饱和状态的程度。

**(五) 露点温度**

由湿空气的性质可以看出,空气的饱和含湿量 $d_b$ 随着空气温度的降低而减少。如将未饱和的空气冷却,且保持其含湿量 $d$ 在冷却过程中不变,则随着空气温度的降低,对应的饱和含湿量减少,当温度降低到使该空气的 $d$ 等于 $d_b$ 时,这个 $d_b$ 所对应的温度称为该未饱和空气的露点温度,用符号 $t_l$ 表示。因此,对于含湿量为 $d$ 的空气,$d$ 不变,温度降到 $t_l$ 时,空气达到饱和状态,$\varphi = 100\%$,如果再继续冷却,则空气中的水蒸气就会析出而凝结成水。由此可见,$t_l$ 为空气结露与否的临界温度。显然,空气的露点温度只取决于空气的含湿量,含湿量不变时,$t_l$ 亦为定值。例如,$p = 101325$ Pa 时,甲、乙两种空气的含湿量均为 7.63 g/kg 干空气,尽管其温度分别为

30 ℃和20 ℃,但它们的 $t_1$ 相同,均为10 ℃。

如果在某种空气环境中有一冷表面,表面温度为 $t_表$,当 $t_表 < t_1$ 时,该表面上就会有凝结水出现,即结露;而当 $t_表 \geq t_1$ 时,不结露。由此可见,是否结露取决于表面温度和空气露点温度两者之间的关系。在空调技术中,常利用冷却方法使空气温度降到露点温度以下,以便水蒸气从空气中析出而凝结成水,从而达到干燥空气的目的。

### (六)焓

在空调工程中,湿空气的状态经常发生变化,也经常需要确定此状态变化过程中的热交换量。例如,对空气进行加热和冷却时,常需要确定空气吸收或放出多少热量。

在空调工程中,湿空气的状态变化过程可看作定压过程,所以可用空气状态变化前后的焓差来计算空气热量的变化。湿空气的焓也是以1 kg干空气为计算基础的。湿空气的焓是1 kg干空气的焓和 $d$ kg水蒸气的焓的总和,称为 $(1+d)$ kg湿空气的焓。如果取0 ℃的干空气和0 ℃的水的焓值为零,则湿空气的焓可表示为

$$h_s = h_g + d \cdot h_q \qquad (4.12)$$

式中: $h_s$ 为含有1 kg干空气的湿空气的焓,kJ/kg干空气; $h_g$, $h_q$ 分别表示1 kg干空气的焓和1 kg水蒸气的焓,kJ/kg干空气。

以上介绍了湿空气的状态参数,有 $p, t, d, \varphi, h$ 和 $p_{q,b}, p_q, d_b, t_1$。在大气压力 $p$ 一定时,湿空气的温度 $t$ 与饱和水蒸气分压力 $p_{q,b}$、饱和含湿量 $d_b$ 是互相联系的参数,只要知道其中一个,另外两个也就确定了。同样,含湿量 $d$ 和水蒸气分压力 $p_q$、露点温度 $t_1$ 也是互相联系的。温度 $t$ 与含湿量 $d$ 之间有直接关系,它们是两个独立的参数。相对湿度 $\varphi$ 和焓 $h$ 虽然与温度 $t$ 和含湿度 $d$ 有一定联系,可是只知 $t$ 或 $d$ 是无法确定 $\varphi$ 和 $h$ 的。$t, d, \varphi, h$ 这4个物理量都是独立的状态参数。在大气压力 $p$ 一定的情况下,只要知道任意两个独立的状态参数,就可以根据有关公式确定其余的状态参数,或者说确定湿空气的状态。

### (七)比焓

比焓是工质的一个状态参数,在定压过程中,比焓差等于热交换量,即

$$\Delta h = c_p(t_1 - t_2) \qquad (4.13)$$

式中: $\Delta h$ 为工质的比焓差; $c_p$ 为工质的定压平均质量比热容; $t_1, t_2$ 为工质在状态1、状态2时的温度。

工程中定义:0 ℃的干空气和0 ℃的水的比焓值为0,则1 kg温度为 $t$ 的干空气的焓值 $h_a$(kJ/kg)可写成

$$h_a = c_p \cdot t = 1.01t \qquad (4.14)$$

对于水蒸气,焓值 $h_v$(kJ/kg)可写成

$$h_v = 2501 + 1.85t \qquad (4.15)$$

式(4.15)中,在计算水蒸气的焓时,可以假设水在 0 ℃下汽化,其汽化潜热为 2501 kJ/kg,然后再从 0 ℃加热到 $t$,选取水蒸气的定压平均质量比热容为 1.85 kJ/(kg·K),则湿空气的焓 $h$ 等于 1 kg 干空气的焓与其同时含有的 $d/1000$ kg 的水蒸气的焓之和,即

$$h = 1.01t + 0.001d \cdot (2501 + 1.85t) \qquad (4.16)$$

### (八) 湿空气的焓湿图

在进行空调分析时,常用的湿空气参数有 4 个:温度 $t$、含湿量 $d$、比焓 $h$ 和相对湿度 $\varphi$。在某一大气压下,以 $h$ 和 $d$ 为坐标绘制的湿空气特性图称为焓湿图,在焓湿图中,为了使图展开、方便使用,两坐标轴之间的角度 $\alpha = 135°$,如图 4.1 所示。

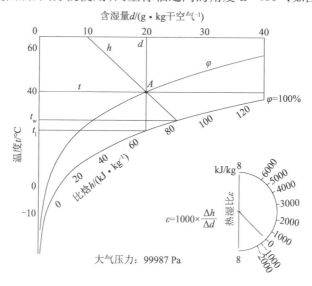

**图 4.1  焓湿图**

在焓湿图中,湿空气的 4 个参数 $t, d, h, \varphi$ 中,只要已知任意两个参数,其他两个参数就能确定。$\varphi = 100\%$ 的等相对湿度线通常称为饱和线,饱和线以上的区域为湿空气区,在该区域水蒸气处于过热状态,其状态相当稳定,因此该区域内任一点都是有可能存在的。饱和线以下的区域为水蒸气过饱和状态区,由于过饱和状态是不稳定的,常有凝结现象,所以该区域内湿空气中存在悬浮水滴,形成雾状,故称为"有雾区"。在进行空气处理设计时,应避免冬季回风与新风的混合状态点落在有雾区。

在图 4.1 所示的焓湿图中,空气状态点为 $A$,过点 $A$ 的曲线有:

$t$——等温线；

$\varphi$——等相对湿度线；

$h$——等焓线；

$d$——等湿线。

图 4.1 中，$t_w$ 为空气状态点 $A$ 的湿球温度；$t_1$ 为空气状态点 $A$ 的露点温度。

空气在露点温度下，相对湿度达到 100%RH，此时干球温度、湿球温度、饱和温度及露点温度为同一温度值。在工程中，当空气通过冷却器或喷淋室时，有一部分直接与管壁或冷冻水接触而达到饱和，结出露水，但还有相当一部分空气未直接接触冷源，虽然也经过热交换而降温，它们的相对湿度却处在 90%RH～95%RH，这时的状态温度称为机器露点温度。

在焓湿图的应用中，由于误差较小，等湿球温度线与等焓线基本平行，工程上一般用等焓线代替等湿球温度线。

# 第二节　生产区域冷负荷确定及实施方案

## 一、概述

在进行食用菌工厂空调冷负荷计算前，必须清楚房间得热量和冷负荷两个含义不同而又相互关联的概念。

（1）房间得热量　房间得热量是指某时刻进入房间的总热量，这些得热来源于食用菌生长散热、室内外温差传热、太阳辐射进入热、室内照明热、设备货物散热等。按是否随时间变化，得热分为稳定得热和瞬时得热；按性质不同，得热又可分为显热得热和潜热得热，显热得热又包括对流和辐射两种方式传递的得热。

（2）冷负荷　冷负荷是指为了保持室温恒定，在某时刻需向房间供应的冷量，或需从室内排出的热量。

瞬时得热中以对流方式传递的显热得热和潜热得热部分，直接散发到房间空气中，立刻构成房间瞬时冷负荷；而显热得热中以辐射方式传递的得热，首先投射到具有蓄热性能的围护结构等室内物体表面上，并为之所吸收，只有当这些围护结构等室内物体表面因吸热而温度高于室内空气温度后，围护结构所蓄存的一部分热量才再借助对流方式逐渐放出以加热室内空气，从而成为房间滞后冷负荷，另一部分被围护结构所储存。空调冷负荷应是以上两部分冷负荷之和。图 4.2 所示为瞬时得热与瞬时冷负荷的关系。

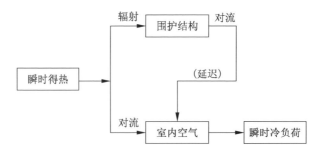

**图 4.2 瞬时得热与瞬时冷负荷的关系**

由此可见,任一时刻房间瞬时得热量的总和未必等于同一时刻的瞬时冷负荷,只有当瞬时得热全部以对流方式传递给室内空气(如新风和渗透风带入室内的得热)时或在围护结构没有蓄热能力的情况下,瞬时得热才等于瞬时冷负荷。

图 4.3 所示为瞬时得热与冷负荷之间的关系。由图可见,实际冷负荷的峰值比瞬时得热的峰值低,而且峰值出现的时间迟于瞬时得热的峰值,围护结构等室内物体的蓄热能力愈强,冷负荷峰值愈低,延迟时间也愈长。

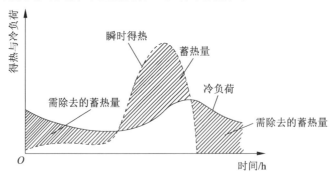

**图 4.3 瞬时得热与冷负荷的关系**

图 4.4 所示为灯光散热量与冷负荷之间的关系。由于灯光散热比较稳定,灯具开启后大部分热量被蓄存起来,随着照明时间的延长,蓄存的热量逐渐减少,关灯后蓄存在灯具中的热量再逐渐释放出来成为房间冷负荷。

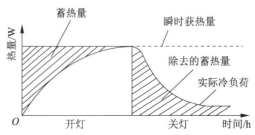

**图 4.4 灯光散热量与冷负荷的关系**

由以上分析可知,在计算空调负荷时,必须考虑围护结构的吸热、蓄热和放热过程,不同性质的得热形成室内瞬时冷负荷是不同步的。在确定房间瞬时冷负荷时,必须将不同性质的得热分别计算,然后求瞬时冷负荷各分量之和。

生产区域内主要产生冷负荷的场所有冷却室、前期培养室、后期培养室、出菇室及辅助用房等。

生产区域设置制冷系统的目的如下:

① 除去货物发热量、新风热量、结构及设备散热量,维持菌瓶所需的适宜生长温度;

② 通过调控换热器空气流量和换热器表面温度的方法调节换热器的除湿能力,以调节菇房的相对湿度,从而控制菇体或栽培料的水分蒸发量,达到控制菌菇生长的目的;

③ 通过换热器循环风机形成的空气流场维持菌瓶温度的一致性。

表 4.1 列出了真姬菇工厂部分场所对环境参数的要求。

表 4.1 真姬菇工厂部分场所对环境参数的要求

| 环境参数 | 栽培种培养室 | 冷却室 | 接种室 | 前期培养室 | 后期培养室 | 出菇室 |
|---|---|---|---|---|---|---|
| 温度/℃ | 19~21 | 12~18 | 14~16 | 20~22 | 19~22 | 14~18 |
| 相对湿度/%RH | 70~80 | 70~80 | — | 70~75 | 70~80 | 90~98 |
| $CO_2$ 浓度/($cm^3 \cdot m^{-3}$) | 2000~4000 | | | 2000~3000 | 2000~4000 | 1500~3000 |
| 洁净压力/Pa | ≥10 | ≥10 | ≥10 | ≥5 | ≥0 | ≥0 |

## 二、各场所制冷和供热负荷的计算

### (一)冷却室制冷和供热负荷计算

冷却室是将菌瓶冷却到接种温度的场所。经过灭菌的栽培料暂时放于冷却室内,使其降温。冷却室室内需常消毒,保持干燥、清洁;且应安装空调,加速降温。冷却室的冷却时间需要根据工艺要求确定,冷却时间通常取从栽培料进入冷却室开始到接种前的 5 h,第二天接种的工厂取 12~14 h,第三天接种的工厂取 36 h,接种前菌瓶应能在冷却室(或接种前缓冲间)在接种温度下平衡 5~6 h,使菌瓶内外温度一致,消除菌瓶和外部空气温差造成的凝露或过冷和过热现象。通常按照生产要求,必须在 12 h 之内将冷却室内全部菌瓶的温度降到能够接种的温度,也就是说,要将菌瓶的中心温度降到 18~20 ℃。冷却室的环境参数控制如下:

① 温度范围为 12~18 ℃,可调节;菌瓶料中心和瓶壁温差不得大于 3 ℃。

② 相对湿度 70%RH～80%RH，可去湿。

③ 保持微正压压力，与室外排气端的压差大于 10 Pa。

冷却室存在的热负荷有如下几种：① 菌瓶从起始温度降到目标温度所放出的热量；② 因净化换气带来的室外空气热负荷；③ 设备机械散热量和围护结构散热量。

冷却室是食用菌工厂单位面积制冷负荷最大的场所，其负荷的大小与降温速度和货物量有关。一般工厂预设降温时间在 12～18 h，降温时间按预设降温时间的 75% 计算；货物量按栽培料、瓶筐盖（装具）、灭菌小车的总量计算；进货温度按 80 ℃、出货温度按 20 ℃ 计算。

因此，单间冷却室制冷负荷计算公式如下：

单间冷却室制冷负荷（kW）= 机械负荷（kW）+ 货物负荷（kW）　　　　（4.17）

机械负荷（kW）= 围护结构散热量（kW）+ 设备机械散热量（kW）　　　（4.18）

货物负荷（kW）= 货物热（kJ）/ 降温时间（s）　　　　　　　　　　　（4.19）

货物热（kJ）=（进货温度−出货温度）（℃）× 货物质量（kg）× 货物比热[J/（kg·℃）]

　　　　　　　　　　　　　　　　　　　　　　　　　　　　　　　　（4.20）

货物质量 = 装瓶量（瓶/间）× 料重（kg/瓶）　　　　　　　　　　　　（4.21）

**（二）前期培养室制冷和供热负荷计算**

前期培养室的大小及房间数量根据生产规模确定。由于栽培料在前期培养室时菌丝抗杂能力弱，对环境洁净度要求比较高，为防止交叉感染，前期培养室面积不宜过大，一般以每间能容纳 1～2 天的生产量为宜。培养室要干净、干燥、通风、保温，密闭性能要好，要便于灭菌、消毒。培养室的地面要平整、光滑、容易清扫，培养区应该有控温和控制室内压力的设备。

前期培养室的环境参数一般控制如下：

① 温度范围为 20～22 ℃，可调节；1.5 m 高度处和 3.5 m 高度处的温差不大于 2 ℃，温度立面梯度分布小于 1 ℃/m。

② 相对湿度 70%RH～80%RH，可去湿。

③ $CO_2$ 浓度范围为 2000～3000 $cm^3/m^3$，可调节。

④ 保持微正压压力，与室外排气端的压差大于 5 Pa。

菌瓶按规范要求的密度布置，前期培养室制冷量按换热器冷媒温度与前期培养室内温度的差值为 10 ℃ 计算，换热器表面平均温度与前期培养室内温度的差值不大于 10 ℃。根据工厂所在地理位置来决定是否需要供热，若冬季平均温度与前期培养室内温度的差值小于 10 ℃ 或配置新风加热装置，则不需设置供热系统；若冬季平均温度与前期培养室内温度的差值大于 10 ℃ 且新风系统无加热措施，则工厂应设置供热系统,可通过空气加热器供热。供热量的大小根据室外极限低温空气和室内空气的焓差、通风量、围护结构散热量等因素计算决定。有些品种由于培养温度高,容易滋生霉菌,通常采用除湿设备将空气相对湿度降至露点,抑制霉菌生长,使菌瓶能够安全度过危险期。

① 夏季,单间前期培养室制冷负荷的计算公式如下:

$$单间前期培养室制冷负荷(kW) = 机械负荷(kW) + 新风负荷(kJ/s) +$$
$$呼吸负荷(kW) \tag{4.22}$$

$$机械负荷(kW) = 围护结构散热量(kW) + 设备机械散热量(kW) \tag{4.23}$$

$$新风负荷(kJ/s) = 实际通风量(kg/s) \times 新风焓差(kJ/kg) \tag{4.24}$$

$$[新风焓差(kJ/kg) = 新风焓(kJ/kg) - 室内空气焓(kJ/kg)] \tag{4.25}$$

$$呼吸负荷(kW) = 料重(kg/瓶) \times 装瓶量(瓶/间) \times$$
$$单瓶夏季呼吸热(W/kg)/1000 \tag{4.26}$$

② 冬季,单间前期培养室供热负荷的计算公式如下:

$$单间前期培养室供热负荷(kW) = 新风负荷(kJ/s) - 呼吸负荷(kW) +$$
$$机械负荷(kW) \tag{4.27}$$

$$机械负荷(kW) = 围护结构散热量(kW) - 设备机械散热量(kW) \tag{4.28}$$

$$新风负荷(kJ/s) = 实际通风量(kg/s) \times 新风焓差(kJ/kg) \tag{4.29}$$

$$[新风焓差(kJ/kg) = 新风焓(kJ/kg) + 室内空气焓(kJ/kg)] \tag{4.30}$$

$$呼吸负荷(kW) = 料重(kg/瓶) \times 装瓶量(瓶/间) \times$$
$$单瓶冬季呼吸热(W/kg)/1000 \tag{4.31}$$

**(三)中、后期培养室制冷和供热负荷计算**

中、后期培养室是在完成前期培养后继续进行培养的场所。中、后期培养室有别于前期培养室的是,菌瓶处于高发热和高呼吸状态,其对热负荷和新风量的要求远高于前期,需增加制冷设备和通风设备配置量。后期培养室在中期培养室之后,菌丝完成生长,在后期培养室内成熟,有一些品种需要设置低温刺激车间进行后处理。

中、后期培养室的环境参数一般控制如下:

① 温度范围为 14~22 ℃,可调节;1.5 m 高度处和 3.5 m 高度处的温差不大于 2 ℃,温度立面梯度分布小于 1 ℃/m。

② 相对湿度 70%RH~80%RH。

③ $CO_2$ 浓度范围为 2000~4000 $cm^3/m^3$,可调节。

④ 保持微正压压力,与室外排气端的压差为 0~5 Pa。

中、后期培养室制冷量按换热器冷媒温度和中、后期培养室内温度的差值为

8 ℃计算,换热器表面平均温度和中、后期培养室内温度的差值不大于 8 ℃。对于降温速度有一定要求的后期培养室,还应考虑培养料在额定时间内降温所需要的冷量。

中、后期培养室制冷和供热负荷的计算公式参考前期培养室。由于中期培养室内栽培料发热量巨大,黄河以南地区的工厂或培育金针菇等低温品种时,可以不考虑设置供热装置;黄河以北地区的工厂或培育培养温度比较高的高温品种时,应根据计算得到的负荷确定是否需要供热。

### (四)出菇室制冷和供热负荷计算

出菇室是食用菌子实体生长的场所,其环境参数一般控制如下:

① 温度范围为 4~18 ℃,可调节;1.5 m 高度处和 3.5 m 高度处的温差不大于 2 ℃,温度立面梯度分布小于 1 ℃/m。

② 相对湿度 95%RH~99%RH,可调节。

③ $CO_2$ 浓度范围为 1000~3000 $cm^3/m^3$,可调节。

④ 保持微正压压力,与室外排气端的压差大于 0 Pa。

出菇室制冷量按换热器冷媒温度和出菇室温度的差值为 8 ℃计算,换热器表面平均温度与出菇室内空气湿球温度的差值不大于 5 ℃。换热器底部应做防结露处理,并尽量使换热器的安装位置位于过道的正上方。根据工厂所在地理位置决定是否需要供热,若冬季平均温度和出菇室内温度的差值小于 12 ℃或配置新风加热装置,则不需要设置供热系统;若冬季平均温度和出菇室内温度的差值大于 12 ℃且新风系统无加热措施,应设置供热系统,供热方式以地热为佳。供热量的大小根据室外极限低温空气和室内空气的焓差、通风量、围护结构散热量等计算决定。

① 夏季,单间出菇室制冷负荷的计算公式如下:

单间出菇室制冷负荷(kW)= 机械负荷(kW)+呼吸负荷(kW)+新风负荷(kW)

$$(4.32)$$

机械负荷(kW)= 灯带热量(kW)+设备机械散热量(kW)+围护结构散热量(kW)

$$(4.33)$$

呼吸负荷(kW)= 料重(kg/瓶)×装瓶量(瓶/间)×

单瓶夏季呼吸热(W/kg)/1000

$$(4.34)$$

新风负荷(kW)= 实际通风量(kg/s)×新风焓差(kJ/kg) $\qquad$ (4.35)

[新风焓差(kJ/kg)= 新风焓(kJ/kg)-室内空气焓(kJ/kg)] $\qquad$ (4.36)

② 冬季,单间出菇室供热负荷的计算公式如下:

单间出菇室供热负荷(kW)= 新风负荷(kW)-机械负荷(kW)-呼吸负荷(kW)

$$(4.37)$$

机械负荷(kW) = 灯带热量(kW) + 设备机械散热量(kW) - 围护结构散热量

(kW) (4.38)

呼吸负荷(kW) = 料重(kg/瓶)×装瓶量(瓶/间)×

单瓶冬季呼吸热(W/kg)/1000 (4.39)

新风负荷(kW) = 实际通风量(kg/s)×新风焓差(kJ/kg) (4.40)

[新风焓差(kJ/kg) = 新风焓(kJ/kg) + 室内空气焓(kJ/kg)] (4.41)

**(五)其他辅助用房制冷和供热负荷计算**

辅助用房包括装料车间、接种前室、接种室、接种后室、装瓶车间、罐培养室、罐冷却室、挠菌间、采收包装车间等。

(1)装料车间 在装料工序中,采用装瓶机装载的单炉时间在 2 h 以内不需要采用装料水冷却方案;若工艺设计中单炉装瓶时间超过 2 h,应考虑采用冰水降温方案。根据实际测量,装瓶中的栽培料在夏季静置 2 h 以上,料中的 pH 值会发生较大的变化,造成前后装瓶的 pH 值差异较大,从而影响接种后菌丝生长速度的统一性。为维持栽培料的 pH 值一致,需要采用 15 ℃以下的搅拌用水,使栽培料在进炉灭菌时料温不超过 30 ℃。冰水可以采用独立的制冰水设备获得,也可以在集中供冷系统中采用热交换器获得,这些制冷负荷需要计算到工厂的总制冷负荷中。

有些工厂为了改善装瓶车间的工作条件也会安装制冷机(或供热设备),这些制冷负荷也应该计算到总的制冷(供热)负荷中。

(2)隔热室 隔热室(缓冲间)的主要作用是将打开灭菌炉后产生的湿热蒸汽排出去。采用过滤强排强送的方法置换室内空气,可达到去除湿热蒸汽的目的。根据隔热室的体积和每次的出货量,采用送风风机排气。排气采用正压排气的方式,其中送风风机经过粗效和中效的过滤达到净化要求,经过高效过滤器向缓冲间送风。

(3)采收包装车间 采收包装车间不同于普通空调房间,为延长产品的货架期,通常采用 14~18 ℃的环境温度,且采收包装区工人数量多,设备复杂,一般取单位面积 250~300 W 的制冷负荷才能满足要求。

净化区辅助用房除满足一般空调要求外,还应考虑净化空气用的新风负荷。

其他区域的辅助用房按舒适性空调要求制冷和供热。

北方工厂供热按工业用建筑规范设计和施工。

辅助用房制冷/供热负荷的计算公式如下:

制冷负荷(kW) = 面积($m^2$)×单位负荷(W/$m^2$)/1000 (4.42)

### 三、末端负荷的汇总

末端负荷包含工厂内所有制冷设备的制冷量总和。由于食用菌工厂生产工艺的要求,全部末端负荷不会在某一时间段同时出现,所以在统计总负荷量时应根据实际使用的时间,综合统计末端的总负荷量,以便为机房选型提供帮助。

#### (一)冷却室的负荷特点

早晨装瓶灭菌后,冷却室制冷负荷会出现在第一间冷却室的货物进库后,一般进库时间为 12 点到全部的货物冷却完毕。也就是说,隔天接种的工厂,冷却室负荷出现在 12 点到第二日凌晨四五点之间,峰值出现在 14 点至 24 点之间。有条件的工厂可以通过调节冷却室的制冷量来控制制冷系统制冷量的释放以达到稳定负荷的目的,对于水媒系统,可以控制流经换热器冷冻水的流量,降低大负荷对系统的冲击,避免对整个系统的水温产生影响;直膨式系统可以控制冷风机冷却风量,控制系统蒸发压力,避免高压过载。

对于没有空气自由冷却的系统来说,冷却室的热负荷量几乎和室外空气的温度无太大的关联,全年的负荷几乎不变。

#### (二)培养室和出菇室的负荷特点

培养室和出菇室内菌瓶所产生的热量全年变化不大,影响培养室热负荷的主要因素是通风所带来的负荷变化。

对于小型工厂,考虑到控制生产成本,对有些呼吸量不是非常大的品种可以利用白天和黑夜的温差,在 $CO_2$ 含量不超标的前提下,夏季白天减少通风、夜晚加强通风,冬季白天加强通风、夜晚减少通风,在满足菌瓶呼吸要求的同时,节省能耗。对于大型工厂,由于培养室的数量很多,仅凭人工调节,可靠性得不到保证,因而一般不采用这种方式,不考虑白天和夜晚的差异,完全靠自动控制系统来控制新风量,其夏季最大负荷量和冬季最小负荷量可以根据前面的计算公式得出。

#### (三)其他辅助用房的负荷特点

其他辅助用房仅仅在生产时才会存在负荷,正常生产的工厂净化区和包装区的使用时间一般会在 7:00—19:00。

在管路设计中应考虑同时出现的负荷量,以设计合适的管路直径。

### 四、温度调控设备及应用

空调系统的出现为食用菌工厂创造了良好的空调环境,空调应用日益广泛、普及,节能降耗已成为空调系统设计的关键。据统计,我国建筑能耗约占全国总能耗的 35%,空调能耗占建筑能耗的 30%~40%。目前,我国大多数建筑的空调系统仍采用人工操作、维护、记录的方式进行监测、控制和管理。随着计算机技术、信息技术和自动控制技术的高速发展,利用自动化控制系统代替传统的仪器、仪表能够更有效地对制冷(供热)空调系统进行科学、精确控制,在保证舒适性的同时提高空调系统的运行性能,减少运行能耗,并降低运行管理费用和管理人员的劳动强度。

空调系统主要包括空调冷热源和空调末端设备。合理选择和控制这些设备能够极大地降低能耗、延长设备的使用寿命、给人舒适的感觉。空调冷源系统的受控对象主要有制冷机组、冷冻水泵、冷却水泵、冷却塔、控制阀门等。制冷机组是空调冷源系统中最主要的设备,所有的末端换热器都依靠于制冷机组冷媒提供的冷量。

制冷机组是生产冷水的制冷装置,广泛应用于食用菌生产中。制冷机组担负着给空调系统提供冷量的任务,制冷机组工作状态的好坏直接关系到空调系统运行的好坏。制冷机组控制的任务有以下 4 个方面:① 压缩机的启停控制;② 制冷机组各组成部分温度、压力的控制;③ 制冷机组输出能量的控制;④ 制冷机组的安全控制。制冷机组根据所用动力的种类分为电力驱动制冷机组和热力驱动制冷机组。电力驱动制冷机组多采用蒸气压缩式制冷原理的制冷机组,又称为蒸气压缩式制冷机组;热力驱动制冷机组多采用吸收式制冷原理的制冷机组,又称为吸收式制冷机组。

### (一) 蒸气压缩式制冷机组

蒸气压缩式制冷机组根据所用压缩机的种类不同分为活塞式、螺杆式、离心式和涡旋式制冷机组,根据其冷凝器的冷却方式不同又分为风冷式、水冷式和蒸发冷却式制冷机组,根据使用制冷剂的种类不同又可分为氟利昂制冷机组和氨制冷机组。压缩式制冷循环的基本原理示意图如图 4.5 所示。

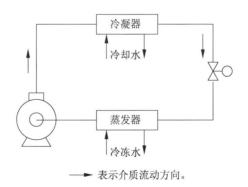

图 4.5　压缩式制冷循环的基本原理示意图

压缩式制冷系统主要由压缩机、冷凝器、节流阀(或称膨胀阀)和蒸发器 4 部分组成。这些设备用管道依次连接,形成一个封闭系统。系统工作时,压缩机将蒸发器内所产生的低压低温制冷剂蒸气吸入压缩机气缸内,由于压缩机运转的机械能转化为制冷剂蒸气的内能,制冷剂蒸气的温度和压力均升高,当压力升到稍大于冷凝器内的压力时,高温高压制冷剂蒸气排至冷凝器,因此,压缩机起着压缩和输送制冷剂蒸气的作用。在冷凝器内,温度和压力较高的制冷剂蒸气与温度比较低的冷却水(或空气)进行热交换,被冷凝成制冷剂液体。制冷剂液体经节流阀节流降压后进入蒸发器,在蒸发器内吸收被冷却物的热量而汽化,这样被冷却物体(水、盐水或空气)就得到冷却,蒸发器中所产生的制冷剂蒸气又被压缩机抽吸。因此,制冷剂在系统中经过压缩、冷凝、节流、汽化,不断完成制冷循环。

1. 风冷式制冷机组

风冷式制冷机组是一款配备压缩式制冷回路,采用空气为冷凝器的冷却介质,以水为载冷剂的工业冷却设备,其主要包含压缩机、冷凝器、蒸发器、节流装置(膨胀阀)4 个组成部分,如图 4.6 所示。在运行过程中,制冷剂在蒸发器内吸收被冷却物(如冷却水)的热量并汽化,压缩机不断地将产生的气体从蒸发器中抽出并压缩成高温、高压的蒸气,制冷剂蒸气被送入冷凝器后与空气进行热交换,在放热后冷凝为液体,经节流装置降压后进入蒸发器,再次汽化,然后吸收被冷却物的热量,如此周而复始地循环。

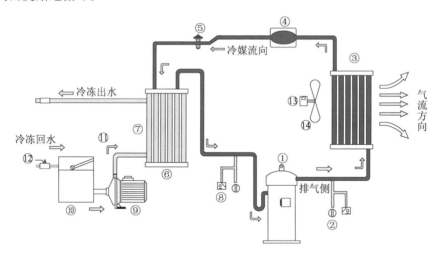

①—压缩机;②—高压控制器;③—冷凝器;④—干燥过滤器;⑤—膨胀阀;
⑥—防冻开关;⑦—蒸发器;⑧—低压控制器;⑨—水泵;⑩—水箱;
⑪—浮球开关;⑫—球心阀;⑬—电机;⑭—风扇。

**图 4.6 风冷式制冷机组制冷循环的基本原理**

相对于水冷式制冷机组,风冷式制冷机组采用翅片式冷凝器,直接以风扇强制空气流动带走冷媒热量,不需要其他辅助设备,省去了冷却塔、冷却水泵和冷却管道系统,在安装上具有一定的优势,尤其是对制冷量要求不大的小型制冷机组,其能方便移动,具有很大的优势。

由于传热温差不同,在相同的室外环境条件下,风冷式制冷机组运行的冷凝温度要比水冷式的高,因此,在制冷量相同的情况下,风冷式制冷机组的耗电量会更高一些。从能效上来说,水冷式制冷机组的制冷量通常比风冷式制冷机组制冷量的能效比(COP)要高出 2~3 倍。

风冷式制冷机组避免了水质过差地区冷凝器结垢、水管堵塞的问题,并节约了水资源。但其使用的翅片式冷凝器的换热效率受灰垢积聚的影响较大,散热翅片管前需设置滤尘栅网,并且需要定期清洗。

2. 水冷式制冷机组

如图 4.7 所示,水冷式制冷机组由压缩机、冷凝器、蒸发器、膨胀阀、循环水泵及电控系统和机架等部件构成。其与风冷式制冷机组的主要区别就在于冷凝器的形式,水冷式制冷机组一般采用壳管式换热器。制冷剂(冷媒)在压缩机内被压缩后形成气液混合物,并经冷凝器冷凝后将热量传递到冷却水中,制冷剂在节流装置的控制下在蒸发器内吸收热量并逐渐汽化,然后再被吸入压缩机进行下一次循环。

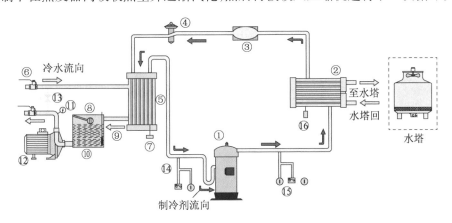

①—压缩机;②—冷凝器;③—干燥过滤器;④—膨胀阀;⑤—蒸发器;⑥—球心阀;
⑦—防冻开关;⑧—浮球开关;⑨—温度感应器;⑩—水箱;⑪—压力表;⑫—水泵;
⑬—旁通阀;⑭—低压控制器;⑮—高压控制器;⑯—泄压阀。

**图 4.7　水冷式制冷机组制冷循环的基本原理**

由于冷却水温受环境温度的影响小,所以水冷式制冷机组的制冷效率比较稳定,即使在夏(秋)季环境温度升高时,其制冷量的衰减也比风冷式制冷机组要小很多。水冷式制冷机组的另外一个优势在于,由于不使用冷凝风扇,所以可以安装在一些对噪声有较高要求的场合或没有排风设施的室内场所。但是,水冷式制冷机组需要配套使用冷却塔和水泵来提供冷却水源。相对来说,与风冷式制冷机组相比,水冷式制冷机组造价低、能效比高。

3. 水冷螺杆式制冷机组

水冷螺杆式制冷机组属于技术较为先进的一种机型。它是利用螺杆式压缩机中两个阴、阳转子的相互啮合,在机壳内回转而完成吸气、压缩与排气过程。其组成部件主要有螺杆式压缩机、冷凝器、蒸发器、热力膨胀阀及其他控制元件,较离心机要少。它具有结构紧凑、运行平稳可靠、易损件少、部分负荷效率高及使用寿命长等特点。

单个螺杆式压缩机的制冷量比较小,一般从 30 RT 到 500 RT(冷吨,ton of refrigeration,1 美国冷吨=3.517 kW)。螺杆机利用油压推动滑阀开关控制容量,部分负载时,绝无不平衡冲击现象。食用菌工厂在制冷设备的选型中通常选择一台或二台螺杆机组用于冬季极端条件下的小负荷制冷。

4. 离心式制冷机组

离心式制冷机组属于蒸气压缩式制冷机组。

1)离心式制冷机组原理

按照压缩机级数不同,离心式制冷机组可以分为单级压缩与多级压缩离心式制冷机组。单级压缩离心式制冷机组由离心式压缩机、冷凝器、蒸发器与节流装置等主要部件组成。多级压缩离心式制冷机组有多套节流装置和经济器。

以三级压缩离心式制冷机组为例,多级压缩离心式制冷机组原理如图 4.8 和表 4.2 所示。

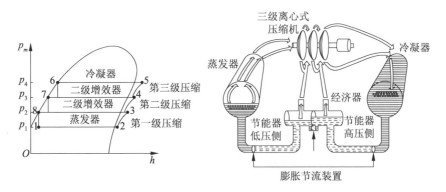

$1\sim8$—状态点;$p_1$—蒸发压力;$p_2$—第一中间压力;$p_3$—第二中间压力;$p_4$—冷凝压力;$h$—比焓。

**图 4.8　三级压缩过程原理**

表 4.2 三级压缩离心式制冷机组的原理

| 过程 | 原理 |
|---|---|
| 压缩过程 | 第一级压缩:气态制冷剂从蒸发器中被吸入压缩机的第一级中,第一级叶轮将其加速,制冷剂气体的温度与压力相应提高。压缩过程为状态点 2 到状态点 3;<br>第二级压缩:从第一级压缩机出来的气态制冷剂和来自第二级经济器低压侧的制冷剂相混合,然后进入第二级叶轮中。第二级叶轮将制冷剂气体加速,进一步提高制冷剂气体的压力与温度,压缩到状态点 4;<br>第三级压缩:从第二级来的制冷剂气体和来自第二级经济器的制冷剂气体相混合,进入第三级叶轮中加速,压缩到状态点 5,这样制冷剂气体在压缩机中完成了压缩过程 |
| 冷凝过程 | 状态点 5 的高温高压的制冷剂气体进入冷凝器,将热量传给冷凝器中的冷却水,使制冷剂气体冷凝到状态点 6 |
| 节流过程 | 该制冷机组设置了三级节流装置和二级经济器:<br>第一个孔板节流:状态点 6 制冷剂节流后进入经济器高压一侧,由于部分制冷剂闪蒸,制冷剂到达状态点 7;<br>第二个孔板节流:状态点 7 制冷剂节流后进入经济器低压一侧,由于部分制冷剂再次闪蒸,制冷剂到达状态点 8;<br>第三个孔板节流:节流后进入蒸发器,到达状态点 1 |
| 蒸发过程 | 从第三级节流装置出来的液态制冷剂由状态点 1 进入蒸发器后吸热,蒸发为气体后到达状态点 2,被吸入压缩机 |

2）高压离心式制冷机组

新一代的高压离心式制冷机组多采用智能变频技术控制,可实现能量在 10%～100%范围内的无级调节,根据室内实际冷负荷变化自动调节冷量的输出,比普通离心机组节能 30%以上。电源电压从 380～10000 V 可供选择,采用高电压电源,高压启动柜通过控制柜控制可减小变压损耗,同时降低配电设备的成本,经济效益更高;并且采用 R134a 环保冷媒,践行节能低碳理念。高压离心式制冷机组的特点如下:

① 启动电流小于产品满载电流,对电网的冲击极小。

② 部分负荷能效高(IPLV 高达 9.1 kW/kW),运行费用降低。

③ 产品变频系统通过 EMC、IEC、EN、UL 等电磁兼容认证,可抑制电磁干扰。

④ 通过变转速显著降低部分负荷运行噪声(常规产品部分负荷运行噪声大于满负荷运行噪声)。

⑤ 通过优化逻辑控制,可实现产品的节能。

3）磁悬浮变频离心式制冷机组

磁悬浮变频离心式制冷机组的核心是磁悬浮变频离心式压缩机,其主要由叶轮、永磁同步电机、磁悬浮轴承、变频器、轴承控制器、双级叶片等部件组成(图4.9)。磁悬浮变频离心式压缩机克服了传统机械轴承式离心机能效较低、噪声大、启动电流大、维护费用高等一系列弊端,机组效率无衰减,始终保持高效运行,是一种更为节能、高效的中央空调产品。其特点如下。

(1)采用永磁同步电机 永磁同步电机主要由转子、端盖及定子等部件组成。其工作原理是在电动机的定子绕组中通入三相电流,然后在电动机的定子绕组中形成旋转磁场,转子上安装有永磁体,在定子中产生的旋转磁场会带动转子旋转,最终使转子的旋转速度与定子中产生的旋转磁场的转速相等。采用永磁同步电机,其优点在于:

① 永磁同步电机体积更小,全功率段总损耗比传统异步电机更低,考虑磁悬浮轴承和杂散损耗0.2%、风磨耗0.6%、电机损耗2.2%,额定点效率可达97%以上。

② 电机应用空间矢量脉宽调制技术,可以实时根据工况精准高效运行,在全负荷运行范围内实现节能。

③ 采用定子温度及转子轴跳动实时监测系统,实现电机定转子的精准冷却,可靠性高。

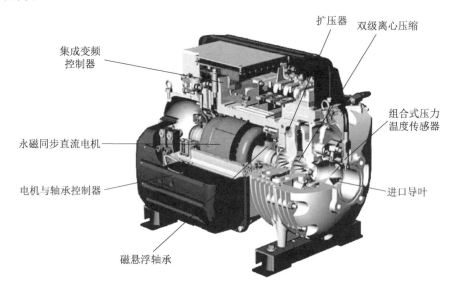

图4.9 磁悬浮变频离心式压缩机

(2)采用磁悬浮轴承技术 磁悬浮轴承由径向磁轴承、推力磁轴承、径向和轴向位移传感器等组成(图4.10)。与传统滚珠轴承、滑动轴承及油膜轴承相比,磁轴承不存在机械接触,转子可以达到很高的运转速度,具有机械磨损小、能耗低、噪声小、寿命长、无须润滑、无油污染等优点,特别适用于高速、真空、超净等特殊环境。磁悬浮轴承功耗低至0.4 kW,仅为常规油轴承功耗的2%~10%,且转速越高,功耗降低越明显。

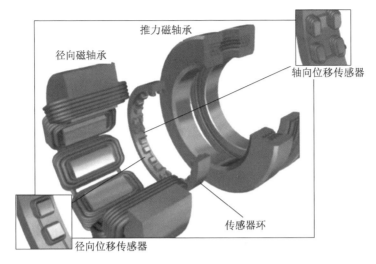

推力磁轴承

径向磁轴承

轴向位移传感器

传感器环

径向位移传感器

**图 4.10 磁悬浮轴承**

（3）采用磁悬浮无油变轨运转技术 电机转轴和叶轮组件通过数字控制的磁轴承系统在旋转过程中悬浮,完全消除金属与金属之间的接触,不会磨损表面。通过定位传感器感应轴承控制器,调整电流,改变磁轴承磁场大小,将转子调整至运转中心位置,保证安全运行。三级变轨控制能够保证机组在正常轨道外也能安全地运行并停机,不会发生轴与其他零部件摩擦而烧毁的情况。

磁悬浮变频离心式制冷机组的优点如下:

① 压缩机采用磁悬浮轴承,实现零摩擦,提升机械效率,提高转速,减小叶轮尺寸,压缩机体积和重量显著降低。

② 压缩机启动仅需满足支撑转轴重量的电磁力即可,启动电流小、噪声小。设备启动前无须预热,可在低环境温度下正常启动。

③ 采用无级变频技术,压缩机转速可以无限小,扩大了运行调节范围,性能系数高,无润滑油回油问题。

④ 部分负荷最高能效比达到 26 左右,综合工况能效比达到 12 左右,并实现物联网智能云服务远程控制,无人值守。

⑤ 磁悬浮制冷机组由于自身的多机头结构及精密的控制程序可以使机组低负荷运行时间占总运行时间的 50% 左右,部分负荷的高能效得以充分发挥。

**（二）吸收式制冷机组**

吸收式制冷机组根据热源方式不同分为蒸气式、热水式和直燃式制冷机组,根据所用工质不同分为氨吸收式和溴化锂吸收式制冷机组,根据热能利用程度不同分为单效和双效吸收式制冷机组,根据各换热器的布置情况分为单筒型、双筒型和三筒型吸收式制冷机组,根据应用范围又分为单冷型和冷热水型吸收式制冷机组。

吸收式制冷与压缩式制冷一样,都是利用低压冷媒蒸发产生的汽化潜热制冷。两者的区别在于:压缩式制冷以电为能源,吸收式制冷以热为能源。在民用建筑的中央空调系统中,吸收式制冷所采用的工质通常是溴化锂水溶液,其中,水为制冷循环用冷媒,溴化锂为吸收剂。通常溴化锂吸收式制冷机组的蒸发温度不可能低于 0 ℃,因此其适用范围不如压缩式制冷广泛。溴化锂吸收式制冷机组制冷循环的基本原理如图 4.11 所示。

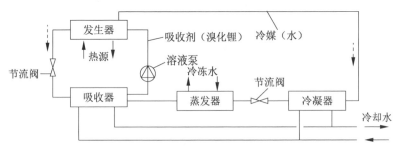

--→ 表示冷媒的流动方向。

**图 4.11　溴化锂吸收式制冷机组制冷循环的基本原理**

来自发生器的高压水蒸气,在冷凝器中被冷却成高压液态水,通过节流阀后成为低压水蒸气进入蒸发器。在蒸发器中,冷媒水与冷冻水进行热交换而发生汽化,带走冷冻水的热量后,成为低压冷媒蒸汽进入吸收器,被吸收器中的溴化锂浓溶液吸收,吸收过程中产生的热量由送入吸收器中的冷却水带走。吸收蒸汽后的溴化锂稀溶液由溶液泵送至发生器,通过与送入发生器中的热源(热水或水蒸气)进行热交换,而使其中的水汽化,重新产生高压水蒸气。同时,由于溴化锂的蒸发温度较高,稀溶液汽化后,吸收剂则成为浓溶液重新回到吸收器中。这一过程实际上包括制冷剂(水)循环和吸收剂(溴化锂)循环,只有这两个循环同时工作,才能保证整个制冷系统正常运行。

制冷机组要合理地选定机型和台数,须考虑:① 建筑物的冷负荷大小及全年冷负荷的分布规律;② 当地的水源(包括水量、水温及水质)、电源和热源(包括热源性质、品质高低)的情况;③ 初始投资和运行费用;④ 制冷机组的特性(包括性能系数、尺寸大小、调节性能、价格、冷量范围及使用工质等),如表 4.3 所示。

表 4.3　各类制冷机组的冷量范围、使用工质及其能效比

| 种类 | 结构 | 制冷剂 | 单机制冷量/kW | 能效比/(W·W⁻¹) |
|---|---|---|---|---|
| 压缩式制冷机组 | 活塞式 | R22,R134a | 52~580 | 3.57~4.16 |
| | 螺杆式 | R22 | 352~3870 | 4.50~5.56 |
| | | R123 | 250~10500 | 5.00~6.00 |
| | 离心式 | R134a | 250~28150 | 4.76~5.90 |
| | | R22 | 1060~35200 | |
| | 涡旋式 | R22 | <210 | 4.00~4.35 |
| 吸收式制冷机组 | 蒸气式 | NH₃/H₂O | | >0.60 |
| | 热水式 | H₂O/LiBr(双效) | 240~5279 | 1.00~1.23 |
| | 直燃式 | H₂O/LiBr(双效) | | 1.00~1.33 |

**（三）整体式空调机组**

　　整体式菇房空调机组(图 4.12)是针对食用菌工厂化生产的特定环境,将制冷、供热、空气处理与过滤等数项功能集于一体的新型紧凑型低温空调设备,其广泛应用于杏鲍菇、蟹味菇、灰树花、金针菇、白灵菇、双孢蘑菇,以及北冬虫夏草等珍稀食用菌工厂化生产的整个过程。由于食用菌栽培的环境特殊,因而整体式菇房空调机组具有以下特点:

图 4.12　整体式菇房空调机组

　　① 集制冷、供热、空气处理和过滤于一体,结构紧凑,功能齐全。整体式菇房空调机组集成了压缩冷凝、直接蒸发、热水供水、空气成分混合、过滤处理、系统调控

等多种功能,简化了系统结构,省略了内、外机连接铜管,减少了制冷剂的充注量,并且减少了日常维修保养的程序。另外,为了提高制冷效率,冷媒温度可能低于 0 ℃,因此需要做防冻处理,可能会选择不冻液作为冷媒。

② 拥有超宽的温度调节范围,充分满足各个品种菌菇栽培温度的要求。整体式菇房空调机组采用高效率换热器,具有 4～40 ℃ 的温度调节范围,使得食用菌的培养、挠菌、催蕾、出菇等整个过程可在一间菇房内完成。另外,为减少空调器凝水量、降低显热量,换热器和空气换热温差小,换热面积更大。

③ 可进行精细的空气过滤,有效滤除杂菌孢子,净化空间环境。整体式菇房空调机组,可选粗效和中效空气过滤装置,提高过滤效率,从而在滤除杂菌孢子的同时,也能有效地抑制灭菌用强氧化剂对铝翅片的氧化腐蚀作用。当将其与高效送风、回风口相配套时,即可用作冷却室和接种室的洁净室空调系统。

④ 高风压、大风量、风管送风,便于菇房内空气的成分充分混合。为了保证菇房的供氧量并使 $CO_2$ 排出,新风负荷会更多。同时,由于菇房湿度达 70% RH ～ 100% RH,凝水现象严重,因而对装置防腐的要求更高。

# 第三节　生产区域湿负荷确定及实施方案

## 一、概述

湿负荷计算准确是正确选择空调设备装机容量的基本保证,计算不准确会导致室内空气温湿度达不到设计要求,进而影响食用菌的生长。目前,计算湿负荷的方法主要有两种:一种是计算显热负荷之后以附加百分数来表示被调湿度房间的湿负荷,即附加百分数法;另一种是将食用菌散湿、敞开水体表面散湿等产生的湿负荷进行叠加,即叠加法。

室内湿负荷 $m$ 主要由食用菌散湿量 $m_1$、空调新风湿量 $m_2$、空气渗透带入室内的湿量 $m_3$ 和围护结构内表面吸放湿量 $m_4$ 组成,即

$$m = m_1 + m_2 + m_3 + m_4 \tag{4.43}$$

### (一) 食用菌散湿量 $m_1$

食用菌通过呼吸作用向空气中散湿,其散湿量与周围环境温度、空气流动速度等有关。食用菌散湿量的计算公式为

$$m_1 = n\varphi g \tag{4.44}$$

式中:$m_1$ 为食用菌散湿量,g/h;$g$ 为瓶装食用菌的小时散湿量,g/h;$n$ 为室内瓶装食用菌数量;$\varphi$ 为群集系数。

**（二）空调新风湿量 $m_2$**

空调新风湿量的计算公式为

$$m_2 = m_s(d_r - d_s) \tag{4.45}$$

式中：$m_2$ 为空调新风湿量，g/h；$m_s$ 为送入房间的风量，即送风量，kg/h；$d_r$、$d_s$ 分别为室内、送风空气含湿量，g/kg。

**（三）空气渗透带入室内的湿量 $m_3$**

在传统湿负荷计算中，对于夏季的新风渗透，由于其产生的冷负荷并不显著，所以一般不予考虑。然而，在极端热湿气候区，由于室外极端的气候条件，室外空气渗透产生的湿负荷影响较大，不应忽略。

空气渗透带入室内的湿量的计算公式为

$$m_3 = L\rho_o(d_o - d_r) \tag{4.46}$$

式中：$m_3$ 为空气渗透带入室内的湿量，g/h；$L$ 为房间各朝向渗透进入室内的新风总量，$m^3$/h；$\rho_o$ 为室外计算温度下的空气密度，kg/$m^3$；$d_o$、$d_r$ 分别为室外、室内空气含湿量，g/kg。

**（四）围护结构内表面吸放湿量 $m_4$**

围护结构内表面吸放湿量的计算公式为

$$m_4 = 3.6\beta_{in}A(p - p_{in}) \times 10^6 \tag{4.47}$$

式中：$m_4$ 为围护结构内表面的吸放湿量，g/h；$\beta_{in}$ 为墙体内表面的对流传质系数，kg/（$m^2 \cdot s \cdot Pa$）；$A$ 为墙体面积，$m^2$；$p$ 为材料中水蒸气分压力，Pa；$p_{in}$ 为室内空气中水蒸气分压力，Pa。

## 二、各场所湿负荷的分析及实施方案

为维持符合菌菇生长所需的合适湿度，各菇房有着不同的加湿和除湿要求。

**（一）培养室湿负荷及实施方案**

如果菌瓶在培养阶段对空气湿度无特别要求时，在前期培养阶段可以不考虑加湿功能。但菌种有要求或因北方冬季室内长期升温而使空气过于干燥（相对湿度低于 50%RH）时应配置合适的加湿装置，建议使用二流体或高压微雾的加湿方式。加湿量根据通风量和室内外空气含湿量确定，加湿应能均匀地作用于培养室内各处，加湿设施应做防水滴漏处理。最大加湿量一般为引入前期培养室的新风的含湿量和前期培养室空气的目标控制含湿量的差值。

**（二）出菇室湿负荷及实施方案**

出菇室采用小风量、大蒸发器的制冷系统形式，尽可能地提高室内风机的出风温度,降低冷风机的除湿量。

在制冷系统中,冷风机的冷负荷分为两个部分:一部分是用来降温的显热负荷;另一部分是用来除湿的潜热负荷。出菇室中的湿度很大,潜热负荷占总制冷负荷的比例很大。通过控制冷风机的除湿量,减少潜热量,可以提高制冷机的降湿效率,降低室内的湿度损失。降低室内的湿度损失就是降低加湿器对加湿量的要求,加湿器的开机时间缩短意味着能量消耗的减少和设备使用寿命的延长。在工程实例中,合适的冷风机风量和空气循环量与床架的放置有极大的关联。定风量风机有时在实际工程案例中的使用效果往往不尽如人意,因此可在出菇室冷风机系统中安装变频控制器,在设备的调试过程中或在用户的使用过程中寻找合适的控制风量,并按这个控制风量的频率运行,从而达到最佳的通风和制冷目的。

1. 移动式床架出菇室

移动式床架出菇室划分的发芽室、抑制室和出菇室 3 个区域对空气相对湿度的要求各不相同。

(1)发芽室  发芽室要求空气相对湿度一般在 90%RH～100%RH,应设置加湿设备。建议在发芽室采用超声波加湿方式,加湿量根据通风量、室内外空气含湿量及工艺所要求的湿度确定,通用品种的加湿量为每吨料重 0.4 kg/h。加湿微雾应能均匀地分布在发芽室各处,加湿设备应做防水滴漏处理。

(2)抑制室  抑制室要求空气相对湿度一般在 70%RH～90%RH,应设置加湿设备。建议在抑制室采用高压微雾或二流体的加湿方式,加湿量根据通风量、室内外空气含湿量及工艺所要求的湿度确定,通用品种的加湿量为每吨料重 0.2 kg/h。加湿微雾应能均匀地分布在抑制室各处,加湿设备应做防水滴漏处理。

(3)出菇室  出菇室要求空气相对湿度一般在 70%RH～100%RH,应设置加湿设备。建议在出菇室采用高压微雾或二流体的加湿方式,加湿量根据通风量、室内外空气含湿量及工艺所要求的湿度确定,通用品种的加湿量为每吨料重 0.4 kg/h。加湿微雾应能均匀地分布在出菇室各处,加湿设备应做防水滴漏处理。

2. 固定式床架出菇室

固定式床架出菇室要求空气相对湿度一般在 70%RH～100%RH,应设置加湿设备。加湿器形式不限,但雾化颗粒不得大于 20 μm。加湿量根据通风量、室内外空气含湿量及工艺所要求的湿度而定,通用品种的加湿量为每吨料重 0.6 kg/h。加湿微雾应能均匀地分布在出菇室各处,加湿设备应做防水滴漏处理。

**三、加湿器的种类及其使用**

水是食用菌生长最重要的环境因子之一。水作为各种生理代谢的媒介,与食用菌的生长和发育紧密相关。除了在培养料配制时需达到足够的含水量外,菌丝培养和出菇阶段必须保持一定的相对湿度,从而维持栽培料的含水量及与环境水分相互扩散的动态平衡。

空气加湿的方法很多,根据处理过程的不同,通常可分为等温加湿、等焓加湿、加热加湿和冷却加湿等(表4.4)。

表 4.4 空气加湿的方法

| 过程 | 特征 | 应用举例 |
|---|---|---|
| 等温加湿 | 没有显热交换;含湿量增加的同时,潜热量增加 | 干蒸汽加湿器、电极式加湿器、电热式加湿器、红外线加湿器、间接式蒸汽加湿器等 |
| 等焓加湿 | 空气与水接触过程中,虽有显热和潜热交换,但由于进行的速度相等,空气的焓值保持不变、温度下降 | 湿膜蒸发式加湿器、板面蒸发式加湿器、高压喷雾加湿器、超声波加湿器、离心式加湿器、喷水室喷淋循环水等 |
| 加热加湿 | 水温高于空气的干球温度,显热交换量大于潜热交换量;在含湿量增加的过程中,空气的温度相应升高 | 喷水室喷淋温度高于空气干球温度的热水 |
| 冷却加湿 | 空气与水接触过程中,空气失去部分显热,其干球温度下降;由于水部分蒸发,空气含湿量增加 | 喷水室喷淋温度低于空气湿球温度、高于空气的露点温度的水 |

根据加湿方法,加湿器可分为以下几种类型:① 直接喷干蒸汽式;② 加热蒸发式,如电热式、电极式、PTC 蒸汽发生式;③ 喷雾蒸发式,如空调喷水式、加压式、离心式、超声波式、湿面蒸发式;④ 红外线式。各种加湿器的加湿能力和优缺点如表4.5所示。

表 4.5 各种加湿器的加湿能力及优缺点

| 加湿器类型 | 加湿能力/ $(kg \cdot h^{-1})$ | 优点 | 缺点 |
|---|---|---|---|
| 湿膜汽化 | 可设定 | 加湿段短(汽化空间等于湿膜厚度),饱和效率高,节电、省水;初始投资和运行费用都较低 | 易产生微生物污染,加湿后尚需升温 |
| 板面蒸发 | 不设定 | 加湿效果较好,运行可靠,费用低廉;具有一定的加湿速度;板面垫层兼有过滤作用 | 易产生微生物污染,必须进行水处理,加湿后尚需升温 |
| 电极式 | 4~20 | 加湿迅速、均匀、稳定,控制方便灵活;不带水滴、不带细菌;装置简单,没有噪声;可以满足室内相对湿度波动范围 ±3%RH 的要求 | 耗电量大,运行费用高;不使用软化水或蒸馏水时,内部易结垢,清洗困难 |
| 电热式 | 可设定 | | |
| 干蒸汽 | 100~300 | 加湿迅速、均匀、稳定;不带水滴、不带细菌;节省电能,运行费用低;装置灵活;可以满足室内相对湿度波动范围 ±3%RH 的要求 | 必须有蒸汽源,并有蒸汽管道;设备结构比较复杂,初始投资高 |

| 加湿器类型 | 加湿能力/<br>（kg·h⁻¹） | 优点 | 缺点 |
|---|---|---|---|
| 间接蒸汽 | 10～200 | 加湿迅速、均匀、稳定；不带水滴、不带细菌；节省电能，运行费用低；控制性能好；可以满足室内相对湿度波动范围±3%RH 的要求 | 设备比较复杂，必须有蒸汽输送管道和加热盘管 |
| 红外线 | 2～20 | 加湿迅速，不带水滴、不带细菌；动作灵敏，控制性能好；装置较简单，能自动清洗 | 耗电量大，运行费用高，使用寿命不长，价格高 |
| PTC | 2～80 | 蒸发迅速、效率高，运行平稳、安全，使用寿命长 | 耗电量大，运行费用较高 |
| 高压喷雾 | 6～600 | 加湿量大，雾粒细，效率高，运行可靠，耗电量低 | 可能带菌，喷嘴易堵塞（对水未进行有效的过滤时），加湿后尚需升温 |
| 超声波 | 1.2～20 | 体积小，加湿强度大，加湿迅速，耗电量低，使用灵活，控制性能好，雾粒小而均匀，加湿效率高 | 可能带菌，单价较高，使用寿命短，加湿后尚需升温 |
| 离心式 | 2～5 | 安装方便，使用寿命长，耗电量低 | 水滴颗粒较大，不能完全蒸发，需要排水，加湿后尚需升温 |
| 喷水室 | 可设定 | 加湿量大，可以利用循环水，节省能源；装置简单，运行费用低，稳定、可靠 | 可能带菌，水滴较大，加湿后尚需升温 |
| 高压微雾 | 100～1600 | 加湿量大，雾粒细，效率高，运行可靠，耗电量低，降温效果好，自动化程度高 | 喷嘴易堵塞（对水未进行有效的过滤时），加湿后尚需升温 |
| 天然气 | 70～215 | 加湿量大，效率高，适用于各种场合 | 设备比较复杂，必须设置保证使用安全的零部件 |

目前，为解决食用菌栽培过程中湿度的控制问题，国内外主要采用湿膜蒸发式加湿器、高压微雾加湿器、离心式加湿器、超声波加湿器等设备。

**（一）湿膜蒸发式加湿器**

如图 4.13 所示，湿膜蒸发式加湿器（一般称为湿膜加湿器）是食用菌工程上应用较广泛的一种加湿器。

1. 特点

（1）饱和效率高　加湿器布水均匀，且具有较大的蒸发面积，因此饱和效率高；不受入口温湿度的影响，即使在低温高湿条件下，仍能保持可靠的加湿性能。

（2）洁净加湿　湿膜加湿器利用蒸发原理，水分子完全汽化成水蒸气（而不是雾滴），不会造成风机和风管结垢和腐蚀；湿膜具有除尘、脱臭等辅助作用；经游离氯杀菌处理的自来水不断地清洗加湿表面,可实现洁净加湿。

（3）使用周期长　加湿介质采用高分子复合材料,没有使用胶黏剂,不会滋生微生物,结构强度及耐腐蚀性强,使用寿命长;具有阻燃特性,发生火灾时,不会导致火灾蔓延。

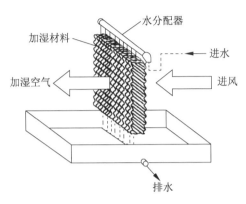

**图 4.13　湿膜蒸发式加湿器工作原理**

2. 使用要求

① 加湿器应紧靠空气加热/冷却器的出风位置安装,其宽度应等于空气加热/冷却器的宽度,高度应等于空调箱的高度。

② 采用直流供水时,可按照图 4.14 进行配管。

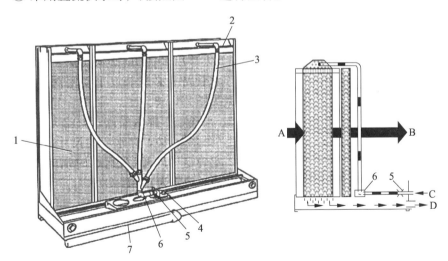

A—加湿前空气;B—加湿后空气;C—管路供水;D—排水;1—加湿器模块;2—输水器组件;

3—输水管;4—管路供水接口;5—定流量阀;6—分水器组件;7—排水管。

**图 4.14　直流供水系统**

③ 采用循环供水时,可按照图4.15进行配管。

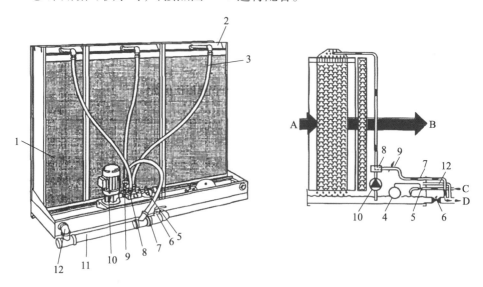

A—加湿前空气;B—加湿后空气;C—管路供水;D—排水;1—加湿器模块;

2—输水器组件;3—输水管;4—浮球;5—浮球阀;6—水箱排水阀;

7—定量排放管;8—分水器组件;9—定量排放控制阀;10—水泵;11—排水管;12—溢流口。

**图4.15 循环供水系统**

④ 空气通过湿膜介质迎风面的流速应保持≤3.0 m/s,以避免加装挡水板。

⑤ 宜采用软化水,并应考虑选择有灭菌措施的产品。

⑥ 应定期清洗。

⑦ 应选择饱和效率高、加湿性能好、使用寿命长、吸水性好、耐高温、机械强度高、能反复清洗、耐粉尘、防霉菌效果好的湿膜材料。

⑧ 湿膜加湿器前必须设置空气过滤器,供水管路上必须装设手动闸阀和水过滤器,供水管路连接见图4.16。

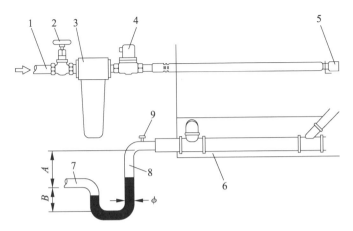

1—供水入口;2—闸阀;3—过滤器;4—电磁阀;5—定流量阀(用于直流供水系统);
6—水箱;7—排水管;8—存水弯;9—注水塞;A,B—距离;φ—管径。

**图 4.16 供水管路连接**

### (二) 高压微雾加湿器

高压微雾加湿器一般由加湿器主机、湿度控制器和喷头 3 部分组成。进水在高压泵增压后(约 0.7 MPa),通过高压水管传到"微细雾化"喷嘴,经雾化后形成非常细小的液滴,小液滴与干燥空气进行热交换,在空气中吸收热量,从液态变成气态,从而使空气的湿度增大,同时可以降低空气温度。高压微雾加湿器包括泵站主机、喷嘴管道系统、水过滤系统、泄压系统及控制系统,如图 4.17 所示。

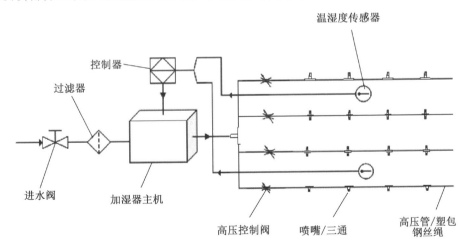

**图 4.17 高压微雾加湿器工作原理**

#### 1. 特点

(1) 加湿量大 单机每小时加湿量可从 100 kg 到 1600 kg 调节。一台主机最多可带 300 个喷头。

（2）节能　雾化 1 L 水只需要 5 W 的电功率,该值为传统电热电极加湿器电功率的 1%,是离心式或气水混合式加湿器的 10%。

（3）可靠　高压微雾加湿器主机采用柱塞泵,柱塞泵采用润滑式曲轴、耐磨损陶瓷柱塞、锻制黄铜缸体或不锈钢缸体等关键部件,保证机体可长时间不间断工作,且维护简单方便。

（4）卫生　高压微雾加湿器的水是密封非循环使用的,不会导致细菌繁殖。

（5）加湿效率高　相对湿度高达 98%RH,属于等焓加湿。

（6）反应速度快　从静止状态到产生额定加湿量只需要 3 s。

（7）高精细水过滤器　采用独特的进水管路末端过滤方式,可配有双级过滤芯,精细高效过滤,有效提高水的质量,延长高压泵的使用寿命。

（8）高可靠性高压供水管路　无缝不锈钢管与双层不锈钢丝网作加强筋的橡胶软管配合使用,耐压可达 220 kg/cm$^2$,安全可靠。

（9）自动化程度高　采用 CPU 电脑控制变频器,根据温湿度传感器反馈信号,自动调节电机功率,保证额定加湿量,节约能源,保证恒压供水。

2. 使用要求

① 整个系统的所有管道选用不易生锈的高压无缝紫铜管、高压无缝不锈钢管或高压橡胶钢丝复合管,避免铁锈堵塞喷嘴。

② 可直接与自来水管连接,但必须增设超强过滤器,以免水中的固体颗粒堵塞喷嘴。

③ 若在寒冷地区使用机器,应注意采取防冻措施;主机安装在户外时,必须采取防雨措施;使用完后,切断水源,工作 5 s,排尽泵内的余水,以防止冻坏高压泵。

④ 严禁无水状态下运转水泵。

⑤ 开机前,请将调压阀松开至无压力状态,开机后慢慢调节调压阀,观察压力表显示的压力。

### （三）离心式加湿器

离心式加湿器的原理是离心式转盘在电机作用下高速转动,将水强力甩出,水与雾化盘碰撞,被雾化成 5~10 μm 的超微粒子并喷射到空气中,水微粒与空气进行热湿交换,达到空气充分加湿和降温的目的。

1. 特点

① 喷射颗粒被喷射成超微粒子(5~10 μm),不会因产生水滴而弄湿地面。

② 能够防暑,降温 6~8 ℃,通风和加湿可分别选择。

③ 尤其适用于相对湿度>60%RH 工况环境的直接加湿。

④ 可自动湿控。

2. 使用要求

（1）注意与其他电器保持距离　加湿器喷出的湿气会影响其他电器，所以在使用时注意保持距离。

（2）正确加水　在使用加湿器时，不要用手摸水面，也不要空箱使用，搬动时要将水箱中的水放掉，不要倒置。

（3）注意清洁　加湿器需每天换水，使用一周左右就要清洗一次，否则存放时间过长的水变成湿气散发到空气中会造成二次污染，危害人体健康。

### （四）超声波加湿器

超声波加湿器利用水槽底部换能器（超声波振子）将电能转换成机械能，向水中发射1.7 MHz超声波。水表面在空化效应的作用下，产生直径为 $3\sim5\ \mu m$ 的超微粒子。雾滴与气流进行热湿交换，对空气进行等焓加湿。超声波加湿器一般包括电源、水位检测系统、雾量控制系统、工作状态显示系统、风扇输出控制系统、雾化片及控制系统等，如图4.18所示。

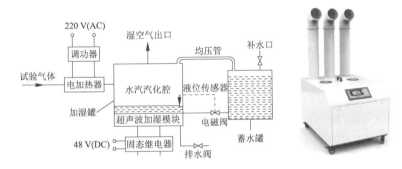

**图4.18　超声波加湿器**

1. 特点

① 结构紧凑，安装方便，除需连接电源外，基本上不再需要配置其他设施。

② 高效节能，可节省电能70%～85%。虽然超声波加湿器的电耗远远低于电极（热）式，但是电极（热）式加湿是等温过程，而超声波加湿是等焓过程。经超声波加湿器加湿后的空气，还必须进行加热升温。因此，在两者加湿效率相同的情况下，从能量消耗的角度来看，超声波加湿器省电但并不节能。

③ 超声波加湿器控制灵敏，无冷凝，安全可靠。

④ 超声波加湿器在低温环境下也能进行加湿操作。

⑤ 超声波加湿器的雾化效果好，雾滴细而均匀，运行安静，噪声低。

⑥ 超声波加湿器在高频雾化过程中，能产生相当多的负离子，有益于人体

健康。

2. 使用要求

① 超声波加湿器本体及控制器必须直立安装,不得倾斜,以确保换能片上方有一定高度的水面。

② 空气经加湿后,温度将有一定幅度的下降,所以尚需进行加热升温。

③ 超声波加湿器在实际工作中往往会产生频率漂移现象,这会导致加湿能力下降。在选择加湿器时,宜考虑附加 10%~20% 的安全裕量。

④ 随着水温的升高,加湿器的加湿能力增强。不过随着水温的升高,加湿器的寿命将缩短。一般水温不宜高于 35 ℃。

⑤ 注水容器中水位的高低对加湿能力有一定的影响,必须调整至产品规定的水位。

⑥ 超声波加湿元件的振子为更换部件,运转到规定的时间后应及时更换。

⑦ 超声波加湿器因供水中含有杂质,容易产生白粉。为防止白粉的产生,建议使用专用净水器。

# 第四节 空气流场设计和空气分布原则

## 一、概述

### (一)空气流场分布

大多数空调与通风系统都需要向房间或被控制区域送入和(或)排出空气,不同形状的房间、不同形式及位置的送风口和回风口、不同大小的送风量等都影响着室内空气的流速分布、温湿度分布和污染物浓度分布。室内气流速度、温湿度都是食用菌正常生长的要素,而污染物的浓度同样是关系到食用菌生长质量的重要指标。因此,要使食用菌的生长环境是温湿度适宜、空气质量优良的环境,不仅要有合理的空气调节形式,还必须有合理的流场分布(或称为空气分布)。

流场设计是指合理地布置送风口和回风口,使得经过净化、热湿处理后的空气,由送风口送入空调房间后,在与空调房间内空气混合、置换并进行热湿交换的过程中,均匀地消除空调房间(通常是指离地面高度为 2 m 以下的空间)内的余热和余湿,从而使空调房间内形成比较均匀且稳定的温湿度、气流速度和洁净度,以满足食用菌工厂的生产工艺要求。同时,还要由回风口抽走空调房间内的空气,将大部分回风返回到空气处理机组、少部分回风排至室外。

空气分布是室内空气调节的一个重要环节,它直接影响着空调的使用效果。

因为只有室内气流组织合理,才能充分发挥送风的冷却和加热作用,均匀地消除室内的余热和余湿,并能更有效地排出有害气体和悬浮在空气中的灰尘。

**(二) 空气流场设计的目的**

空调房间的流场分布,应根据室内温湿度参数、允许风速和噪声标准等要求,结合食用菌工厂的建筑物特点、内部装修、工艺布置及设备散热等因素综合考虑,然后通过计算确定。影响流场分布的因素很多,如送风口和回风口的位置、形式、大小、数量,送入室内空气的温度和速度,房间的形状和大小,以及室内工艺设备的布置等都直接影响流场分布,而且各因素之间往往相互联系、相互制约,再加上实际工程中具体条件的多样性,使得在进行空气流场设计时,光靠理论计算是不够的,一般要借助现场调试,才能达到预期效果。

不同类型的空调房间对流场分布的要求不同。对于一般空调房间或舒适的空调房间,流场分布应能在工作区域内保持比较均匀而稳定的温湿度;对于对空调房间风速有严格要求的空调房间,流场分布应能保证工作区域内的风速均匀且不超过规定值;对于对室内温湿度允许波动范围有要求的空调房间,流场分布应能在工作区域内满足温湿度基数及其允许波动范围、区域温差的要求;对于有洁净要求的空调房间,流场分布应能使工作区域内保持应有的洁净度和室内正压或负压;对于空间高大的空调房间,流场分布除了应能保证工作区域达到应有的温湿度、风速、洁净度外,还应满足节能的要求。

空调房间流场设计是根据空调精度要求选择合适的气流流型,确定送、回风口的形式、尺寸和位置,计算送风射流参数。新风换气是采用室外低 $CO_2$ 浓度的空气稀释和置换室内高 $CO_2$ 浓度的空气,从而达到满足食用菌生长所需要的合适 $O_2$ 和 $CO_2$ 浓度。在一些气候适宜地区,培养室换气也能用来降低室内温度,带走菌瓶热量,而且置换的不仅是 $O_2$ 和 $CO_2$,还有空气中的水分子,换气会给室内温度和相对湿度带来变化。由于食用菌车间换气量很大,在流场设计中还要考虑换气所带来的循环对空气流场的影响。因此,食用菌空气流场设计,不仅需要考虑降温及菌瓶和空气的热交换所需要的流场分布,在计算流体力学(computational fluid dynamics,CFD)中还需要考虑大量新风的引入对原流型的破坏及干扰。

## 二、各生产区域对空气流场的要求

在食用菌工厂中,除开放的车间,基本上所有场所都需要通过空调来控制温度。每个菌瓶在生长过程中都会产生热量,空调的作用就是将菌瓶所产生的热量带走,并使菌瓶内培养料维持一定的温度。其机理是培养料的中心温度>瓶壁温度>空气温度>换热器表面温度>冷媒温度,热量按此顺序一级级传递,最终被冷媒带走。食用菌工厂化生产是高密度的生产,因此考虑空气流场和气流分布是工厂设计的重要环节。

### (一)洁净区域的空气流场

洁净区域的设计要求是空气以层流方式沿受控方向流动,使洁净区域内的悬浮颗粒能够尽可能多地经过空气过滤系统,达到净化的目的。同时为了提高过滤效率,设计洁净区时应尽量避免形成死区。

与接种相关的区域一定要在层流罩中经过二次过滤,达到局部 100 级的净化目的。

冷却室用于在短时间内将高温料降温至接种温度,其冷风机每小时空气循环量一般取冷却室容积的 100 倍以上,才能使密集的菌瓶之间的空气能够流通,提高瓶身、瓶周空气和空间空气的热交换效率,保证在设定时间内将料的中心温度降到设定值。由于工艺要求,冷却后的菌瓶温度之间的差异不能大于 2 ℃,这样才能保证接种后培养料具有生长一致性。

### (二)栽培区域的空气流场

#### 1. 前期培养区的空气流场

前期培养区由于培养料菌种处于孱弱状态,制冷负荷不大,特别是对于一些前期菌丝生长缓慢的品种,要求空气流动相对比较慢,避免空气剧烈流动使地面灰尘飘浮,造成菌瓶被污染,所以一般选择小风量、多布点方式的冷风机。对于不分前、后期培养工艺的培养室,建议使用冷风机变频的方式调节风量,以达到控制风量的目的。

#### 2. 中、后期培养区的空气流场

中、后期培养区由于培养料已成优势菌种,菌瓶的抗杂能力增强,呼吸和发热量增多,此时要求冷风机不仅能将冷量释放,还需要使空气在菌瓶间形成一定的流速,使得所有菌瓶的表面温度基本保持一致,这样才能使菌丝的生长速度相同,因为一致性是食用菌工厂稳产的基本保证。同时,空气流动也可防止 $CO_2$ 在瓶间聚集,使局部 $CO_2$ 浓度超标。在实际测量中,建议瓶间空气的流动速度不小于 0.5 m/s。

#### 3. 出菇室的空气流场

菌菇在出菇过程中经过出芽、抑制、生长几个阶段,这几个阶段的空气流场各不相同。发芽阶段需要微弱的空气循环,保证顺利出芽;抑制阶段需要大量的空气循环,加强菇体的水分蒸发;生长阶段要求空气温度分布应相对均匀。一般对于出菇室来说,建议采用冷风机变频的方式控制空气的循环量,北方的食用菌工厂或者培育高温品种的出菇室还要考虑供热带来的温度"上高下低"的现象,冷风机必须

考虑立面的循环。因此,对于出菇室来说,冷风机的布置方式一定是与品种、地理位置及制冷和制热方式相关联的,在某一地成功的出菇室冷风机布置方式不是放之四海而皆准的方案。

### 三、各种流场分布的特点

#### (一) 气流组织的送风方式

空调房间常用的气流组织的送风方式,按其特点可归纳为侧送风、孔板送风、散流器送风、喷口送风、条缝送风等。对室内温度允许波动范围有要求的空调房间,常用的送风方式是侧送风、孔板送风和散流器送风,其主要性能见表 4.6。

表 4.6　三种气流组织方式的性能

| 项目 | 单位 | 侧送风 | 孔板送风 | 散流器送风 | |
| --- | --- | --- | --- | --- | --- |
| | | | | 平送风 | 下送风 |
| 送风口位置 | | 侧上方 | 顶棚 | 顶棚 | 顶棚 |
| 回风口位置 | | 侧上方或侧下方 | 侧下方或地板 | 侧上方、上方或顶棚 | 侧下方 |
| 工作区气流流型 | | 回流 | 不稳定流或单向流 | 回流 | 单向流 |
| 混合层高度 | m | 0.3~0.5 | 0.15~0.3 | 0.2~0.5 | 1.0~3.0 |
| 空调房房高下限 | m | 2.5~3.0 | 2.2~2.5 | 2.5~3.0 | 3.0~4.0 |
| 区域温差 | ℃ | 较小 | 很小 | 较小 | 较大 |
| 工作区平均风速 | m/s | 0.05~0.4 | 0.02~0.1 | 0.05~0.4 | 0.02~0.2 |

1. 侧送风

侧送风是空调房间中最常用的一种气流组织的送风方式,一般以贴附射流的形式出现,工作区的气流流型通常是回流(图 4.19)。应用于对室温允许波动范围有要求的房间时,一般能满足区域温差的要求。因此,除了对区域温差和工作区平均风速要求很严格,以及送风射程很短、不能满足射流扩散和温差减小要求的空调房间外,通常宜采用侧送风方式。

2. 孔板送风

如图 4.20 所示,孔板送风的特点是射流扩散和混合得较好。射流混合过程很短,温差和风速减小快,因而工作区温度和速度分布较均匀。根据送冷风还是送热风、送风温差和单位送风量大小等条件,工作区域内的气流流型有时是不稳定流,有时是单向流,且风速均匀而较小,区域温差亦很小。因此,对区域温差和工作区平均风速要求严格、单位面积风量比较大、室温允许波动范围较小的空调房间,宜采用孔板送风方式。

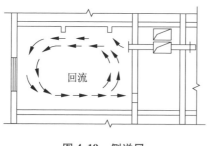

图 4.19　侧送风

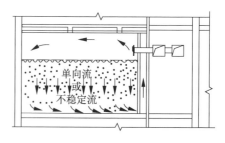

图 4.20　孔板送风

3. 散流器送风

散流器送风分为平送风和下送风。如图 4.21 所示,散流器平送风和侧送风一样,工作区的气流流型都是回流,只是送风射流的射程和回流的流程都比侧送风短。空气由散流器送出时,通常贴着顶棚和墙形成贴附射流,射流扩散较好,区域温差一般能满足要求。采用散流器平送风时应当设置吊顶,管道暗装在吊顶或技术夹层内,因此,一般在可设置吊顶的空调房间中采用散流器平送方式。

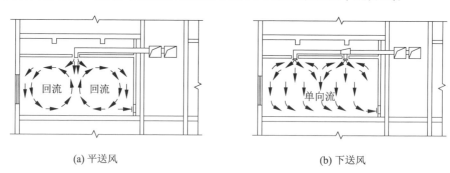

(a) 平送风

(b) 下送风

图 4.21　散流器送风

对于散流器下送风,只有采用顶棚密集布置方式向下送风时,工作区风速才能均匀,有可能形成平行流,这对有洁净度要求的房间有利。采用散流器下送风时,单位面积风量一般都比较大;下送射流的射程短,工作区内有较大的横向区域温差;顶棚密集布置散流器,使得管道布置较复杂。

4. 喷口送风

如图 4.22 所示,喷口送风是食用菌工厂厂房等常用的一种送风方式。由高速喷口送出的射流诱导室内空气进行强烈混合,使射流流量成倍地增加,射流截面不断扩大,速度逐渐减小,室内形成较大的回旋气流,工作区的气流流型一般为回流。这种送风方式具有射程长、系统简单、投资较少等特点,并且一般能满足工作区的舒适性要求。

5. 条缝送风

如图 4.23 所示,条缝送风属于扁平射流,常采用顶送布置方式。与喷口送风相比,条缝送风的射程较短,温差减小和速度降低较快。

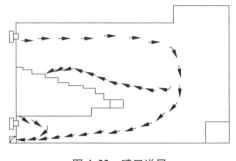

图 4.22　喷口送风　　　　　　　　　　图 4.23　条缝送风

**(二)气流组织形式**

按照送风口和回风口位置的相互关系及气流方向,气流组织形式大致分为侧送侧回、上送下回、中送(上)下回、下送上回及上送上回等5种形式。

1. 侧送侧回

侧送侧回的送风口设在房间侧墙上部,空气横向送出,气流冲到对面墙上,转折下落到工作区,由设置在与送风口同侧或异侧的下方回风口排出。可见,侧送侧回的送风口和回风口均布置在房间的侧墙上。根据房间的跨度,可以布置成单侧送单侧回或双侧送双侧回,如图 4.24 所示。

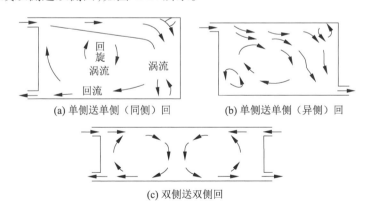

(a) 单侧送单侧(同侧)回　　　　　　　(b) 单侧送单侧(异侧)回

(c) 双侧送双侧回

图 4.24　侧送侧回气流分布

侧送侧回形式使工作区处于回流区,具有以下优点:侧送侧回的送风射流在到达工作区之前,已与房间空气进行了比较充分的混合,速度场和温度场都趋于均匀和稳定,因此能保证工作区气流速度和温度均匀。此外,由于侧送侧回的射流射程比较长,射流能得到充分衰减,因而可以加大送风温差。因此,侧送侧回方式是实际中应用最多的气流组织形式。

2. 上送下回

孔板送风和散流器送风是最常见的上送下回方式。上送下回的基本形式如图4.25所示,送风口位于房间上部,回风口侧置于房间的下部。气流由上向下流动,在流动过程中不断混入室内空气进行热湿交换,只要送风口的扩散性好,送入的气流都能与室内空气充分混合,能较好地达到工作区的恒温精度和风速规定值,从而减少送风量。上送下回是净化系统采用的最基本的气流组织形式。

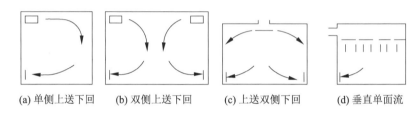

(a) 单侧上送下回　　(b) 双侧上送下回　　(c) 上送双侧下回　　(d) 垂直单面流

**图4.25　上送下回气流分布**

3. 中送(上)下回

对于空间高大的空调房间,其上部和下部所要求的温差比较大,为减少送风量、降低能耗,在房间的中间高度位置采用侧送风或喷口送风,将房间下部作为空调区、上部作为非空调区,回风口设置在房间下部。为及时排走上部非空调区的余热,可在顶部设置排风装置,如图4.26所示。

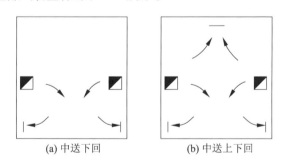

(a) 中送下回　　　　　　(b) 中送上下回

**图4.26　中送(上)下回气流分布**

4. 下送上回

如图4.27所示,下送上回的送风口布置在房间下部,回风口布置在房间上部。这种形式一方面能使新鲜空气首先通过工作区;另一方面由于是顶部回风,房间上部余热可以不进入工作区而被直接排走。

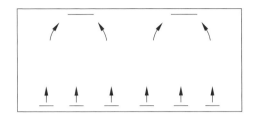

图 4. 27　下送上回气流分布

## 5. 上送上回

上送上回的气流组织形式可将送、回风管道集中布置在上部,且可设置吊顶,使管道暗装(图 4.28)。

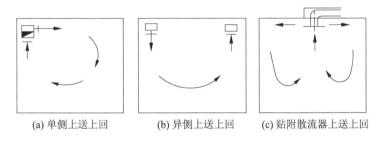

(a) 单侧上送上回　　　(b) 异侧上送上回　　　(c) 贴附散流器上送上回

图 4. 28　上送上回气流分布

## 四、空气流场的分析方法

### (一)食用菌工厂空气流场分析方法

目前,在食用菌工厂中采用的空气流场分析方法主要有 4 种:射流公式、区域模型(zonal model)、模型实验及 CFD。

由于食用菌工厂越来越向复杂化、多样化和大型化发展,实际空调通风房间的气流组织形式多样,而传统的射流理论分析方法采用的是基于某些标准或理想条件的理论分析或试验得到的射流公式对空调送风口射流轴心速度和温度、射流轨迹等进行预测,因此这势必带来较大的误差。并且,射流理论分析方法只能给出室内一些参数的集总信息,不能给出设计人员所需的详细资料,无法满足设计人员详细了解室内空气分布情况的需求。

区域模型是将房间划分为一些有限的宏观区域,认为区域内的相关参数如温度、浓度相等,而区域间存在热质交换,通过建立质量和能量守恒方程并充分考虑区域间压差和流动关系来研究房间内的温度分布及流动情况。因此,该方法实际上模拟得到的只是一种相对“精确”的集总结果,且其在机械通风中的应用还存在较多问题。

模型实验虽然能够得到设计人员所需要的各种数据,但实验周期较长、实验费用昂贵,搭建实验模型耗资大,且基于不同的条件可能还需要进行多个实验,耗资更大、周期更长(长达数月以上),难以在工程设计中广泛采用。

CFD具有成本低、速度快、资料完备且可模拟多种工况等优点,逐渐受到人们的青睐,CFD方法也越来越多地应用于食用菌工程领域。随着当前计算机技术的发展,CFD方法的计算周期和成本完全可以为工程应用所接受。尽管CFD方法还存在可靠性和对实际问题的可算性等问题,但这些问题已经逐步得到解决。因此,CFD方法可用于对食用菌工厂内空气分布情况进行模拟和预测,从而得到房间内气流速度、温度、湿度及有害物质浓度等各种物理量的详细分布情况。进一步说,对于室外空气流动及其他设备内的流体流动的模拟预测,一般只有模型实验或CFD方法可适用。因此,CFD方法可作为解决食用菌工程中流体流动和传热传质问题的强有力工具而推广应用。

表4.7列出了4种食用菌工厂流场分布的预测方法比较情况。

**表4.7 食用菌工厂流场分布预测方法比较**

| 比较项目 | 预测方法 | | | |
|---|---|---|---|---|
| | 射流公式 | 区域模型 | 模型实验 | CFD |
| 房间形状复杂程度 | 简单 | 较复杂 | 基本不限 | 基本不限 |
| 对经验参数的依赖性 | 几乎完全依赖 | 很依赖 | 不依赖 | 有些依赖 |
| 预测成本 | 最低 | 较低 | 昂贵 | 较昂贵 |
| 预测周期 | 最短 | 较短 | 最长 | 较长 |
| 结果的完备性 | 简略 | 简略 | 较详细 | 最详细 |
| 实现的难易程度 | 很容易 | 很容易 | 很难 | 较容易 |
| 适用性 | 机械通风,且与实际射流条件有关 | 机械和自然通风,一定条件 | 机械和自然通风 | 机械和自然通风 |

### (二)计算流体力学(CFD)

CFD是随着计算机技术、数值计算技术及湍流模拟技术的发展而逐步发展起来的一种现代模拟仿真技术。简单地说,CFD相当于在计算机上虚拟地做实验,用以模拟仿真实际的流体流动与传热情况,其基本思想可归结为,将原来在时间域和空间域上连续的物理量的场,如速度场、压力场和温度场,离散为有限个离散点上的变量集合,通过一定的原则和方式将控制流体流动的连续微分方程组离散为非连续代数方程组,结合实际的边界条件在计算机上求解离散所得的代数方程组,用离散区域上的离散值来近似模拟实际的流体流动情况。

CFD 技术因流体流动问题的不同会有所差别,如可压缩气体的亚音速流动、不可压缩气体的低速流动等。食用菌工厂内的流体多低速流动,一般速度在 20 m/s 以下,由于流体温度或密度变化不大,故可将其看成不可压缩流体,不必考虑可压缩流体高速流动下的激波等复杂现象;另外,食用菌工程的气体流动状态多为湍流,而湍流现象的数值模拟问题至今没有完全得到解决,现有方法主要依赖于湍流半经验理论来模拟湍流现象,这又给解决实际问题带来了很大的困难。

**(三) CFD 分析**

运用 CFD 进行空气流场分析的流程如图 4.29 所示。如果所求解的问题是非稳态问题,则可将图 4.29 中的过程理解为一个时间步长的计算过程,循环这一过程求解下个时间步长。

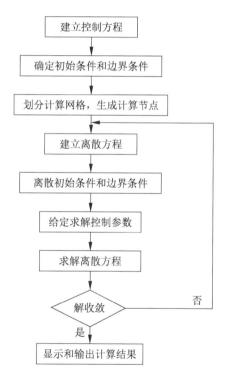

**图 4.29　CFD 分析流程**

1. 建立控制方程

建立控制方程是对所研究的流动问题进行数学描述,对于食用菌工程领域的流动问题,通常是建立不可压缩黏性流体流动的控制微分方程。另外,由于食用菌工程领域的流体流动基本为湍流流动,所以一般情况下需要结合湍流模型增加湍流方程。若控制方程为黏性流体流动的通用控制微分方程,随着其中变量含义的变化,如分别代表速度、焓及湍流参数等物理量时,该方程即相应为流体流动的动量守恒方程、能量守恒方程,以及湍流动能和湍流动能耗散方程。

**2. 确定初始条件和边界条件**

初始条件与边界条件是控制方程有确定解的前提。控制方程与相应的初始条件、边界条件组合构成对一个物理过程完整的数学描述。初始条件是所研究对象在过程开始时刻各个求解变量的空间分布情况。对于非稳态问题,必须给定初始条件;对于稳态问题,则不需要初始条件。边界条件是在求解区域的边界上所求解的变量或其导数随地点和时间变化的规律。无论是非稳态问题还是稳态问题,都需要给定边界条件。对于初始条件和边界条件处理的效果,直接影响计算结果的精度。

**3. 划分计算网格**

采用数值方法求解控制方程时,需要将控制方程在空间区域上进行离散,然后求解得到的离散方程组。要想在空间区域上离散控制方程,必须使用网格。现已发展出多种对各种区域进行离散以生成网格的方法,统称为网格生成技术。

目前,各种 CFD 软件都配有专用的网格生成工具,如 Fluent 使用 Gambit 生成网格。网格分结构网格和非结构网格两大类。简单地讲,结构网格在空间上比较规范,如对于四边形区域,网格往往是成行成列分布的,行线和列线比较明显;而非结构网格在空间分布上没有明显的行线和列线。对于二维问题,常用的网格单元有三角形和四边形等形式;对于三维问题,常用的网格单元有四面体、六面体、三棱体等形式。在整个计算域上,网格通过节点联系在一起。

**4. 建立离散方程**

对于在求解域内所建立的偏微分方程,理论上是有真解(或称精确解或解析解)的。但由于所处理问题自身的复杂性,一般很难获得方程真解,因此需要通过数值方法把计算域内有限数量位置(网格节点或网格中心点)上因变量的值当作基本未知量来处理,从而建立一组关于这些未知量的代数方程组,然后通过求解代数方程组来得到这些节点值,而计算域内其他位置上的值则根据节点位置上的值来确定。建立离散方程的常用方法有有限差分法、有限元法和有限容积法。目前这3种方法在食用菌工程领域的 CFD 技术中均有应用。总体而言,对于食用菌工程领域的低速、不可压缩流体和传热问题,采用有限容积法进行离散的情形较多。有限容积法具有物理意义清楚、总能满足物理量的守恒规律的特点。

**5. 离散初始条件和边界条件**

对于前面给定的连续性初始条件和边界条件,需要针对所生成的网格,将连续性的初始条件和边界条件转化为特定节点上的值。这样,连同在各节点处所建立的离散的控制方程,才能对方程组进行求解。商用 CFD 软件往往在完成了网格划分后,直接在边界上指定初始条件和边界条件,然后自动将这些初始条件和边界条件按离散的方式分配到相应的节点上。

6. 给定求解控制参数

在建立了离散化代数方程组并施加离散化的初始条件和边界条件后,还需要给定流体的物理参数和湍流模型的经验系数等。此外,还要给定迭代计算的控制精度、瞬态问题的时间步长和输出频率等,在实际计算过程中,它们对计算精度和效率有着重要影响。

7. 求解离散方程

上述设置完成后生成具有定解条件的代数方程组。对于这些方程组,数学上已有相应的解法。如线性方程组可采用 Gauss 消去法或 Gauss-Seidel 迭代法求解,而对非线性方程组可采用 Newton-Raphson 方法。商用 CFD 软件往往提供多种不同的解法,以适应不同类型的问题。

8. 判断解的收敛性

对于稳态问题的解,或是非稳态问题在某个时间步长上的解,往往要通过多次迭代才能得到。有时,网格形式或网格大小、对流项的离散插值格式等可能导致解的发散。对于非稳态问题,若采用显式格式进行时间域上的积分,当时间步长过大时,也可能造成解的振荡或发散。因此,在迭代过程中,要对解的收敛性随时进行监测,并在系统达到指定精度后,结束迭代过程。这部分内容依赖于使用者的经验,需要针对不同情况进行分析。

9. 显示和输出计算结果

通过上述求解过程得出了各计算节点上的解后,为了直观地显示计算结果,便于工程技术人员或其他相关人员理解,需要通过计算机图形学等技术将计算结果的速度场、温度场或浓度场等形象、直观地表现出来。

随着 CFD 技术在工程中的广泛应用,越来越多的商用 CFD 软件应运而生。这些商用软件通常配有大量的算例、详细的说明文档,以及丰富的前处理和后处理功能,如 PHOENICS、FLUENT、CFX、STAR-CD、STACH-3 等。

### 五、某金针菇培养室的空气流场计算及示范

以某公司提供的金针菇后期培养室为原型进行分析。

#### (一) 建模仿真计算

食用菌培养室长为 65 m,宽为 37.2 m,高为 5.5 m,中间走道为 5 m,风机安装

在离地 4.4 m 高的地方,金针菇栈板总高 3.5 m。对培养室右侧 1/2 部分计算域进行三维造型,如图 4.30 所示。

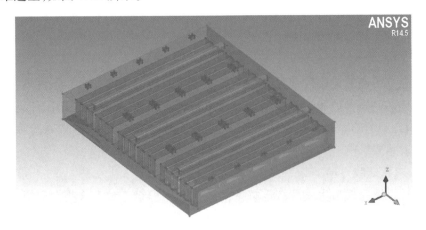

**图 4.30　培养室三维计算域模型示意图**

1. 建立控制方程

采用商业 CFD 软件 ANSYS FLUENT 14.5,求解器主要求解的方程包括:

连续性方程:

$$\frac{\partial \rho}{\partial t} + \frac{\partial(\rho u_i)}{\partial x_i} = 0 \tag{4.48}$$

式中:$\rho$ 为流体的密度;$u_i$ 为速度张量;$x_i$ 为坐标张量。

动量守恒方程:

$$\frac{\partial(\rho u_i)}{\partial t} + \frac{\partial(\rho u_i u_j)}{\partial x_i} = \frac{\partial \tau_{ij}}{\partial x_i} + F_i \tag{4.49}$$

式中:$F$ 为质量力;$\tau$ 为黏性应力张量。方程未涉及介质的流变特性,适用于所有流体。

能量守恒方程:

$$\frac{\partial}{\partial t}(\rho T) + \mathrm{div}(\rho u_i T) = \mathrm{div}\left(\frac{k}{c_p}\mathrm{grad}\,T\right) + S_T \tag{4.50}$$

式中:$k$ 为流体传热系数;$T$ 为流体温度;$c_p$ 为比热容;$S_T$ 为流体的内能。

2. FLUENT 前处理设置

风机进口采用速度进口,根据进口流量换算为初速度 10 m/s,出口采用压力出口。湍流模型选择标准 $k$-$\varepsilon$ 模型,强调壁温作用和浮升力的作用,打开能量方程和重力项。为简化食用菌箱体部分流场结构,将箱体部分流场设置为多孔介质。由于食用菌生长过程中会产生热量,将箱体部分设置为热源,根据每瓶食用菌单位时间内最大散热量 0.2 W 的条件将食用菌箱体设置为 30 W/m³ 的热源。前处理中涉及的温度条件均按照实地测量值进行设置,风机进口处温度为 11.2 ℃,图 4.30 中上下两个墙面温度均为 14.5 ℃,左侧或右侧墙面温度为 14.3 ℃,厂房顶部壁面温度为 12 ℃。计算设置的收敛残差为 0.0001,其中能量项的残差为 1×10⁻⁶。

3. 网格划分

采用 ICEM 网格划分软件对计算域进行结构化网格划分,并对壁面进行网格加密处理。全局网格节点数为 6156088。详细的网格划分如图 4.31 所示。

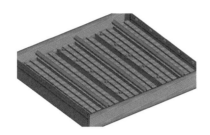

**图 4.31 网格划分示意图**

4. 使用切片模型

为简化计算过程,减小工作站负荷,实际的数值计算过程均使用切片模型进行,切片长为 6 m、宽为 37.2 m、高为 5.5 m,如图 4.32 所示。

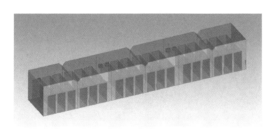

**图 4.32 数值计算切片模型示意图**

考虑到厂房内风机并不是全天运行,根据经验,假设实际运行时风机的流量为额定流量的 2/3。为保证风机出口处冷风初速度不变,得到厂房内的稳态温度场分布,在保证风机出口风速与试验测量值一致的情况下,修改风机出口面积为原始面积的 2/3。

**(二)实验验证**

为检验数值模拟的准确性,对培养室内实测温度结果与数值模拟结果进行对比验证。实验器材为手持式红外线测温仪,精度为 ±1 ℃。实验测量了 1/4 食用菌厂房的食用菌箱体之间各走道的温度分布,分别测量了标高 0.1 m、1.8 m 和 3.5 m

处的温度。结果表明,风机正下方的走道处温度最高,导流罩下方走道处温度最低,与实际情况相符,且标高 0.1 m、1.8 m 和 3.5 m 处平均温度分别为 13.5 ℃、14 ℃和 14 ℃,与数值模拟结果相差不到 1 ℃(图 4.33)。综上,可以认为数值模拟结果具有一定的可信度,可以反映真实的厂房温度分布。

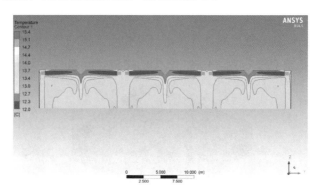

图 4.33　培养室截面温度云图

# 第五章

# 食用菌工厂化生产区域栽培环境节能调控系统及其实现

由于食用菌工厂化生产需要制冷或加热设备,以调节菇房温度、湿度和 $CO_2$ 浓度,因而会消耗大量的能源。据了解,能源消耗占食用菌生产总成本的 20%~30%。因此,如何减少能源消耗、实现节能已成为食用菌工厂化生产企业亟待解决的问题,这需要研究人员不断地研究、探索。

食用菌工厂的生产成本大致可以划分为原材料成本、固定资产成本、劳动力成本、能源成本和其他成本 5 部分。其中,原材料成本包括菌种成本、培养料(木屑、棉籽壳和玉米芯等)成本、农药与虫害防控设施成本、产品包装成本等;固定资产成本主要包括食用菌工厂厂房的建造成本、租赁与维修成本,以及食用菌生产过程中的农用机械购置和租赁成本;劳动力成本是指在食用菌生产和采收过程中给予报酬所发生的劳动力成本;能源成本是指食用菌生产过程中发生的水电成本和运输成本;其他成本是指在食用菌生产过程中除原材料成本、固定资产成本、劳动力成本和能源成本以外的成本。

以某地区食用菌工厂化栽培企业为例,在平菇、金针菇、杏鲍菇和双孢蘑菇4 种食用菌生产过程中,原材料成本是生产成本中最主要的部分。这是因为原材料成本包含多个成本项目,除了各种培养料(木屑、棉籽壳、玉米芯等)、菌种、菌袋的成本,还包括制作菌棒的成本(食用菌生产企业购买菌种,自己制作菌棒)。

劳动力成本是食用菌工厂化生产中排第二的成本,原因有以下几点:一是近年来劳动力价格上升;二是食用菌工厂化生产对劳动力的需求很大,需要大量的生产人员,以及管理、销售和技术人员。

固定资产成本在食用菌工厂化生产过程中略低于劳动力成本。工厂化生产需要高额的初始投资,如建设各种配套车间(如菌种室、生产车间、出菇室、储存车间等)、购入生产设备与设施(如食用菌生产机械、搅拌机等),但这些车间、设备等使用寿命较长,按照使用寿命进行摊销,其在总成本构成中所占比重保持在 10%~20%。

能源成本包括水电费和运输费等。食用菌工厂化生产中每一个环节都离不开水(搅拌用水、加湿器用水、锅炉用水、液体菌种用水等),这是生产的前提条件;食用菌工厂化生产过程(备料过程、温控过程等)中采用大量机械设备,机械设备运作要消耗大量能源。水电费占生产成本比重较高,高达10%~20%。大多数企业采用的运输方式是外包给专业的第三方物流和企业专门运输,运输费用占总成本的2%~5%。

其他成本是企业在进行食用菌生产时,除原材料成本、固定资产成本、劳动力成本及能源成本外,用于维持企业正常管理运作的成本,包括管理费用(办公费、保险费、业务招待费等)、销售费用(委托代理销售费用、广告费等)、财务费用(利息、手续费等)等。

从食用菌工厂化生产企业的经济效益角度来考虑,能源成本是不可忽视的成本,因此,减少能源成本已成为食用菌工厂化生产企业获得竞争优势、占据市场份额的关键因素。在食品安全和低碳经济发展模式的双重要求下,食用菌工厂节能栽培技术亟待开发。

## 第一节　食用菌工厂的节能措施及热回收节能系统

### 一、食用菌工厂的节能措施

随着食用菌产业的发展,工厂化生产需要大面积应用人工气候调节系统提供养菌环境,这将消耗大量的能源。据了解,除前期的大幅投入外,能源成本约占企业生产成本的1/5。能源是国民经济的基本支撑,而中国是能源消耗大国,国家正大力推动节约型社会建设。在节能降耗的大背景下,大力建设节能型工厂,降低企业生产成本,对于经济社会的发展和节能环保理念的践行都有非常重要的意义。

能源问题是世界各国普遍面临的紧迫问题,各国均对食用菌工厂化生产方式提出了更高的节能要求,并采取了相应的政策措施,各种新技术的开发应用受到青睐,其中,开发利用太阳能、风能、地热能、潮汐能及生物质能等可再生能源成为热门选项。著名的爱尔兰莫纳汉蘑菇公司的新工厂设有18个独立的食用菌栽培单元,拥有21306 m² 的栽培面积,完全利用当地丰富的地热资源进行供暖、制冷和加湿,节约了大量的煤油燃料和电能。欧洲的食用菌工厂普遍采用先进的高效制冷设备,利用热交换技术对热泵的压缩机热量加以利用,使得整机的能效比(COP)可以达到8,而普通制冷设备的能效比(COP)只能达到4左右。在供气锅炉方面,欧洲工厂大量使用热效率达到95%的高效锅炉,其比传统的蒸汽锅炉的热效率高出四分之一。日本和韩国的不少工厂利用蓄能技术,调节冬夏季节或昼夜之间的峰谷用电负荷,以提高能源利用率。

食用菌工厂化生产是一项系统工程,影响食用菌工厂化生产能耗的因素有很多,如地区、品种、设备设施、栽培工艺等都会对生产过程中的能耗产生很大影响。其中菇房是影响节能的一个关键因素,应从菇房建筑、菇房设备控制系统、菇房运行管理等多方面入手,这样才有可能降低食用菌工厂化生产的能耗。

### (一)菇房建筑节能设计

菇房建筑节能设计主要依靠菇房建筑从总体到单体的设计来保证和维持菇房的正常使用,并尽量降低能源设备装机功率,使菇房的负荷减小,为节能创造条件。食用菌工厂化生产不同于一般的农作物设施栽培,它是在一个相对密闭的环境条件下,利用设施和设备创造出满足不同菌类在不同阶段生长需求的环境,属于"反季节"周年栽培。因此,食用菌工厂化生产的菇房具有相对密闭、保温、环境可控等特点。目前,国内外工厂化生产食用菌的菇房主要有"冷库"式菇房和"保温大棚"式菇房两种形式。

对于菇房环境的设计和调控是食用菌工厂节能降耗工作的重点环节,也是很容易被人们忽视的问题之一。当前很多大型食用菌工厂在菇房环境设计上存在不足之处,具体表现在以下几个方面:

① 达到菌类生长目标温度所需的时间较长,造成运行过程中能源消耗增加。

② 菇房在设计过程中出现"死角",造成能源消耗增加。

③ 室内气流组织形式设计得不科学,使得菇房内的温度分布不均匀,很容易导致菌类生长周期不同步,造成能源过度消耗。

④ 菇房结构、菇房内气流组织及风机布局不合理等因素影响成品菇的质量和产量。

存在气流组织不合理现象的原因主要与菇房结构尺寸、内部设计、风机布局等有关。菇房在内部摆放培养架时,应避免一味追求高库存量,防止菇房内部产生温度梯度影响食用菌生长同步性;在进行风机布局时,要注意消除菇房内部的"空气回流"现象,使冷风机流向一致,保持菇房内温度场和速度场均匀,减少菇房内空气流场的波动,同时保持一定的空气流速,强化空气及制冷设备之间的热交换过程,及时排出食用菌在培养或出菇过程中产生的 $CO_2$,改善食用菌的生长环境。优化设计菇房可改变菇房气流组织不合理的现象,从而达到降低生产能耗的目的。

### (二)菇房设备控制系统节能设计

菇房设备控制系统节能设计包括菇房环境的设计和调控、设备的选型、自动控制系统设计等,在满足实际负荷要求的情况下,依靠设备及控制系统本身的高效率来实现节能。对于食用菌工厂化生产,食用菌生产过程中的温度控制主要通过制冷机组进行控制。制冷机组的选择,一方面影响菇房内环境控制的效果,另一方面影响食用菌生产过程中的耗电量。食用菌生产的冷负荷特性与一般民用建筑、冷库等冷负荷的特性有很大的区别,因此,制冷机组的选型和匹配对工厂节能设计至关重要,需要根据菇房面积、最大储存容量、菌丝培养条件及子实体生长环境等进行综合考虑。

一方面,通过确定制冷系统蒸发温度,合理配备制冷量。蒸发温度是制冷剂液体在蒸发器内蒸发时的温度,也是制冷剂对应于蒸发压力的饱和温度。蒸发温度的高低对制冷效率的影响很大,提升蒸发温度,减小传热温差,有利于节省电力。据估计,蒸发温度每降低 1 ℃,耗电量将增加 3%~4%。不同的食用菌品种有其适合的温度范围,菇房的温度在不影响出菇产量和质量的前提下,设计时应选用较高的蒸发温度,优化组合压缩机的制冷系数和各蒸发温度系统的制冷系数,实现压缩机制冷量与菇房实际耗冷量的合理匹配,避免出现"大马拉小车"或"小马拉大车"的现象。

另一方面,重视辅助设备,提高压缩机工作效率。大多数食用菌生产企业存在着只注重压缩机主机、轻视辅助设备的观念,在选择冷凝器、节流装置等制冷系统配件时,对其运行能耗差异考虑得较少。在制订制冷方案时,需要根据食用菌工厂的具体情况,如热源、电源、所需能量、菇房设计及食用菌品种等,并结合当地的气象条件,合理选用冷凝器、节流装置等辅助配件。

自动控制系统一方面可以保证机器设备的正常运行、保护操作人员的安全;另一方面可以节约能源,与手动控制相比,自动控制可节约 10%~15% 的能源,并且可降低劳动力成本。自动控制可以从以下方面实现:① 菇房温度的自动调节,蒸发器的自动融霜,通风换气的程序控制,制冷压缩机的变频控制;② 辅助设备的自动控制可使制冷量与菇间热负荷相适应,应合理地自动调控机器设备,如冷风机的风机采用双速电机,当热负荷较小时,自动进行低速运转以降低电耗等。

随着电子技术的发展,可编程逻辑控制器(PLC)的功能越来越强大,自动控制已成为系统节能设计中不可缺少的环节。通过对温度、湿度、$CO_2$ 浓度、压力、流量等数据的采集和计算,实现对压缩机、蒸发器、冷风机等设备的自动调控,从而对整个制冷系统进行控制,使系统在经济、高效的状态下运行,达到节能的目的。

**(三)菇房运行管理节能设计**

食用菌工厂化栽培应具备能源消耗合理、资源充分利用的生产加工特点,在追求经济效益的同时,实现生态效益和社会效益的全面提升。目前,国内很多食用菌工厂化生产企业强调设备设施投入,注重满足食用菌生产需要,但限于各种因素,对食用菌生产过程中的节能管理关注不足,致使企业的能耗普遍较高。

食用菌工厂化生产需要根据具体的食用菌品种的生物学特性和生长状况进行精细管理。运行管理主要是对食用菌生产过程中各个环节进行动态管理,实现"人机互动"。在食用菌工厂化生产中,菇房的节能设计是基础,而企业运行管理的好坏是关键。

运行节能管理主要包括两方面的内容。一方面是生产过程中的节能管理,包括对整个食用菌生产工艺的每道工序的合理设计。食用菌工厂化生产环节包括菌类培养环节、灭菌环节、冷却环节、菌丝培养环节、食用菌出菇环节等,对每个环节都要进行相对应的节能设计。管理者必须明确智能控制系统不是万能的,必须学会"与菇对话"。技术人员需要根据食用菌品种的生物学特性,结合食用菌的生长状况和当地当时的气候条件,适时修正环境参数,抓住食用菌生产过程中的主要矛盾,做到科学精细管理,进而达到降低能耗的目的。

另一方面,注意对菇房相关设备及其关键部件的检查与维护。制冷设备运行一段时间后,可能会出现零部件磨损或损坏、装配间隙扩大、密封性下降、过滤器堵塞等情况,这些都可能缩短设备的使用寿命,从而增加润滑油的使用量,降低制冷设备的吸排气效率,导致制冷效率下降,相应地增加能耗。食用菌工厂的制冷设备对于菇房温度的控制举足轻重,尤其是在夏季高温时节,设备基本处于满负荷连续运行状态,为避免设备出现瞬间故障造成损失,以及因设备老化造成能耗增加,需要定期对设备进行停机维护和保养。

只有菇房建筑节能设计、菇房设备控制系统节能设计及菇房运行管理节能设计三者有机结合,相辅相成,才有可能真正实现食用菌工厂化生产的节能化。

## 二、食用菌工厂热回收节能系统

由于食用菌工厂的不同车间对温度的要求不同,且室内外温度存在差异,因此可以采用热回收节能系统,实现温度的智能调控,从而节省大量能源。食用菌生产过程中的热回收节能系统主要包括冷凝热回收节能系统和新风热回收节能系统等,另外还有冷却室自由冷却系统。

### (一)冷凝热回收节能系统

在食用菌工厂化生产过程中,要对培养室进行制冷降温或加热升温,这就需要采用制冷或加热设备调节培养室的温度、湿度及 $CO_2$ 浓度,从而消耗大量的能源。制冷机组在空调工况下运行时会向大气排放大量的冷凝热,通常冷凝热可达制冷量的 1.15~1.3 倍。大量的冷凝热直接排入大气,会造成较大的能源浪费,这些热量的散发又会使周围环境温度升高,造成严重的环境热污染。

若将制冷机组放出的冷凝热予以回收,用于加热生产工艺用水,不但可以减少冷凝热对环境造成的污染,而且是一种变废为宝的节能方法。制冷回收的热量用于加热生产工艺用水并通过保温管道送往蓄热池,蓄热池中的热水根据需要由泵和保温管道输送到培养室,作为培养室升温的热源。为保证蓄热池中热水的温度稳定,可在热回收装置中安装热泵机组,蓄热池内热水温度不够高时,则由热泵机组对池中热水循环加热。

图 5.1 所示为食用菌培养室冷凝热回收节能系统工作示意图。将食用菌培养室分为高温菇培养室、低温菇和通用培养室。在食用菌培养过程中,把低温菇培养室制冷过程产生的大量冷凝热排出,用热回收装置进行回收,将热水媒介作为培养室升温的热源。利用蓄热池蓄热,热水媒介经泵和保温水管被送往需要加热的培养室,再通过铝制散热片或结合水暖式风帘机、人工气候机对培养室环境进行加温给热,从而达到节能的目的。

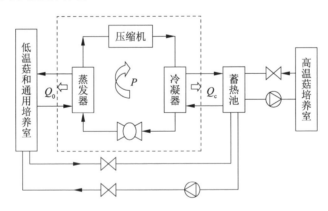

$Q_0$—制冷量;$Q_c$—冷凝器释放热量;$P$—介质压力。

**图 5.1 食用菌培养室冷凝热回收节能系统工作示意图**

冷凝热回收主要通过蒸发式和水冷式蒸发器进行。蒸发式冷凝器是以水和空气为冷却介质,通过蒸发部分冷却水,带走气体制冷剂冷凝过程所放出的热量。图 5.2 所示为蒸发式冷凝器的工作原理。

蒸发式冷凝器由标准件结构组合而成,内设喷淋装置、蛇形冷凝盘管、填料换热层、除水器、集水盘,箱体外部设有循环水泵,冷凝盘管侧面顶部装有轴流通风机。运行时,冷却水由水泵送至冷凝盘管的上部进入,被管外的冷却水冷凝的液体从冷凝盘管下部流出。水吸收制冷剂的热量以后,一部分蒸发成水蒸气,被轴流通风机吸走而排入大气,没有蒸发的冷却水流过填料换热层时被空气冷却,冷却后的水滴落到下部的集水盘内,供水泵循环使用。轴流通风机从顶部引风,强化空气流动,水箱内形成负压,促使水的蒸发温度降低、水膜蒸发,进而强化冷凝管的放热。除水器的作用是阻止空气中未蒸发的水滴排出,并使其流入集水盘,以减少冷却水的消耗。

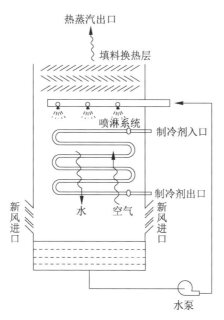

**图 5.2　蒸发式冷凝器工作原理示意图**

蒸发式冷凝器主要是利用水在蒸发时吸收热量而使制冷剂蒸气凝结。蒸发式冷凝器采用轴流通风机强制吹风降温,使得冷凝器的热量散发加快,冷凝水的温度更低,循环使用可明显提高制冷机的工作效率。蒸发式冷凝器代替"水冷式冷凝器+水冷却塔"的组合,集成了冷凝器、冷却塔、循环水泵、水池与连接水管,采用上、下箱体标准组装的方式,有效地减少了整个机组的重量和体积,结构更加紧凑,安装简单,使用年限长,运行成本低,维护简便且维护时无须停机,这些都使蒸发式冷凝器在食用菌生产中越来越具有优势。

水冷式冷凝器结构复杂,对于水的需求量很大,是造成菇房能耗较大的因素之一。蒸发式冷凝器蒸发 1 kg 冷却水会带走 16.75～25.12 kJ 的热量,而 1 kg 冷却水在水冷式冷凝器内蒸发会带走约 2428 kJ 的热量,因此,理论上蒸发式冷凝器一次性耗水量仅为水冷式冷凝器的 1%,考虑飞溅损失、排污换水等因素,实际耗水量也只占水冷式冷凝器的 5%～10%。

**（二）新风热回收节能系统**

在夏季,食用菌培养室内制冷设备的运行使得菇房内排风温度和湿度往往都低于室外。为满足食用菌菇房对空气质量的要求,需要引入新风,而为保持菇房内风量相对平衡,需要排出与引入新风相当的室内空气。夏季,冷量会随排风而被带走,造成能量的流失;同理,在冬季,排风会带走室内的热量。如果菇房内空气直接排出,将导致排风中的能量被白白浪费,进而增加菇房制冷系统的能耗。

空气热回收装置是指回收建筑物内外的余热(冷),并把回收的热(冷)量作为供热(冷)或其他加热设备的热源而加以利用的设备,通常由送排风机、空气侧的热回收器、空气过滤器及其他附属设备组成,一般配备电气控制系统。

冷、热气体之间所进行的热量交换有显热和潜热之分,显热交换所改变的仅仅是气体的温度,而汽化潜热的发生说明液体在交换过程中状态发生了变化。如水在蒸发为水蒸气时,需要吸收大量的热才能实现,这部分热称为汽化热或汽化潜能,简称潜热。同样,当水蒸气凝结为水时,会放出这部分潜热。全热既包含显热,又包含潜热,即它是显热和潜热之和。热回收装置利用室内外空气的温差(显热交换器)和焓差(全热交换器)对制冷系统排风能量进行回收,以减少能量损失,达到节约能源的目的。

热回收装置按照不同的方式可以分为多种类型,各自有其优缺点。

1. 按回收的排风能量分类

按回收的排风能量分类,新风热回收装置可分为显热式新风热回收装置和全热式新风热回收装置。显热式新风热回收装置是利用排风和新风之间的温差所发生的热交换来回收室内排风的能量,并利用这部分能量对室外新风进行预处理。显热式新风热回收装置的芯体一般由导热性能良好的薄金属片(铝合金或铝箔等)制作而成。

全热式新风热回收装置的热交换芯体由特殊的薄膜或特制的多孔纸质热交换材料制作而成,新风和排风在温差和湿度差的作用下同时进行热湿交换,回收排风中的显热和潜热。相关实验结果表明,经全热交换后,送风温度会比新风温度约低4.5 ℃,排风温度会比回风温度高4.36~4.5 ℃。全热交换的热回收效率在相当程度上取决于室内外的温(焓)差,温(焓)差越大,回收的热量就越多;温(焓)差越小,回收的热量就越少。而空气的焓值不仅与温度有关,湿度也会影响焓值的大小。据调查,早晚时段菇房内外温差、湿度差较小,回收的热量相对较少;中午到下午时段,菇房内外温差、湿度差大,回收的热量多。全热交换的热回收效率可达33%~46%,可大大节省新风处理的能量,达到节能的目的。

### 2. 按能量回收装置的工作方式分类

按能量回收装置的工作方式分类,新风热回收装置可分为转动式和静止式热回收装置。

#### 1)转动式热回收装置

转动式热回收装置主要有通道转轮式换热器、刮面式换热器。转轮式换热器主要包括转动芯体、传动装置和机体3部分,如图5.3所示。转轮式换热器的中央设置隔板用以分开排风和新风,由转轮式热交换材料作为轮芯,电机通过皮带传动使转轮旋转,转速为3~20 r/min。转轮式换热器回收全热,其热回收效率较高,运行费用低,适用温度范围为-20~40 ℃。虽然转轮式换热器的中央设置隔板并用密封圈密封,但由于转轮的转动,仍有少量空气在新、排风之间混合流动,造成新风与排风之间发生交叉污染,因而不适用于排风有污染的场所。

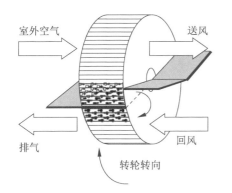

室外空气　送风
排气　回风
转轮转向

**图 5.3　转轮式换热器**

转轮式换热器的核心部件为一圆盘形蓄热轮,蓄热体由铝箔绕制成蜂窝状。运行时,室外新风通过热交换器的一个半圆,室内回风的同时逆向通过另外一个半圆,电机驱动蓄热轮以1~10 r/min 的速度不断旋转,在排风半圆侧蓄热体不断地被加热,吸收室外新风提供的热量;当蓄热轮旋转到进风半圆侧时被冷却,放出所吸收的热量。如此不断地循环,将排风中的能量(显热、潜热)回收到新风中,铝箔表面涂覆吸湿材料,吸湿涂层中进入了气流中的水分,当转轮转到另外一侧时将水分释放。转轮式换热器利用新风和排风经显热和潜热的交换而回收热量,达到节约能源的目的并保持通风良好。在夏季,可以将新风预冷和除湿;在冬季,可以将新风预热和加湿。转轮式换热器的全热回收效率一般在60%~85%。

转轮式换热器的优点:① 热交换效率高,能同时回收显热、潜热;② 对于不同的室内外空气参数,可以通过调整转速达到较高的回收效率,能应用于较高温度的排风系统;③ 能通过降低转速来防止霜冻,无须采取其他辅助防霜冻措施。

转轮式换热器的缺点:① 装置较大,通风截面利用率低,占用建筑面积和空间大;② 压力损耗较大,自身需要消耗动力;③ 有少量渗漏,无法完全避免交叉污染;④ 设备造价高。

2）静止式热回收装置

静止式热回收装置主要由换热器部分、送排风机及装置的支撑结构组成。换热器部分是能量交换的场所,也是静止式热回收装置的核心结构。常见的静止式热回收装置有板式、板翅式、热管式、螺旋板式、管板式等,其中应用于制冷排风系统的主要是板式和板翅式换热器,热管换热器由于其送回风完全隔绝的特性在食用菌工厂中也被广泛应用。

（1）板式、板翅式换热器  板式和板翅式换热器的结构相同,都是通过排风与送风交替逆向流过换热隔板,靠新风与回风的温差和湿度差实现热量交换的装置。两者的区别主要是换热隔板的材料不同。板式换热器由光滑的铝箔、不锈钢板等装配而成,由于换热器材料不透水、不吸水,只能通过换热板之间的温差换热,因此只能实现显热回收。板翅式换热器通常由隔板、翅片、封条、导流片组成,如图5.4所示。在相邻两隔板间放置翅片、导流片及封条组成一夹层,将这样的夹层根据流体的不同方式叠置起来,钎焊成一整体,便组成板束,板束是板翅式换热器的核心。板翅材料采用了一种特殊热交换无孔薄膜纸（ER纸）,并对其表面进行特殊处理后制成单元体黏结在隔板上。该材料具有良好的传热性和透湿性,当进排气的两侧存在温差和水蒸气压力差时就会发生热湿交换,从而可实现全热回收,一般热交换效率为50%~70%。

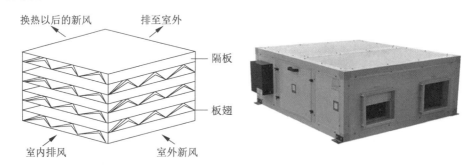

图 5.4  板翅式换热器

波状翅片既起辅助传热的作用,又起支撑和导流的作用。根据翅片所形成的流道和气流方向的不同,板翅式换热器可分为叉流式、逆流式和顺流式。逆流式和叉流式换热器的热交换效率比约为1∶0.75。逆流式换热器应用得较多,热回收效率较高,但结构复杂,气流密封性差。叉流式换热器结构简单,气体密封性较好,但热交换效率较低。

与转轮式换热器相比,板式换热器的优点为结构紧凑、维修简单、对环境的适应能力强、节省材料且投资少,热交换效率较高。另外,板式换热器尺寸较小,外形比较规则,与建筑物具有很好的兼容性,使用范围更加广泛。

(2)热管换热器　指由带翅片的热管束组成的换热器。热管是一种具有高导热性能的传热元件,热量通过很小的截面积可实现远距离传输而无须外加动力。热管主要由密封金属管、吸液芯及蒸汽通道 3 部分组成,将管内抽成 $1.3 \times 10^{-4} \sim 1.3 \times 10^{-1}$ Pa 的负压后充以适量的工作液体,使紧贴管内壁的均质吸液芯毛细多孔材料中充满液体后加以密封。热管沿轴向分为蒸发段、绝热段和冷凝段。蒸发段的作用是使液相工质蒸发并把热量传给管外的液相工质,并使其蒸发。冷凝段的作用是使气相工质冷凝,并把热量传给管外的冷源。绝热段的作用是当热源和冷源隔开时,使管内工质和外界不进行热传递。均质吸液芯由金属网、泡沫材料、毛毡、纤维或烧结金属等多孔物质组成,但也有只在管壳内壁开沟槽、装设干道管(液相工质专用的小阻力通道)并和均质吸液芯组成的组合式吸液芯。热管的主要部分如图 5.5 所示。

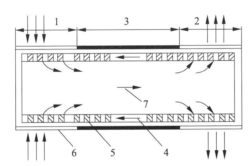

1—蒸发段;2—冷凝段;3—绝热段;4—冷凝回收液体;
5—毛细吸液芯;6—管壳;7—蒸汽;箭头表示蒸汽流动方向。

**图 5.5　热管结构示意图**

热管的工作原理:① 将外部热源的热量传至蒸发段,通过管壁和浸满工质吸液芯的热传导作用使工质的温度上升;② 液体温度上升,液面蒸发,直至达到饱和蒸气压,此时热量以潜热方式传给蒸汽;③ 液体的饱和蒸气压随着液体温度上升而升高,蒸汽流向低压部分,即流向温度较低的冷凝段;④ 蒸汽在冷凝段的气液界面上冷凝,放出潜热;⑤ 放出的热量从气液界面通过充满工质的吸液芯和管壁的热传导作用,由管子的外表面传给冷源;⑥ 冷凝的液体通过吸液芯靠毛细力回流到蒸发段,完成一个循环。

热管的优点：

① 优良的导热性。由于热管是以潜热形式进行传热的，所以和银、铜、铝等金属相比，单位重量的热管可多传递几个数量级的热量。

② 等温性。由于饱和蒸气压取决于温度，所以局部温度下降时，该处即有大量蒸汽冷凝，以保持恒定温度。

③ 优良的热响应性。蒸汽以近似于该温度下的音速移动。

④ 可将加热部分和放热部分隔开。热管可在低温差下，在狭窄的空间内向距离较远的地方传递热量，即从热量难以取出的地方向外传递热量。

⑤ 结构简单、质量轻、体积小，维修方便，且在传递热量时，不需要转动部件等，维修量少，可靠性高，无噪声。

⑥ 有变换热流密度的功能。适当改变加热部分和冷却部分的尺寸、形状，即可改变热流密度。

⑦ 选择适宜的工质和管壳材料，可制造出使用温度范围大、寿命长的热管。

⑧ 具有可变热导性和可变热阻性，具有热二极管和热开关的功能。

热管利用了工质的相变传热，以汽化潜热方式传输的热量一般要比以显热方式所传递的热量大几个数量级。

一般情况下，热管换热器有一个矩形的外壳，在矩形外壳中布满了带翅片的热管。热管可以呈三角形错列排列，也可以呈正方形顺列排列。矩形壳体内部的中央有一块隔板把壳体分成两个部分，形成高温流体和低温流体的流道。当高、低温流体同时在各自的流道中流过时，热管就将高温流体的热量传给低温流体，实现了两种流体的热交换。热管换热器最大的特点是：结构简单、换热效率高。在传递相同热量的条件下，制造热管换热器的金属耗量少于其他类型的换热器。换热流体通过换热器时的压力损失也比其他换热器小，因而动力消耗也少。典型的热管换热器如图5.6所示。

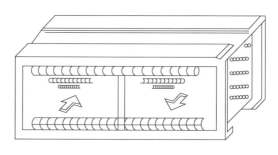

箭头指流体流动方向。

**图 5.6　热管换热器**

按整体结构分类,热管换热器可分为整体式热管换热器、分离式热管换热器和回转式热管换热器。

整体式热管换热器:由许多单根翅片热管组成,如图5.7所示。热管数量的多少取决于换热量的大小。按照通过换热器流体的不同可分为气—气式、气—液式、液—液式、液—气式。

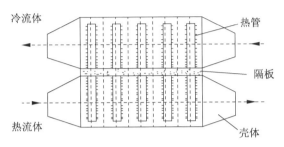

**图 5.7　整体式热管换热器**

在所有的气—气式换热设备中,可以与热管换热器竞争的只有板翅式换热器。但换热流体通过板翅式换热器的压力降却要比热管换热器大得多。由于气—气式热管换热器的结构紧凑,压力降小,所以在小温差换热的情况下,采用热管换热器是非常有效的。例如,可以用热管换热器来回收空调系统中排气的余热,以预热新鲜空气,从而节省热量,这是其他换热设备无法做到的。

分离式热管换热器:其蒸发段和冷凝段互相分开,它们之间通过一根蒸汽上升管和一根冷凝液下降管连接成一个循环回路(图5.8)。热管内的工作液体在蒸发段被加热变成蒸汽,通过上升管输送到冷凝段,蒸汽被管外流过的流体冷却,冷凝液由下降管流回蒸发段,继续被加热蒸发,如此不断循环达到传输热量的目的。

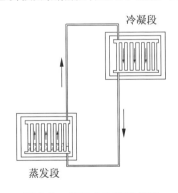

**图 5.8　分离式热管换热器**

分离式热管换热器拥有一些常规换热器不具备的特性:① 根据现场实际情况,可灵活地布置蒸发段和冷凝段;② 一种热流体可同时加热两种不同的冷流体,且安全、可靠;③ 一排管内的蒸汽温度可以调整;④ 可设辅助加热装置。

回转式热管换热器:其全部热管在操作中是绕着回转轴线不断转动的(图5.9)。该类换热器有两个显著优点:① 借助转动的离心力来实现工作液体循环,同时转动促使气流搅动,增强传热,这对含尘较多的气体更为有效;② 兼有送风机的功能,但由于这类换热器增添了转动机构使结构复杂化,因而增加了动力消耗。回转式热管换热器可分为离心式、轴流式和涡流式。

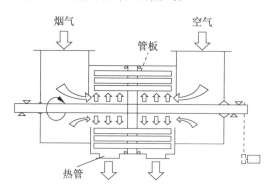

**图5.9 回转式热管换热器**

热管式新风换气机:食用菌工厂中栽培室内的空气调节,不能只是采用空调设备进行温度调节,还需要引入室外的新鲜空气对室内空气成分进行调节。考虑到节约能源,对引进室外新风换气提出了更高的要求,但是换气必然会带来能量的损失,引入新风需要消耗更多的能量,因此需要考虑一种有效的节能方法,通过热回收装置使新风和排风进行热交换,新风换气机的使用可以很好地解决这一问题。

新风换气机通过空气—空气进行显热/全热交换,将室内污染的空气排出室外,从室外引入新鲜空气;同时,新风和排风发生热湿交换(冬季排风加热新风,夏季排风冷却新风),从而实现室内空气的交换,保证室内空气的品质,实现热回收,达到节能的目的。新风换气机主要由双向换气的 2 台风机、换热器、双向进出分管、电控盒等部件组成。换热器是新风换气机进行空气调节和余热回收的关键装置,它利用交叉向而不相互干扰的具有温(焓)差的空气进行热交换,实现既能更新空气,又能减少冬季取暖和夏季制冷时室内能量损失的功能。

应用于新风换气机的热管换热器应具有体积小、质量轻和换热效率高的特点,同时气流流经换热器的压力损失要小;否则,换热器回收的能量还不及补偿新风换气机所消耗的电能。热管换热器具有上述优良的特点,这为实际工程应用带来了便利。

热管式新风换气机是集热回收和净化空气于一体的通风设备,具有回收热量、供应新风、排出污风的特点,满足食用菌工厂对节能与空气品质的需求,因而得到广泛应用。小风量的新风换气机一般是窗式的,直接安装在窗户上,大风量的新风换气机体积相对较大,安装在室外或布置到顶棚的吊顶上。经过优化设计后的热管式新风换气机的结构原理和安装实例如图 5.10 所示。

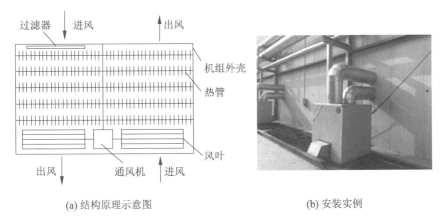

(a) 结构原理示意图       (b) 安装实例

**图 5.10 热管式新风换气机**

表 5.1 是几种常见热回收装置的优缺点对比。

**表 5.1 几种常见热回收装置的优缺点对比**

| 热回收装置 | 效率 | 设备费用 | 维护保养 | 占用空间 | 交叉污染 | 自身耗能 | 使用寿命 |
|---|---|---|---|---|---|---|---|
| 转轮式换热器 | 较高 | 高 | 适中 | 大 | 存在 | 有 | 适中 |
| 板式显热换热器 | 较低 | 低 | 适中 | 较大 | 存在 | 无 | 较好 |
| 板翅式全热换热器 | 较高 | 适中 | 适中 | 较大 | 存在 | 无 | 适中 |
| 热管式显热换气机组 | 较高 | 较高 | 简单 | 较大 | 不存在 | 有 | 较好 |

### (三) 冷却室自由冷却系统

自由冷却系统利用室外空气和冷却室内的温差,将冷却室的热量通过冷媒和空气散热器散发到空气中,不通过制冷主机,其原理如图 5.11 所示。在夏季利用自由制冷系统可以将料温降到 50 ℃以下,冬季可以完全依靠自由冷却系统冷却菌瓶。在工厂中用于冷却料瓶的冷量约占总冷量的 1/6,如果采用自由冷却系统,可以节约总冷量的 10% 左右。冷却室自由冷却系统的安装实例如图 5.12 所示。

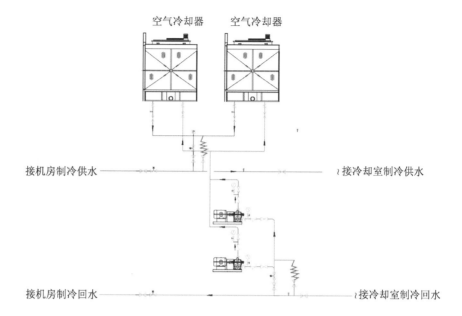

图 5.11　自由冷却系统原理示意图

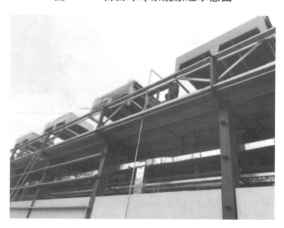

图 5.12　自由冷却系统安装实例

# 第二节　食用菌工厂栽培环境自动控制系统

　　食用菌工厂栽培环境的自动控制涉及空气调节,而空气调节本身就是动态调节,没有动态调节就不能真正意义上实现环境的自动控制。根据室内食用菌生长需要和节能要求,自动控制系统可采取相应的措施调节环境参数,同时提高系统运行的经济性,最大限度地节省能源。另外,食用菌工厂栽培环境自动控制可以避免因误操作而造成安全事故,保证工厂运行的安全和可靠,而且能够提高工厂系统管理水平。

## 一、食用菌工厂栽培环境自动控制系统架构

食用菌工厂化生产是将食用菌置于封闭的厂房,根据菌类的生长需求,利用现代的智能化控制技术对环境因子(如光照、温度、湿度、$CO_2$浓度等)进行人工控制。食用菌在工厂化生产过程中有多个生长阶段,并且不同的生长阶段需要不同的环境参数。因此,建立一个满足食用菌生长需求的自动控制系统,对不同阶段的食用菌施以科学的、规范的调节与控制,有助于使食用菌的产量与质量实现质的飞跃,对提高食用菌生产自动化水平,促进食用菌的工厂化、规模化生产和科学化管理具有重要的意义。

食用菌的整个生长周期都伴随着温度、湿度、光照、$CO_2$浓度等环境因子的相互作用。不同的食用菌在不同的季节、不同的时期对上述环境因子的需求是不同的,在不同的环节环境因子也相互关联,如图5.13所示。食用菌在生长过程中会消耗水分和$O_2$,同时产生$CO_2$和热量,在密闭的培养室环境里,如果没有外界的干预,室内湿度和温度会逐渐上升,$CO_2$浓度也会上升。$CO_2$浓度和光照强度也会对温、湿度造成影响,$CO_2$浓度高的时候,由于食用菌呼吸作用受到抑制,其发热量和排湿量也会下降,光照等的干预就会改变食用菌的生长和代谢状况。

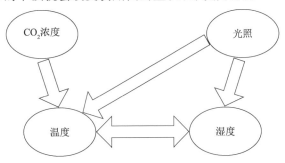

**图 5.13 各环境因子的相互关系**

食用菌工厂化生产需要充分考虑食用菌环境自动控制的功能需求及系统的硬件、软件需求。

1. 功能需求

食用菌环境自动控制系统应满足以下要求:① 根据实时环境变化调整各环境因子,建立所需智能调控机制;② 成本低,稳定的精准调制要求;③ 环境参数实时数据、执行机构启停开关等显示功能;④ 加热、加湿控制功能,当温、湿度测量值超过设定带宽值时,通过控制器自动/手动打开加热加湿设备,当处于正常值时,自

动/手动关闭;⑤ 光照控制功能,当食用菌进入另一个生长阶段时,能够自动调节光照;⑥ $CO_2$ 浓度控制功能,控制器自动/手动打开通风设备,进行定时通风换气。

2. 硬件需求

硬件包括主控制器、传感器数据采集设备、执行控制器、电源电路等。主控制器需满足大量数据存储和计算、实时监测、执行控制命令的要求;选择成本低、功耗小、性能稳定的元器件;使用模块化设计技术手段,便于安装,易于扩展升级。图5.14 为食用菌工厂化生产区域栽培环境自动控制系统硬件结构框架。

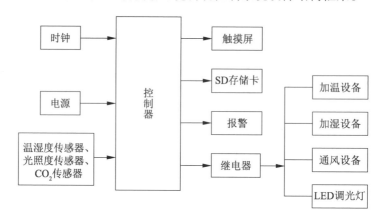

**图 5.14　食用菌工厂化生产区域栽培环境自动控制系统硬件结构框架**

3. 软件需求

如图 5.15 所示,软件包括主程序、采集程序、逻辑控制程序、控制算法程序及人机交互界面。食用菌工厂化生产区域栽培环境自动控制系统通常由以下 3 部分组成:环境参数数据采集部分、参数分析与控制处理部分、执行机构(环境调控设备)部分。图 5.16 所示为食用菌工厂化生产区域栽培环境自动控制系统原理,这 3 部分与食用菌培养室环境组成一个闭环系统。

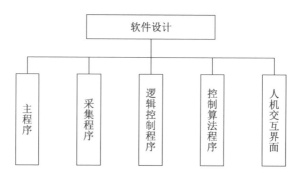

**图 5.15　食用菌工厂化生产区域栽培环境自动控制系统软件设计**

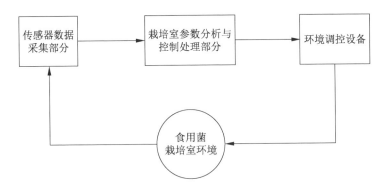

**图 5.16 食用菌工厂化生产区域栽培环境自动控制系统**

图 5.17 所示为食用菌工厂化生产区域栽培环境自动控制系统整体架构。自动控制系统由监控调度层和控制层组成。监控调度层是由 PC 机和触摸屏构成的信息交流部分,既可以进行食用菌工厂化生产区域栽培环境的监控操作,又能将自动控制系统中主控单元所发送的数据信息显示在终端 PC 机上,终端能够向现场的环境控制器发送指令,满足工人的操作需求,实现最佳的控制效果。控制层由主控单元、信息采集单元和执行控制单元组成。信息采集单元中各传感器采集到的数据上传至主控单元后,主控单元对其进行分析处理,通过数据传输将结果发送至控制终端,同时向执行控制单元发送相应的控制指令,执行控制单元执行接收到的指令,对设备进行开关调节。

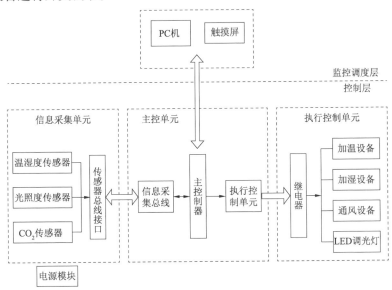

**图 5.17 食用菌工厂化生产区域栽培环境自动控制系统整体架构**

### (一) 控制系统

由于分布式控制系统具有价廉、开发周期短、通信协议自定、便于扩展和维护等优点,因而食用菌工厂化生产主要采用以 PC 机、PLC 或单片机为核心构成的分布式控制系统(图 5.18),该系统能对培养室内食用菌整个生长过程的环境进行自动监测、信息处理和实时控制。在分布式控制系统中,PC 机作为上位机,控制所有的 PLC 并向其发送指令,同时接收数据。而 PLC 或单片机作为下位机,在 PC 机的统一管理下,完成各自独立的子任务。

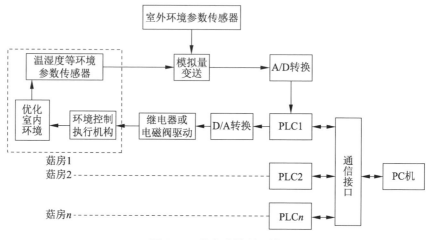

**图 5.18　分布式控制系统**

根据实际生产情况,菇房内分布式控制系统的主要功能如下:

① 菇房内的温度、湿度、$CO_2$ 浓度等环境参数的测量与存储。尽量选取性价比较高的传感器和电子元件,电路板应设计合理,尽量避免干扰电路。信号进入传感器,经过滤波、放大等处理后,进入 PLC 并存储在 PLC 中。

② 根据设定的环境参数,各控制执行机构能自动化运作。

③ 上位机的功能主要是从下位机了解培养室内环境变化情况,实现对室内环境参数的设置和管理。在不同季节、不同天气状况下,可在线设定食用菌生长所需要的各个环境参数值。上位机系统具有友好的人机界面,可以方便地显示、存储数据并进行打印、报警等。

显示与报警模块化设计:

(1) 液晶显示模块　液晶显示模块主要完成各种数据的显示,如监测数据、设置的目标数据、控制阀门的开度及各种警报信息。

这部分模块主要包括液晶硬件相关控制部分和各种显示画面部分。液晶硬件相关控制部分主要涉及对液晶硬件的控制和基本显示指令,将其封装后以便于调用各个显示画面,而不必在每个显示画面中去操作硬件和基本指令。各种显示画面部分是系统面向用户显示的各个画面程序的集合,主程序和其他子程序会根据需要调用相应的显示画面,而不必在每个模块中编写与液晶显示相关的程序。

（2）报警监测模块　模块中的监测对象虽然只是温度、湿度及 $CO_2$ 的浓度,但当系统其他部分发生改变,如传感器及相关电路、阀门及相关电路、算法发生异常时,温度、湿度及 $CO_2$ 浓度的监测值会超出报警边界值,系统会发出警告信息。因此,只要监测温度、湿度及 $CO_2$ 浓度就能够起到监测整个系统的作用。

控制系统的总体硬件结构主要包括培养室群、PC 机、PLC、监控管理部分（监控管理软件和数据库系统）、通信总线,其中培养室群是指食用菌工厂化生产厂房,各个培养室内外均安装有温湿度传感器和执行机构（加热器、加湿器、制冷机组等）。图 5.19 所示为控制系统的总体硬件结构。

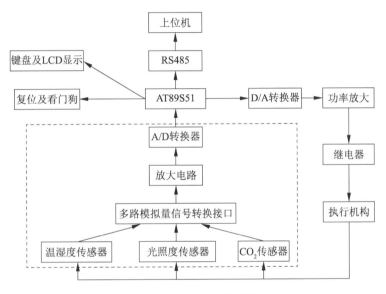

**图 5.19　控制系统的总体硬件结构**

**（二）环境参数信息采集设备**

随着食用菌生长环境自动控制系统对数据采集和处理的需求越来越迫切,传感器技术将发挥越来越重要的作用。传感器的选择是否恰当,将直接影响执行机构动作执行的准确度,进而影响食用菌生长。环境参数信息采集设备主要是对菇房内的温度、湿度、$CO_2$ 浓度、光照强度这几个环境因子进行监测,故常选如下几种传感器进行环境参数信息采集。

（1）温湿度传感器　由于大多数食用菌需要在空气湿度较大的阴暗环境下生长,培养室内安装的温湿度传感器与一般工业控制的传感器有所不同。温湿度传感器的选型要求如下：

① 菇房温度测量范围在 $-5\sim40$ ℃ 之间，湿度范围在 5%RH~100%RH 之间，潮湿的环境对传感器元件的性能有一定的要求。如热电阻传感器中常用的电阻材料有镍、铜和铂等，在潮湿的环境中，铂金属本身的化学稳定性较好，电信号输出的线性度也更好。除传感器元件需要防潮外，传感器配套电子元件的防潮也需要引起重视。出菇室需要潮湿环境，故常要喷水保温，传感器裸露在外的传输电路板、显示器等应有相应的防水保护装置。

② 需要考虑温湿度传感器的维护和使用寿命。温湿度传感器需要裸露在外进行测量，而培养室内的湿气、上下料时的灰尘，以及消毒、杀虫时腐蚀的化学物质，都会造成传感器电子元件测量精度的下降。因此，一般每隔半年需要校准一次传感器，使用 2 年左右的传感器可能会出现老化现象，应及时更换或重新标定。

（2）$CO_2$ 传感器　食用菌生长环境内的 $CO_2$ 浓度对食用菌的生长发育有至关重要的影响。要培育出优质的食用菌，就必须科学合理地做好环境内 $CO_2$ 浓度的监测与调控，为食用菌创造一个适宜的生长环境。$CO_2$ 传感器要对 $CO_2$ 浓度具有很高的灵敏度及良好的选择性，受温湿度影响较小，能以双路信号输出（模拟量输出和 TTL 电平输出），具有较长的使用寿命和较高的可靠性与稳定性。

（3）光照度传感器　食用菌的生长环境虽然不需要持续性地补光，但不同的食用菌在不同的生长阶段对光照度有不同的要求，满足食用菌在不同生长阶段对光照度的要求，可促进食用菌生长和发育。光照度传感器分辨率高、检测范围广，具有接近于视觉灵敏度的分光特性，采用数字信号输出，体积小、成本低，使用寿命长，工作稳定可靠。

（三）执行机构

根据食用菌工厂化生产对栽培环境的实际需求，对温度、湿度、光照强度、$CO_2$ 浓度等相关参数进行测控。各个环境因子的调控策略如下：

（1）温度控制　利用相应的传感器对食用菌生长环境内的温度参数进行采集，并通过控制系统将采集到的实际温度参数与系统预设定的指标参数相比较，进而分析是采取升温的控制措施还是降温的控制措施。升温的控制措施是通过控制芯片驱动固态继电器，再由固态继电器驱动相应的执行机构（如供热装置等）来实现。降温的控制措施同样是通过固态继电器驱动相应的执行机构（如制冷装置）来实现。

（2）湿度控制　除了温度外，在食用菌工厂化生产过程中同样要考虑湿度。常见的加湿措施有使用普通的加湿器、湿窗风机及蒸汽加湿、地面喷水、喷雾加湿等。常用的除湿措施有通风换气、升温、使用除湿器等。利用相应的湿度传感器对食用菌所处环境内的空气相对湿度进行监测,将采集到的数据传递给控制系统,并与预设定的湿度指标进行比较,经由控制芯片分析决定是采取加湿的控制措施还是采取除湿的控制措施,由执行机构(如加湿器、除湿器等)完成控制操作。

(3)光照强度控制　食用菌不进行光合作用,整个生长过程对光照的需求较弱,有的食用菌在菌丝阶段需要一定的散射光,有的则不需要光,但大部分食用菌必须在子实体阶段获得一定的光照才能正常生长。采用光照度传感器监测环境中的光照强度,根据菌种不同及其生长阶段不同调节光照强度。

(4)$CO_2$ 浓度控制　食用菌有好气性和厌气性之分,菌丝和子实体生长期间都会产生大量的 $CO_2$,而食用菌工厂化生产是在高密度、封闭环境中进行的,需要安装通风设备定时打开排风装置来维持 $O_2$ 和 $CO_2$ 浓度的平衡。通风设备一般有风扇、空调箱、换热器等。利用 $CO_2$ 传感器监测环境内的 $CO_2$ 浓度,通过控制系统将采集到的数据与预设定的指标值相比较,一旦采集到的数据高于指标值,则迅速采取措施进行通风换气,保证食用菌的呼吸作用正常进行。

## 二、控制器

### (一)控制器的分类

食用菌工厂化生产区域栽培环境自动控制系统中,控制器是不可缺少的重要部件。它是整个自动控制系统的运算中心和指挥中心(相当于人的大脑),指挥整个控制系统的运行。

目前,随着计算机技术的快速发展和普遍应用,食用菌工厂化生产区域栽培环境自动控制系统用到的控制器有可编程逻辑控制器(PLC)和直接数字控制器(DDC)两种,两者都由 CPU 模块、I/O 模块、显示模块、电源模块、通信模块等组成。在工程中,两者都被称为计算机控制,由于它们通常被设置在被控制设备附近,因而也被称为现场控制器或本地控制器。

(1)可编程逻辑控制器(PLC)　由于作为工业控制器的 PLC 具有较高的可靠性,可以带有热备份控制芯片,因而其常常被用于冰蓄冷冷冻站、区域供冷冷冻站及数据机房冷冻站等重要场所。同时由于 PLC 的软件编写程序灵活多变,可自由编程,目前在楼控系统中已有代替 DDC 的趋势。

(2)直接数字控制器(DDC)　直接数字控制器与简单控制器的最大不同之处在于其比较、分析判断和计算部分采用数字电路或微处理器来完成,然后通过编制各种各样的程序,赋予控制器不同的控制功能,从而使控制器实现智能化。由于直接数字控制器的微处理器只接收数字信号,因而系统采用采样开关将来自控制器外部的某些连续的时间信号转变为离散的时间信号,这样系统就变成一个连续信号和离散信号共存的混合信号系统。数字控制器以微处理器(CPU)为核心,由程序存储器(ROM)、数据随机存储器(RAM)、模数(A/D)转换器、数模(D/A)转换器、接口电路(I/O)、通信接口、键盘、显示器和电源等部分组成,如图5.20所示。

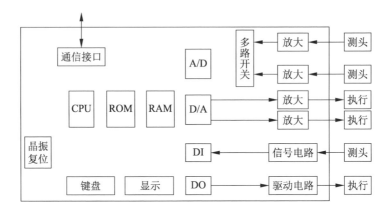

图 5.20　数字控制器组成

### (二)控制器的基本工作原理

控制器的基本工作原理是,将现场的环境参数(如温度、湿度、$CO_2$ 浓度等)经传感器转换为电信号,经放大器放大到一个统一范围(如 0~5 V),由模数(A/D)转换器转换为计算机所能识别的数字信号,通过数字控制器内部经微处理器与预先给定的设定值进行比较、判断及一系列运算,再将结果经过数模(D/A)转换器转换成标准模拟信号(如 4~20 mA)或通断信号,驱动执行机构改变状态或启停设备,达到控制环境参数的目的。

### (三)控制器的作用

控制器的作用是对测量值与给定值进行比较,得出偏差后,按设定的控制规律(即控制器的输出信号变化规律)计算,输出控制信号给执行器,调节被控变量,使被控变量等于给定值。控制器的输出信号 $p$ 与输入信号 $e$ 的关系称为控制器的控制规律,它反映控制器的特性,一般可分为断续控制规律和连续控制规律。

断续控制规律中输出信号与输入信号之间的关系是不连续的,也称为位置式调节,也就是开关控制或开关调节。连续控制规律中输出信号与输入信号之间的关系是连续的,它们分为比例式、比例积分式、比例微分式和比例积分微分式调节,即 P 控制、PI 控制、PD 控制、PID 控制。

PID(proportional integral derivative)控制是控制工程中技术成熟且应用广泛的

一种控制策略。经过长期的工程实践,人们总结形成了一整套 PID 控制方法。由于它已成为典型结构,有多种参数整定方法且结构改变灵活,在大多数工业生产过程控制中取得了较为满意的效果,因此长期以来被广泛采用,并且与新的控制技术相结合,继续发展。

按反馈原理构成的控制系统,偏差 $e(t)$ 是进行控制的最基本、最原始的信号。为了提高系统的控制性能,可以改变信号 $e(t)$,使 $e(t)$ 按照某种函数关系加以变换,形成所需要的控制规律,即 $u(t) = f[e(t)]$。

所谓 PID 控制规律,就是对偏差信号 $e(t)$ 进行比例、积分和微分变换的控制规律。图 5.21 为 PID 控制原理示意图。

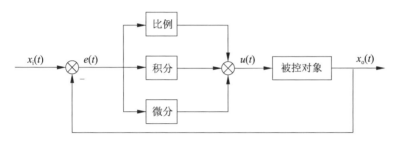

**图 5.21　PID 控制原理示意图**

其控制规律用数学描述为

$$u(t) = K_p \left[ e(t) + \frac{1}{T_i} \int_0^t e(t)\,\mathrm{d}t + T_d \frac{\mathrm{d}e(t)}{\mathrm{d}t} \right] \tag{5.1}$$

式中:$K_p$ 为比例系数;$T_i$ 为积分时间常数;$T_d$ 为微分时间常数。

PID 控制器的调节作用主要如下:

① 比例控制器决定控制作用的强弱,加大比例系数 $K_p$ 可以减小系统的稳态误差,提高系统的动态响应速度,但过分加大比例系数 $K_p$ 会使系统的动态性能变差、稳定裕度减小,甚至使系统变得不稳定。

② 加入积分控制器可以消除或减小系统的稳态误差,但会使系统的动态过程变慢、响应快速性变差,而且过强的积分作用可使系统的超调量增大,从而导致系统的稳定性变差。

③ 微分控制器的作用与偏差变化速度有关,它能够预测偏差,产生超前校正作用,有助于减小超调量,使系统趋于稳定,并能加快系统的响应速度,减少调整时间,但它会放大噪声信号。

因此,只有合理地选择 PID 控制器的参数,才可以在提高系统的稳态性能的同时,提高系统的动态性能。

### 三、传感器

在食用菌工厂化生产区域栽培环境自动控制系统中常见的传感器有温度传感器、湿度传感器、$CO_2$ 传感器、压力传感器、光照度传感器、液位传感器、防冻开关、压差开关、液位开关、流量计、热量表等。

### (一)温度传感器

温度是食用菌工厂化生产区域栽培环境自动控制系统中最重要的被控参数，也是工厂内空调系统运行中最基本、最核心的衡量指标，所以对温度(例如送风温度、室内温度)进行准确的监测和信号传送尤为关键。

在食用菌工厂化生产区域栽培环境自动控制系统中常用的温度传感器有热电阻式和热电偶式两种。热电阻式温度传感器是根据金属导体的电阻值(电阻率)随温度变化而变化的原理测温的，其中，铂热电阻和铜热电阻是国际电工委员会推荐的，也是食用菌工厂化生产区域栽培环境自动控制系统中常用的。铂电阻具有很好的稳定性和测量精度，且有很宽的测温范围，在氧化性气氛中，甚至在高温下，其物理化学性质都非常稳定；缺点是电阻温度系数较小，使用时一般要加以保护。电阻温度计的测温范围为 $-200 \sim 850\ ℃$。热电阻温度计由热电阻、显示仪表和连接导线组成，热电阻由电阻体、绝缘套管和保护套管等主要部件组成，如图 5.22 所示。

食用菌工厂菇房一般采用铂热电阻温度传感器，其稳定性好、准确度高、性能可靠。对于工业用铂电阻，规定其纯度 $R_{100}/R_0 = 1.385$，分度号为 Pt 10 和 Pt 100，分别表示其 $R_0$ 为 $10\ \Omega$ 和 $100\ \Omega$，Pt 10 的测温范围为 $0 \sim 850\ ℃$，Pt 100 的测温范围为 $-200 \sim 850\ ℃$。

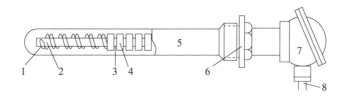

1—热电阻丝；2—电阻体支架；3—引线；4—绝缘套管；5—保护套管；
6—连接法兰；7—接线盒；8—引线孔。

**图 5.22 热电阻温度计**

铂电阻的温度特性可用下列公式表示：
在 $-200 \sim 0\ ℃$ 之间

$$R_t = R_0 \left[ 1 + At + Bt^2 + Ct^3(t-100) \right] \tag{5.2}$$

在 0~850 ℃之间

$$R_t = R_0 ( 1+At+Bt^2 )$$ (5.3)

式中:$R_t$ 为 $t$ ℃时的电阻值;$R_0$ 为 0 ℃时的电阻值;$A,B,C$ 为常数,$A = 3.90802 \times 10^{-3}$ ℃$^{-1}$,$B = -5.802 \times 10^{-7}$ ℃$^{-2}$,$C = -4.27350 \times 10^{-12}$ ℃$^{-4}$。

铂热电阻温度传感器在使用过程中需要注意以下几点:

① 要选择三线制的铂热电阻温度,两线制的精确度不够,四线制的价格较高。

② 传感器需要定期校准。若误差较小,则通过仪表的修正值进行修正;若误差较大,则需要更换。

③ 露点或者滴水的情况会影响传感器的准确度。

④ 传感器和仪表之间的信号线最好使用屏蔽线,且不得与强电导线并联铺设。

热电偶式温度传感器是利用导体的热电效应工作的,用于测量管道气体、蒸气、液体等介质的温度时,要设置保护,保护装置由绝缘套管、接线盒等组成。热电偶具有构造简单,适用温度范围广,使用方便,承受热、机械冲击能力强及响应速度快等特点,但其信号输出灵敏度较低,容易受到环境中干扰信号和前置放大器温度漂移的影响,因此不适合测量变化微小的温度。

**(二)湿度传感器**

在食用菌工厂化生产区域栽培环境自动控制系统中,被控空气的相对湿度是一个重要的被控参数。湿度控制是食用菌工厂内空调工程中的核心控制环节。

空气的相对湿度由空气的两个状态参数决定,如空气的干球温度和湿球温度、空气的干球温度和露点温度、空气的干球温度和水蒸气分压力、空气中水蒸气分压力和同温度下空气中饱和水蒸气压力等。因此,湿度传感器应同时测量空气状态的两个参数。湿度传感器按湿敏元件的导电类型可分为电阻式和电容式两大类,电阻式湿度传感器的主要代表为干湿球传感器和氯化锂湿度传感器,电容式湿度传感器主要有高分子湿敏电容传感器和氧化膜湿敏传感器两种。

湿敏电阻的特点是在基片上覆盖一层用感湿材料制成的膜,当空气中的水蒸气吸附在感湿膜上时,元件的电阻率和电阻值都发生变化,利用这一特性即可测量空气的湿度。湿敏电容一般用高分子薄膜电容制成,常用的高分子材料有聚苯乙烯、聚酰亚胺等。当环境湿度发生变化时,湿敏电容的介电常数发生变化,使其电容也发生变化,其电容变化量与相对湿度成正比。电容式湿度传感器具有工作温度和压力范围较宽、精度高、反应快,不受环境温度、风速的影响,抗污染的能力强及稳定性好等优点。

由于培养室的相对湿度在 50%RH~90%RH,因此,培养室的湿度测量可以使用电阻式和电容式湿度传感器。出菇室中相对湿度长期高于 90%,电阻式和电容式湿度传感器在高湿环境下存在使用精度下降、反应迟缓,且因极易进水而腐蚀电路板等问题,出菇室内湿度传感器常使用干湿球传感器。

干湿球传感器是一种将湿度参数转换成电信号的仪表。它与干、湿球传感器的工作原理完全相同,主要差别是干球和湿球用两支微型套管式镍电阻所代替,还增加一个轴流风机,以便在镍电阻周围造成恒定风速在 2.5 m/s 以上的气流。因为干、湿球温度计在测量相对湿度时受周围空气流动速度的影响,风速在 2.5 m/s 以下时影响较大,风速在 2.5 m/s 以上时影响较小。同时,由于在镍电阻周围增加了气流,热、湿交换速度加快,因而也减小了仪表的时间常数。干湿球传感器的结构示意图如图 5.23 所示。

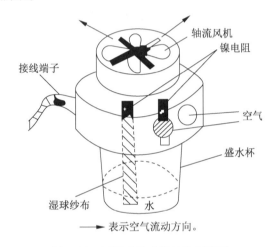

图 5.23　干湿球传感器结构示意图

### (三) $CO_2$ 传感器

$CO_2$ 传感器根据其测量原理有以下 4 种形式:电化学式、半导体陶瓷式、固体电解质式、红外吸收式。目前,最常用的 $CO_2$ 传感器是红外吸收式,其测量原理为各种气体都会吸收光,不同的气体吸收不同波长的光,比如 $CO_2$ 就对红外线(波长为 4260 nm)最敏感。$CO_2$ 传感器通常是把被测气体吸入一个测量室,测量室的一端装有光源,另一端装有滤光镜和探测器。滤光镜的作用是只容许某一特定波长的光线通过;探测器则测量通过测量室的光通量。探测器所接收到的光通量取决于环境中被测气体的浓度。$CO_2$ 传感器的输出信号一般为 DC 0~10 V 或 4~20 mA。

### (四) 压力传感器

压力传感器的种类繁多,如电阻应变片式、半导体应变片式、压阻式、电感式、电容式、谐振器式及电容式加速度传感器等。电阻应变片是一种将被测件上的应力变化转换成电信号的敏感器件,应用最多的是金属电阻应变片和半导体应变片。

通常是将应变片通过特殊的黏合剂紧密地黏合在产生力学应变的基体上,当基体受力发生应力变化时,电阻应变片也一起产生形变,使应变片的阻值发生变化,从而使加在电阻上的电压发生变化。一般这种应变片都组成应变电桥,并通过后续的仪表放大器进行放大,将其转换成 4~20 mA DC 信号输出。

### (五)光照度传感器

光照度传感器是以光电效应为基础,将光信号转换成电信号的装置。早期光照度传感器的光敏元件采用光敏电阻,现基本都改用半导体材料制成的光敏二极管。光敏二极管的结构与一般二极管相似,装在透明玻璃外壳中,它的 PN 结装在管顶,可直接受到光照,光敏二极管在电路中一般处于反向工作状态。当光照射在 PN 结上时,光子打在 PN 结附近,使 PN 结附近产生光生电子和光生空穴对,少数载流子的浓度大大增加,因此通过 PN 结的反向电流也随之增加。如果入射光照度变化,光生电子-空穴对的浓度也相应变化,通过外电路的光电流强度也随之变化,从而光敏二极管将光信号转换为电信号输出。

### (六)液位传感器

液位传感器分为两类:第一类为接触式,包括单法兰静压/双法兰差压液位变送器、浮球式液位变送器、磁性液位变送器、投入式液位变送器、电动内浮球液位变送器、电动浮筒液位变送器、电容式液位变送器、磁致伸缩液位变送器等。静压投入式液位变送器(液位计)基于所测液体静压与该液体的高度成比例的原理,采用隔离型扩散硅敏感元件或陶瓷电容压力敏感传感器,将静压转换为电信号,再经温度补偿和线性修正,转换成 4~20 mA、0~5 V 及 0~10 mA 等标准信号输出。

第二类为非接触式,如超声波液位变送器,其工作原理是在测量中脉冲超声波由传感器(换能器)发出,声波经物体表面反射后被同一传感器接收,转换成电信号,并根据声波从发射到接收所用的时间来计算传感器到被测物体的距离。由于采用非接触式测量,被测介质几乎不受限制,因此超声波液位变送器可广泛用于各种液体和固体物料高度的测量。由于发射的超声波脉冲有一定的宽度,因而与传感器较近的一小段区域内发射波与发射波重叠而无法被识别,从而不能测量这一小段区域的距离,这个区域被称为测量盲区,测量时要避开这个区域。

### (七)防冻开关

防冻开关不是温度传感器,而是一个内充气体的长敏感元件。敏感元件上长度达到 200 mm 的任何部位的温度只要低于设定的温度,控制器内部接点就会断开,并发出报警信号。使用时将长敏感元件盘于需要低温保护的制冷器外表面。防冻开关动作后,发出信号关闭新风阀,停用风机,打开热水阀门,防止盘管被冻裂。而当温度达到适当的温度时,防冻开关就会自动开启并正常运转。防冻开关输出的是开关量信号。

### （八）压差开关

压差开关与压差传感器的区别:压差开关主要用于系统故障报警,因其输出值为开关量信号,故测量的是某压力点的压差值,并判断该值是否大于设定值。压差传感器可以连续输出电信号,根据信号大小,通过二次仪表可实时显示变化的压差。空气压差开关常被用于探测空气过滤器前后的压差,当空调机组过滤器的压差超过一定值时,压差开关动作,系统报警,提示需要清洗或更换过滤器。

水流开关是压差开关的一种,常安装于冷水、冷却水管路上,保证管路内的水流动到一定流量后才启动制冷机组。当流量高于或者低于某个值时,触发开关,发出报警信号。水流开关有很多种,最常见的有靶流开关、挡板式流量开关、压差式流量开关,还有活塞式、热式流量开关等。

### （九）液位开关

液位开关也称水位开关,就是用于控制液位的开关。从形式上,液位开关主要分为接触式和非接触式。与液位传感器不同,液位开关输出的是开关量信号。

### （十）流量计

为了保证中央空调节能运行,空调水系统通常会设置流量传感器。由于内部无阻流元件,不用担心被杂质阻塞或管路阻力损失,因而电磁流量计和超声波流量计被广泛地应用在食用菌工厂中。

（1）电磁流量计　它是一个短管外设置电磁感应线圈,通过测量感应电动势来进行流量测量的仪表。其以法拉第电磁感应定律为理论基础,导体在磁场中运动并切割磁力线时产生感应电动势。如图 5.24 所示,包围管道的励磁线圈通电后产生磁场,此时在管道内流动的导电液体就是在磁场内运动的导体,管道的内径 $d$ 就是导体的长度,若液体的流速为 $v$,则液体内的带电粒子在磁场的作用下向两侧运动,在液体两侧的电极上产生的感应电动势为

$$E = Bdv \times 10^{-4} \tag{5.4}$$

式中:$E$ 为感应电动势,V;$B$ 为磁感应强度,Gs;$d$ 为管道内径,m;$v$ 为液体的流速,m/s。

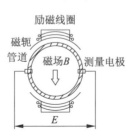

**图 5.24　电磁流量计**

（2）超声波流量计　超声波应用于流量测量的主要原理是超声波入射到流体后,在流体中传播的超声波携带有流体的流速信息,通过接收到的超声波信号就可以换算出流体的流速和流量。根据对超声波信号处理和检测的方式不同,超声波流量计可分为速度差法、多普勒法、波束偏移法、相关法和噪声法超声波流量计等。超声波流量计安装在管路外部就能够用于测量,因此常作为移动的流量监测仪器,在食用菌工厂中被广泛采用。作为安装在管道中的流量计,超声波流量计与电磁流量计类似,均为一段短管。短管上成对地安装换能器(超声波传感器),一对换能器是相同的,可交替作为发射器和接收器,通过电子开关控制。根据换能器的相对位置,超声波流量计可分为直射式和反射式超声波流量计。与电磁流量计相比,超声波流量计为了提高低流速小信号的信号强度,有时不得不采用缩小管径的方法,这样会造成管路系统的阻力增加。

### （十一）热量表

流量计集成积算仪并配置一对温度传感器就成了热量表。流量计和积算仪可以制成一体式,也可以制成分体式。空调系统中常用的热量表有电磁热量表和超声波热量表。热量表均可实时显示冷量、热量、累计能量、流量、流速、供回水温度、当前日期、仪表参数等信息。热量表根据流量计的流量和配置的一对温度传感器测量的供回水温度,以及水流经的时间计算并显示该系统所释放或吸收的热量。一台热量表既可以测量冷量,也可以测量热量,测量的冷量和热量可以分别累计计算。热量表可根据供回水温度自动判断是供冷工况还是供热工况:当回水温度高于供水温度时,为供冷工况;反之为供热工况。

## 四、执行器

执行器是食用菌工厂化生产区域栽培环境自动控制系统中不可缺少的重要组成部分,它在自动控制系统中的作用是接收来自控制器的控制信号,并将其转换成各种物理位移或其他形式的输出,来改变被控制对象的物量或能量(如水量、风量、电压、频率、功率等),达到控制温度、压力、流量、液位、湿度、$CO_2$ 浓度等工艺参数的目的。

在食用菌工厂化生产区域栽培环境自动控制系统中常用的执行器主要有电动水阀的驱动器、电动风阀的驱动器、变频器等。电动执行器根据配用的调节机构种类不同,其输出方式一般分为直行程、角行程、多回转 3 种类型,可与直线移动的调节阀、旋转式的蝶阀等各种调节机构配合工作。

直行程电动执行器以调节仪表的指令为输入信号,使电动机动作,然后经减速器减速和转换后变为直线位移输出,操纵单座、双座、三通等各种调节阀和其他直线式调节机构;角行程电动执行器以调节仪表的指令为输入信号,使电动机动作,然后通过减速器变为力矩输出,操纵蝶阀、挡板和其他旋转式调节机构;多回转电动执行器主要用于操纵闸阀、截止阀等多回转阀门,大多用于现场操作和遥控等场合。

在结构上,电动执行器既可与阀体组装成一个整体,也可根据需要单独分装,使用比较灵活。食用菌工厂化生产区域栽培环境自动控制系统中的电动水阀和电动风阀均由阀体和电动执行器组成。

### (一)电动阀门定位器

电动阀门定位器安装在执行器内,接收控制器输出的 0～10 V 直流电压(或4～20 mA 直流电流)连续控制信号,对以 24 V 交流供电的电动机输出轴位置进行控制,使阀门位置与控制信号成比例关系,从而使阀位按输入的信号实现正确的定位。电动阀门定位器可在控制器输出的 0～100% 范围内,任意选择执行器的起始点(也就是执行器开始动作时,所对应的调节器输出电压值);在控制器输出的 20%～100% 范围内,任意选择全行程的间隔,又称为工作范围(执行器从全开到全关或从全关到全开所对应的控制器输出电压值),具有正、反的给定作用。当阀门开度随输入电压增加而开大时称正作用;反之则称为反作用。因此,电动阀门定位器与连续输出的控制器配套可实现分程控制。图 5.25 所示为电动阀门定位器工作原理。它由前置放大器(Ⅰ和Ⅱ)、触发器、双向可控硅电路和位置发送器等部分组成。控制器输出的 0～10 V DC 信号接在前置放大器 Ⅰ 的反向输入端,与由 R₁、R₂ 所决定的信号进行综合,然后作为前置放大器 Ⅰ 的输入。其输出经正/反作用开关与阀位产生的信号进行综合作为放大器 Ⅱ 的输入,其输出作为触发器的输入信号。触发器根据输入信号,发出相当脉冲使双向可控硅 A₁、A₂ 之一导通,电容式单向异步电动机向某一方向转动,以达到定位的目的。

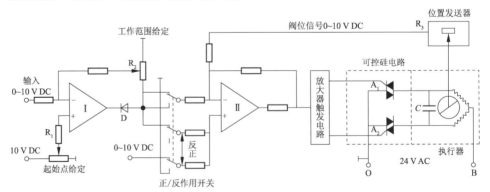

R₁—起始点调整电位器;R₂—全程间隔调整电位器;R₃—阀门位置反馈电位器;

A₁,A₂—双向可控硅;D—二极管。

**图 5.25　电动阀门定位器工作原理示意图**

### （二）电动风阀执行器

电动风阀执行器(图5.26)是一种广泛应用于空调系统自动控制中,可按一定比例调节风道阀门开度,实现温度控制的自动化设备。它以电能驱动电机,通过多级齿轮放大,将电能转化为机械能,可以输出几牛·米至几十牛·米的扭矩来调节阀门开度。电动风阀执行器根据控制模式一般分为三态浮点型、调节型及开关型,其中调节型可以通过小信号(0~10 V 或 4~20 mA)实现精确的阀门开度控制。

电动风阀执行器一般要求具有自复位功能,自复位型电动风阀执行器有机械式弹簧复位和电子复位两种方式,各自的工作原理如下。

**图 5.26　电动风阀执行器**

① 机械式弹簧复位:工作时执行器将风阀阀板驱动到相应的工作位置,同时复位弹簧张紧。如果电源中断,弹簧将驱动风阀阀板回到其初始位置。

② 电子复位:工作时执行器将风阀阀板驱动到相应的工作位置,同时内部电容充电。一旦供电中断,执行器将通过内部储存的电能将风阀阀板转回失电位置。

### （三）电动水阀执行器

与电动风阀执行器一样,电动水阀执行器也需根据其需要输出的扭矩大小来选择。电动水阀执行器固定在配套的调节水阀的轴上,有角行程和直行程两种。角行程执行器有带自复位功能和不带自复位功能两种。与电动风阀执行器一样,自复位型电动水阀执行器也有机械式弹簧复位和电子复位两种方式。配有角行程执行器的电动蝶阀如图 5.27所示。

**图 5.27　配有角行程执行器的电动蝶阀**

### （四）变频器

变频器是应用变频技术与微电子技术,通过改变电机工作电源频率的方式来控制交流电动机的电力控制设备(图5.28)。变频器通常分为 4 个部分,即整流单元、高容量电容、逆变器和控制器。整流单元可将工作频率固定的交流电转换为直流电;高容量电容存储转换后的电能;逆变器由大功率开关晶体管阵列组成电子开关,可将直流电转化成不同频率、宽度、幅度的方波;控制器按设定的程序工作,控制输出方波的幅度与脉宽,使之叠加为近似正弦波的交流电,驱动交流电动机。

图 5.28　变频器

变频器根据变流环节不同,可分为交-直-交变频器和交-交变频器。交-直-交变频器(图 5.29)是先将频率固定的交流电整流成直流电,再把直流电逆变成频率任意可调的三相交流电;交-交变频器是把频率固定的交流电直接变换成频率任意可调的交流电(转换前后的相数相同)。两类变频器中,交-直-交变频器目前应用得较为广泛。

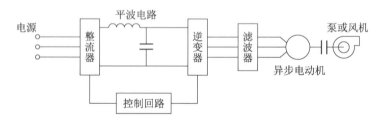

图 5.29　交-直-交变频器基本部件

按系统调速规律来分,电动机变频控制主要有恒压频比(V/F)控制、转差频率控制、矢量控制和直接转矩控制等 4 种形式。恒压频比(V/F)控制是同时控制电动机电源电压与频率,并使二者之比 V/F 恒定,从而使电动机的磁通基本保持恒定,其主要应用于风机、水泵等的节能调速,突出优点是可以进行电机的开环速度控制。

电动机使用变频器就是为了调速,并降低启动电流。变频器靠内部 IGBT 的通断来调整输出电源的电压和频率,根据电机的实际需要来提供所需的电源电压,进而达到节能、调速的目的。变频器的节能作用如下。

① 降低能耗：如果要求风机、泵类等设备的流量减小，当使用变频调速时，通过降低泵或风机的转速即可满足要求，而通过调整入口或出口的挡板、阀门开度来调节给风量和给水量时，则在挡板、阀门的截流过程中要消耗大量能源。

② 功率因数补偿节能：使用变频调速装置后，由于变频器内部滤波电容的作用，无功损耗减少了，相应地，电网的有功功率增加了。

③ 软启动节能：使用变频装置后，利用变频器的软启动功能可使电机启动电流从零开始，最大值也不超过额定电流，降低了对电网的冲击和对供电容量的要求，延长了设备和阀门的使用寿命。

# 第三节　食用菌工厂的制冷系统设计

## 一、中央制冷机房的设计要求

### （一）制冷机房冷负荷的确定

① 对制冷机房内供给生产的空调，根据生产所需的夏季逐时冷负荷曲线，选择制冷机组类型、规格和台数。对过渡季、冬季仍有供冷需求的工厂，还应按生产要求确定相应季节的最大冷负荷、逐时冷负荷曲线，并对制冷机组的选择进行必要调整。

② 根据供冷系统的设备、管道设置状况，合理确定冷量损耗系数，一般为 1.03～1.05；但进行制冷机房设计时，应考虑实际生产时各个栽培室所堆放的食用菌栽培料因生长菌龄不同而发热量不同造成的实际总负荷远小于末端设备的总制冷量的问题，机房制冷量不是末端的总和。

③ 制冷机房选择制冷总负荷时应考虑菌包（瓶）各生长阶段的发热量不同和轮空车间的存在，以及末端设备的工作系数等因素，一般制冷量的选择取 0.7～0.8 的工作系数。

### （二）制冷机房的布置要求

为了尽量缩短冷水管道长度、减少冷损失，制冷机房应尽可能靠近冷负荷中心布置并应符合以下要求：

① 制冷机房的设备布置与管道连接应符合工艺流程，并便于安装、操作与维修。制冷机突出部分与配电盘之间的距离、主要通道的宽度均不应小于 1.5 m；制冷机突出部分之间的距离不应小于 1 m；制冷机与墙壁之间的距离、非主要通道的宽度均不应小于 0.8 m。

② 制冷机房内压缩机房宜与辅助设备房和水泵房隔开,并应根据具体情况设置值班室、维修间等。

**(三) 制冷机房的设计步骤**

1. 收集设计原始资料

(1)冷热负荷资料 其来源因制冷与热泵工艺的不同而异,如空调用冷冻站,其冷负荷由末端负荷计算提供。同时要了解用户要求的供冷供热方式(直接、间接)。

(2)水质资料 冷却水水源的水质资料,包括浑浊度、杂质含量、pH值、水温、供水情况等。

(3)气象资料 室外设计温度,最高、最低温度,以及大气压力、大气相对湿度等。

(4)地质资料 通常由土建单位提供。

(5)设备资料 各种设备的主要性能、技术规格、技术参数、外形图、安装图、出厂价格等。

(6)主要安装材料资料 保温材料和各种管材的技术性能、规格、价格等。

2. 确定制冷系统的总制冷量

制冷系统的总制冷量应包括用户实际所需制冷量,以及制冷系统本身和供冷系统的冷损失。用户实际所需制冷量应根据工厂所处位置气象条件、食用菌品种、单日产量、菌瓶(包)形式等工艺设计确定;而冷损失一般可用附加值计算,直接供冷系统一般附加 5%~7%,间接供冷系统一般附加 7%~15%。

3. 确定载冷剂和冷却水方式

制冷就是通过换热器内部的载冷剂使空气和换热器内表面换热,以及流过换热器的空气再和换热器外表面换热这两次换热达到降低房间温度的目的。由于各个品种的食用菌对生长环境的要求各不相同,其温度范围为 $-5\sim40\ ℃$,考虑到制冷效率,载冷剂一般选择 $-10\sim12\ ℃$ 之间的供液温度。

4 ℃以上的载冷剂供液系统可以采用纯水;4 ℃以下的供液系统应采用乙二醇溶液作为冷媒,乙二醇溶液重量溶解度为 25%。对于北方工厂,为防止冬季水泵故障造成载冷剂停止流动而冻坏管道,也应灌装一定浓度的乙二醇,其浓度参考当地冬季极限温度值。此外,应根据总制冷量大小和当地条件确定冷凝器的冷却方式,即水冷、空冷或蒸发式冷凝器。采用水冷冷凝器时,应同时考虑水源和冷却水的系统形式。

由于直接膨胀式制冷系统单机制冷量比较少,只在小型工厂或保鲜冷库等特殊场所使用,本书不作详细表述。

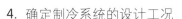

**4. 确定制冷系统的设计工况**

制冷系统的设计工况包括冷凝温度和蒸发温度。

冷凝温度根据冷凝器的冷却方式和载冷剂的温度确定。对外界散热用的风冷冷凝器,冷凝温度根据环境空气温度及传热温差确定,冷凝温度应比环境空气温度高 10 ℃以上。对于立式、卧式壳管冷凝器等,冷凝温度一般比冷却水出口温度高 2～4 ℃。对于蒸发式冷凝器,其室外空气的设计湿球温度可按夏季室外平均每年不保证 50 h 的湿球温度计算,其冷凝温度应比该设计湿球温度高 5～10 ℃。再冷温度(指冷媒再次冷却至冷凝温度以下,以提高制冷效率)一般比再冷却器的冷却水温度高 2～3 ℃。

蒸发温度应根据用户要求的冷冻水温度确定,一般情况下,蒸发温度应比冷冻水供水温度低 3～4 ℃。直接蒸发式空气冷却器的蒸发温度则与菇房所需空气温度有关,空气调节用的直接蒸发式空气冷却器的蒸发温度比送风温度低 8～12 ℃。以水或盐水为载冷剂的蒸发器,其蒸发温度比水的平均温度低 3～5 ℃。

工况确定后,即可绘制压焓图,用相关软件进行循环热力计算,为选择设备提供原始数据。

**5. 选择制冷机组**

制冷机组是中央空调系统的心脏,正确选择制冷机组不仅是工程设计成功的保证,同时对系统的运行也产生长期影响。因此,制冷机组的选择是制冷机房设计的一项重要工作。

(1) 选择制冷机组需考虑的因素

① 工厂所生产的食用菌品种及载冷剂供水温度。

② 各类制冷机组的性能和特征。

③ 当地水源(包括水量、水温和水质)、电源和热源(包括热源种类、性质及品位。

④ 工艺部门给出全年空调冷负荷的分布规律,夏季最大负荷和冬季最小负荷。

⑤ 初始投资和运行费用。

⑥ 氟利昂类制冷剂的使用期限及使用替代制冷剂的可能性。

(2) 选择制冷机组的注意事项　在充分考虑上述几方面因素之后,选择制冷机组时,还应注意以下几点:

① 对于大型集中空调系统的冷源,宜选用结构紧凑、占地面积小,以及压缩机、电动机、冷凝器、蒸发器和自控元件等都集成到一个箱子里的制冷机组。

② 对于有合适热源特别是有余热或废热的场所或电力缺乏的场所,宜采用吸收式制冷机组。

③ 载冷剂同一供液温度的制冷系统一般以选用3~5台制冷机组为宜,中小型规模宜选用3台,较大型可选用4台,特大型可选用5台。机组之间要考虑其互为备用和切换使用的可能性。同一制冷机组(冷冻站)内可采用不同类型、不同容量的机组搭配的组合方案,以节约能耗。并联运行的机组中至少应选择一台自动化程度较高、调节性能较好、能保证在部分负荷下高效运行的机组。由于食用菌工厂的特殊性,载冷剂同一供液温度的制冷系统的任意一台制冷机组出现故障时,制冷机房应能保证夏季最低的生产要求,保证培养室温度不超标。在冬季最小负荷状态下,至少有一台制冷主机能够正常工作。

④ 对于存在不同的载冷剂供液温度的食用菌工厂,应设计相互独立的制冷系统和不同的载冷剂溶液浓度(如水和乙二醇溶液),分别向栽培车间供冷。

⑤ 选择电力驱动的制冷机组时,当单机空调制冷量大于1750 kW时,宜选用离心式;制冷量为582~1750 kW时,宜选用离心式或螺杆式;制冷量小于582 kW时,宜选用活塞式。

⑥ 电力驱动的制冷机的制冷系数COP比吸收式制冷机的热力系数 ε 高,前者为后者的3倍以上。能耗由低到高的顺序为:离心式、螺杆式、活塞式、吸收式(国外机组螺杆式排在离心式之前)。但各类机组各有其特点,应用其所长。

⑦ 对环境的污染要小,主要有两方面的污染:一是噪声与振动,要满足周围环境的要求;二是制冷剂CFCs对大气臭氧层的危害程度和产生温室效应的大小,特别要注意CFCs的禁用时间表。在防止污染方面,吸收式制冷机有着明显的优势。

## 二、其他辅助设备的确定与选型

### (一)冷却塔的确定与选型

冷却塔是用水作为循环冷却剂,从制冷机组冷凝器中吸收热量排放至大气中,以降低水温的装置。水与流动的空气接触后,通过蒸发散热、对流传热和辐射传热等散去制冷机组冷凝器中产生的热量,从而降低冷却水的温度,以保证系统正常运行,因装置一般为桶状,故名冷却塔。其在空调、冷链、塑胶化工行业应用最为广泛。

冷却塔有多种分类方式:按通风方式分,有自然通风冷却塔、机械通风冷却塔、混合通风冷却塔;按热水和空气的接触方式分,有湿式冷却塔、干式冷却塔、干湿式冷却塔;按热水和空气的流动方向分,有逆流式冷却塔、横流(交流)式冷却塔、混流式冷却塔;按用途分,有一般空调用冷却塔、工业用冷却塔、高温型冷却塔;按噪声级别分,有普通型冷却塔、低噪型冷却塔、超低噪型冷却塔、超静音型冷却塔;按玻璃钢冷却塔的形状分,有圆形玻璃钢冷却塔和方形玻璃钢冷却塔。此外,还有喷流式冷却塔、无风机冷却塔、双曲线冷却塔等。

近几年,冷却塔产品不断更新,玻璃钢冷却塔由于其自身的优点应用得越来越广泛。玻璃钢冷却塔分为开式和闭式两种。玻璃钢围护结构的冷却塔设计气象参数如下:大气压 $P$ 为 $99.4 \times 10^3$ kPa,干球温度 $\theta$ 为 31.5 ℃,湿球温度 $\tau$ 为 28 ℃(普通型为 27 ℃)。

冷却塔按照进出水温度不同,分为标准型、中温型和高温型,对应的进塔水温分别为 37 ℃、43 ℃和 60 ℃,出塔水温分别为 32 ℃、33 ℃和 35 ℃。

### 1. 冷却塔水流量计算

冷却系统水流量按照下式计算:

$$L = (Q_1 + Q_2)/(\Delta t \times 1.163) \times 1.1 \tag{5.5}$$

式中:$L$ 为冷却水流量,$m^3/h$;$Q_1$ 为乘以同时使用系数后的总冷负荷,kW;$Q_2$ 为机组中压缩机耗电量,kW;$\Delta t$ 为冷却水进出水温差,℃,一般取 4.5~5 ℃。

冷却塔水流量 $L_{ta}$ 按照下式计算:

$$L_{ta} = L \times (1.2 \sim 1.5) \tag{5.6}$$

冷却塔的能力大多按照标准工况下处理(湿球温度 28 ℃,冷水进/出温度 32 ℃/37 ℃)。由于地区差异,夏季湿球温度会有所差别,应根据厂家样册提供的曲线进行修正。湿球温度可查当地气象参数获得。

冷却塔与周围障碍物的距离应为一个塔高。冷却塔散冷量冷吨的定义:在空气的湿球温度为 27 ℃时,将 13 L/min(0.78 $m^3/h$)的纯水从 37 ℃冷却到 32 ℃,为 1 冷吨,其散热量为 4.515 kW。湿球温度每升高 1 ℃,冷却效率约下降 17%。

### 2. 冷却塔冷却能力计算

冷却塔冷却能力按照下式计算:

$$Q = 72 \times L \times (h_1 - h_2) \tag{5.7}$$

式中:$Q$ 为冷却能力,kcal/h;$L$ 为冷却塔风量,$m^3/h$;$h_1$ 为冷却塔入口空气焓值,kJ/kg;$h_2$ 为冷却塔出口空气焓值,kJ/kg。

冷却塔若做成自控系统,则必须在进出水处均设电动阀,只设置一台电动阀进行控制易发生倒吸或溢水。

### 3. 冷却塔的选型

冷却塔流量不能单纯按机组额定流量选择,应根据当地的空气温度和湿度对冷却塔的冷却能力进行修正后选择相应的冷却塔流量。若按照机组额定流量选择,则导致设计失误的原因主要有两个:一是冷却塔参数的测试工况的环境温度、湿度与工厂所在地外界环境存在差异;二是冷却塔的测试工况的进出水温度和实际机组的进出水温度存在差异。这两个差异导致按照简单流量选型很容易造成选择的冷却塔偏小,尤其是在上海、广州和杭州等湿球温度大的地区,这样最终会导致机组运行故障或者机组在低效率下运行。部分地区推荐的冷却塔流量如表5.2所示。

表5.2　部分地区冷却塔推荐流量　　　　　　　　　　　　　　　m³/h

| 主机型号 | 冷却水流量 | 选择冷却塔流量 | | | | | | |
|---|---|---|---|---|---|---|---|---|
| | | 北京 | 沈阳 | 上海 | 广州 | 昆明 | 成都 | 西安 |
| LSSLGS280S | 57.9 | 73 | 61 | 109 | 96 | 33 | 77 | 68 |
| LSSLGS380S | 79.6 | 100 | 84 | 150 | 132 | 45 | 106 | 93 |
| LSSLGS460S | 96 | 121 | 102 | 181 | 159 | 55 | 128 | 112 |
| LSSLGS560S | 117 | 147 | 124 | 221 | 194 | 67 | 156 | 137 |
| LSSLGS680S | 141 | 178 | 149 | 266 | 234 | 80 | 188 | 165 |
| LSSLGS840S | 175 | 221 | 186 | 331 | 291 | 100 | 233 | 205 |
| LSSLGS560D | 116 | 146 | 123 | 219 | 193 | 66 | 154 | 136 |
| LSSLGS770D | 161 | 203 | 171 | 304 | 267 | 92 | 214 | 188 |
| LSSLGS920D | 192 | 242 | 204 | 363 | 319 | 109 | 255 | 225 |
| LSSLGS1120D | 234 | 295 | 248 | 442 | 388 | 133 | 311 | 274 |
| LSSLGS1350D | 283 | 357 | 300 | 535 | 470 | 161 | 376 | 331 |
| LSSLGS1670D | 349 | 440 | 370 | 660 | 579 | 199 | 464 | 408 |

注:以上数据是根据当地空气调节设计温度(干球温度、湿球温度)计算出来的,其他地区可以查找当地的环境温度,如果湿球温度与上述地区相似,可以根据表5.2选取冷却塔流量。

部分地区的干、湿球温度如表5.3所示。

表5.3　部分地区干、湿球温度　　　　　　　　　　　　　　　　℃

| 干、湿球温度 | 北京 | 沈阳 | 上海 | 广州 | 昆明 | 成都 | 西安 | 重庆 |
|---|---|---|---|---|---|---|---|---|
| 空气调节干球温度 | 33.2 | 31.4 | 34.0 | 33.5 | 25.8 | 31.6 | 35.2 | 36.5 |
| 空气调节湿球温度 | 26.4 | 25.4 | 28.2 | 27.7 | 19.9 | 26.7 | 26.0 | 27.3 |

大、小冷却塔并联,在管路之间水力很难达到平衡,因此各塔之间一定要安装平衡管,并通过闸阀进行水力调节。

当多台冷却塔并联时,一定要保证冷却塔水位在同一高度,各塔之间可增加平衡管,通过采取回水集管尺寸放大两号等措施来保持水力平衡。

### 4. 闭式冷却塔供冷系统的应用

闭式冷却塔的供冷系统如图 5.30 所示。闭式冷却塔是用冷却塔供给的冷却水直接进行供冷,其冷却水系统是封闭的,冷却水未暴露在大气或灰尘中,因此不存在堵塞和污染问题。由于在闭式冷却塔内进行了空气—水换热,所以冷却塔的出水温度较高。

闭式冷却塔供冷设计的注意事项:

① 应采用为制冷机组配置的冷却塔,确定其中的 1 台或几台作为冬季冷源设备,冷却塔供冷工况下流经冷却塔的流量不应大于冷却塔额定流量;为防止气温过低时冷却塔冻结,流经冷却塔的流量不应小于冷却塔额定流量的 50%。冷冻水泵应为定流量运行。

② 冬季不使用的冷却塔和室外管道应泄空以防冻结。冷却水室内管线需保温,防止冬季供冷时结露。

③ 选择二次换热供冷板式换热器时,应让其阻力接近制冷机组冷凝器的阻力,避免因冷却水管路阻力太小,冷却泵过载而启动困难。

④ 加强冷却水系统的除污过滤,如设置加药装置、旁滤装置或微泡排气除污装置,减少冷却水对板式换热器的污染。

⑤ 空调冷冻水泵应尽量利用按夏季工况选定的设备,有条件时宜变流量运行。

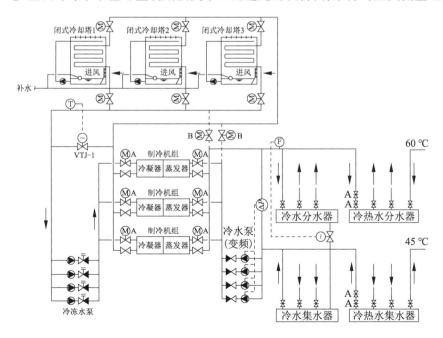

**图 5.30　闭式冷却塔供冷系统图**

5. 制冷机房管径选择

常用的水管数据如表5.4所示。

表5.4 常用水管数据

| 管径 DN/mm | 最大流速/(m·s⁻¹) | 比摩阻/(Pa·m⁻¹) | 流量/(m³·h⁻¹) | Δt=4 ℃时的负荷/kW | Δt=5 ℃时的负荷/kW | 水容量/(kg·m⁻¹) |
|---|---|---|---|---|---|---|
| 15 | 0.5 | 390 | 0.35 | 1.63 | 2.04 | 0.196 |
| 20 | 0.6 | 370 | 0.77 | 3.58 | 4.48 | 0.356 |
| 25 | 0.7 | 360 | 1.44 | 6.70 | 8.37 | 0.572 |
| 32 | 0.7 | 350 | 2.53 | 11.77 | 14.71 | 1.007 |
| 40 | 0.9 | 360 | 4.28 | 19.91 | 24.89 | 1.320 |
| 50 | 1.0 | 290 | 7.94 | 36.94 | 46.17 | 1.964 |
| 70 | 1.1 | 260 | 14.38 | 66.90 | 83.62 | 3.421 |
| 80 | 1.3 | 290 | 23.82 | 110.81 | 138.4 | 5.153 |
| 100 | 1.6 | 51 | | | | |
| 125 | 1.9 | 92 | | | | |
| 200 | 2 | 137 | | | | |
| 250 | 2.2 | | | | | |
| 300 | 2.2 | | | | | |
| 350 | 2.3 | | | | | |
| 400 | 2.3 | | | | | |
| 450 | 2.4 | | | | | |
| 500 | 2.4 | | | | | |
| 600 | 2.5 | | | | | |

**（二）水泵的选型**

1. 冷却水泵扬程

冷却水泵的扬程需要克服制冷机组的冷凝器阻力、管道沿程局部阻力、冷却塔的高位差和冷却塔的喷雾压力。在计算冷却水泵扬程时，需要核实冷却塔的各种参数。冷却水泵的扬程按照下式选取：

$$H=[P_1+P_2+P_3+0.04×L×(1+K)]×n \qquad (5.8)$$

式中：$H$ 为水泵所需扬程，m；$P_1$ 为空调主机机组冷凝器阻力，$mH_2O$；$P_2$ 为冷却塔喷水口与落水盘之间的高度差，$mH_2O$；$P_3$ 为冷却塔布水器喷口的喷雾压力（圆形逆流

冷却塔为 $2\sim5$ mH$_2$O),mH$_2$O;$L$ 为最不利环路总长,m;$K$ 为最不利环路中局部阻力当量长度总和与直管总长的比值,一般取 $0.3\sim0.5$;$n$ 为安全系数,一般取 $1.1\sim1.2$。

2. 冷冻水泵扬程及计算实例

冷冻水泵选型最重要的步骤是确定其扬程和流量,一般来说,冷冻水泵选型大多是清水离心泵。

(1) 常见的闭式空调冷冻水系统的阻力构成

① 冷水机组阻力:由机组制造厂提供,一般为 $60\sim100$ kPa。

② 管路阻力:包括摩擦阻力、局部阻力,目前设计中冷水管路的比摩阻宜控制在 $150\sim200$ Pa/m 范围内,管径较大时,取值可小些。

③ 空调末端装置阻力:根据系统设计提出的冷冻水进、出换热器的参数,以及冷量、水温差等设计值由制造厂计算后提供,许多额定工况值在产品样本上能查到。此项阻力一般在 $20\sim60$ kPa 范围内。

④ 调节阀的阻力:空调房间是要求控制室温的,通过在空调末端装置的水路上设置电动两通调节阀是实现室温控制的一种手段。两通阀的规格根据阀门全开时的流量能力与允许压力降来选择。若此允许压力降取值大,则阀门的控制性能好;若取值小,则控制性能差。阀门全开时的压力降占该支路总压力降的百分比被称为阀权度。系统设计要求阀权度 $S>0.3$,于是,两通调节阀的允许压力降一般不小于 $40$ kPa。

对于冷、热水管路末端系统,水泵扬程设计公式为

开式水系统

$$H_p = h_f + h_d + h_m + h_s \tag{5.9}$$

闭式水系统

$$H_p = h_f + h_d + h_m \tag{5.10}$$

式中:$h_f$,$h_d$ 分别为水系统总的沿程阻力和局部阻力损失,Pa;$h_m$ 为设备阻力损失,Pa;$h_s$ 为开式水系统的静水压力,Pa。$h_d/h_f$:小型住宅建筑在 $1\sim1.5$ 之间;大型高层建筑在 $0.5\sim1$ 之间;远距离输送管道(集中供冷)在 $0.2\sim0.6$ 之间。

(2) 水泵扬程的粗略计算　根据以上所述,可以粗略计算出一个冷冻水系统的压力损失,也即循环水泵所需的扬程。

冷水机组阻力:取 $80$ kPa($8$ mH$_2$O)。

管路阻力:取冷冻机房内的除污器、集水器、分水器及管等的阻力为 $50$ kPa;取输配侧管路长度为 $200$ m、比摩阻为 $200$ Pa/m,则摩擦阻力为 $200\times200=40000$ Pa,即 $40$ kPa;若考虑输配侧的局部阻力为摩擦阻力的 $50\%$,则局部阻力为 $40\times0.5=20$ kPa;系统管路的总阻力为 $50+40+20=110$ kPa($11$ mH$_2$O)。

空调末端装置阻力:组合式空调器的阻力一般比风机盘管的阻力大,故取前者的阻力为 45 kPa(4. 5 mH₂O)。

两通调节阀的阻力:取 40 kPa(4 mH₂O)。

于是,水系统的各部分阻力之和为 80+110+45+40 = 275 kPa(27. 5 mH₂O)。

水泵扬程:取 10% 的安全系数,则扬程 $H$ = 27. 5×1. 1 = 30. 25 m。

根据以上估算结果,可以基本掌握相同规模建筑物的空调水系统的压力损失范围,尤其应防止因未经过计算,过于保守,而将系统压力损失估计得过大,水泵扬程选得过大,导致能量浪费。

(3)水泵流量 冷却水泵流量根据冷却塔的最大流量要求配置;冷冻水泵流量根据末端计算出的最大流量要求配置。

水泵并联使用时的衰减问题:2 台水泵并联使用时总流量为单台水泵流量的 1. 9 倍,3 台水泵并联使用时总流量为单台水泵流量的 2. 51 倍,4 台水泵并联使用时总流量为单台水泵流量的 2. 84 倍。

**(三)压差旁通系统的选择**

在冷冻水循环系统设计中,为方便控制、节约能量,常使用变流量控制。但为保证制冷机组运行稳定,防止结冻,一般要求冷冻水流量不变或变化幅度不大。为了协调这一对矛盾,工程上常使用冷冻水压差旁通系统保证在末端变流量的情况下,制冷机组蒸发器侧流量不变。

在这种系统设计中,压差旁通系统的作用是通过调节压差旁通阀的开度控制冷冻水的旁通流量,从而使供回水干管两端的压差恒定。根据水泵特性可知,泵送回水压力恒定时,流量亦保持恒定。

显然,旁通阀的直径要满足最大旁通水量的要求。当末端负荷减小时,电动阀门关小,供水量减少,而旁通流量增加。因此,旁通阀的最大旁通流量就是系统负荷减小到一台制冷机组停机时所需的旁通流量。

旁通阀都具有高流通能力,所以其直径一般比制冷机组接管直径小两个规格。

压差控制系统的控制方式有比例控制(输出比例变化的电阻信号)和三位控制(输出进、停、退信号)。比例控制的精度较高,价格也高,需根据不同的精度要求选配。两种方式所配套的执行器也不同。

旁通阀执行器需根据不同的系统压差配套不同系列的阀门。例如,某品牌VBG 阀门+VAT 执行器适用的最大工作压差为 0. 2 MPa,DSGA 阀门+MVL 执行器的最大工作压差则为 0. 8 MPa。若订货时未指明,厂商一般均会按较高压差配套。

总之,在压差旁通系统的选型中,要认真考虑各种因素,如阀门特性、压差、流通能力及配套的执行器等。有的工程只是简单地按制冷机组口径选择旁通阀的口径,往往会造成浪费。

### (四) 冷却水温度旁通系统及主机防冻

食用菌工厂制冷系统基本处于全年运行状态,特别是北方工厂,由于室外温度在冰点以下,即使冷却塔在保温的状态下,冷却水的温度仍然会低于主机的最低工作水温,在这种情况下,为保证主机能够正常运行,就必须对冷却系统做防冻处理。

① 在冷却水主管安装冷却水温度旁通阀,通过测量主机冷却水供水温度调节旁通阀的开度,在保证主机流量的同时满足最低工作温度的要求。选择的旁通阀的直径一般比单台主机的配管小一个规格。

② 若工厂处于极寒天气地区,且没有安装冬季的风冷系统,则主机工作时一般需要安装室内冷却水水箱,另加冷却塔和水箱循环系统,通过二次泵系统控制冷却水水箱水温。

## 第四节　冷热源系统的控制(机房设备集群控制)

### 一、制冷机组群控

食用菌工厂中空调冷源设备一般采用多台制冷机组,因此对于多台制冷机组及其外围设备的正确控制尤其重要。空调系统在大多数情况下处于非满负荷状态,主机因而(制冷机组)不能总是满载运行。相同工况下,主机在部分负荷状态下运行的制冷效率总是要低于其在满载状态下运行的制冷效率,这是因为主机虽然卸载了,消耗的指示功与卸载率同步减少,但摩擦功并未减少。以螺杆式制冷机组为例,尽管卸载率可以在 15% ~ 100% 的范围内变化,但卸载率低于 50%时,制冷效率明显下降,运行的经济性受到很大影响;对于离心式制冷机组,制冷量低于 50% 时易引起制冷机组的喘振。因此,在多台制冷机组并联运行时,尽量使制冷机组处于满载状态运行是节能的重要措施之一。这就是对制冷机组的台数控制,又称群控。

制冷机组群控是指依据建筑物的空调负荷需求,自动调节并优化控制多台制冷机组及相关外围设备。群控系统采集和控制各类输入、输出信号,自动控制多台制冷机组的加/卸载,同时连锁控制冷冻水泵、冷却水泵和冷却塔等相关设备。群控系统中的监控计算机为管理者提供图形化的操作界面,在操作界面上可监测这些设备的各类重要参数,并通过对设备运行状态的了解,进行各类运行参数的设定或修改,如设定制冷机组运行时间表,修改制冷机组的出水温度控制值,等等。

在制冷机组群控系统中,冷冻水泵、冷却水泵、冷却塔和阀门等对于制冷机组来说属于附属设备,它们一般是与制冷机组连锁运行的,所以制冷机组的启停及运行台数控制对于整个制冷机组群控系统是很重要的。

以图 5.31 所示 4 台相同型号的制冷机组组成的制冷系统为例,当末端空调负荷降低时,系统的回水温度降低,制冷机组会根据出水温度不变的原则,自动降低制冷机组的制冷量。4 台机组均以 75% 的负荷运行,显然不如停掉 1 台制冷机组而让另外 3 台制冷机组以 100% 的负荷运行节能。

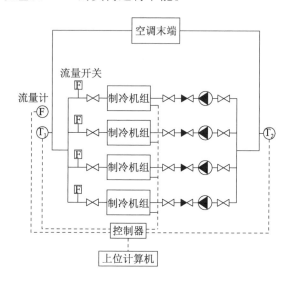

图 5.31　制冷机组的群控原理示意图

台数控制的基本思想是使制冷机组提供的制冷能力与食用菌工厂所需的制冷量相适应,因此在制冷系统运行过程中,实时监测当前系统的制冷量,判断食用菌工厂的制冷量需求是确定投入运行主机台数的前提。

**（一）制冷机组台数控制规则**

大多数工程都在冷冻水供回水总管上设置流量和温度传感器,检测冷冻水总流量和供回水温度,进而计算出单位时刻的总制冷量 $Q$。若单台主机的最大制冷量为 $q_{max}$,运行台数为 $N$,当总制冷量 $Q<q_{max} \cdot N$ 时,表明制冷机组尚有部分余力没有发挥出来。通过使用制冷主机的卸载功能,使其与食用菌工厂所需制冷量相匹配,此时制冷机组提供的制冷量与食用菌工厂实际需求的制冷量是相等的。当总制冷量 $Q=q_{max} \cdot N$ 时,表明已满负荷工作,它可能说明供需双方达到了平衡,更可能说明供需双方处于供不应求的状态,具体是哪种状态需要通过系统的其他参数作出判断。实际运行过程中,常通过冷冻水出水温度测量值与设定值的差值来判断。为了使数据更

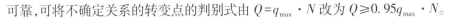

可靠,可将不确定关系的转变点的判别式由 $Q=q_{max}\cdot N$ 改为 $Q\geqslant0.95q_{max}\cdot N$。

根据以上分析,得出制冷机组台数控制的规则如下:

① 若 $Q\leqslant q_{max}\cdot(N-1)$,则关闭一台制冷机组及相应的循环水泵;

② 若 $Q\geqslant0.95q_{max}\cdot N$,且制冷机组出水温度在一段时间内高于设定值,则开启一台主机及相应的循环水泵;

③ 若 $q_{max}\cdot(N-1)<Q<0.95q_{max}\cdot N$,则保持现有状态。

制冷机组具有能量调节机构,它能根据冷冻水出水设定温度自动调节制冷机组的制冷量,使之与食用菌工厂的负荷相适应。活塞式制冷机组采用卸载机构调节冷量,螺杆式制冷机组采用滑阀调节冷量,而离心式制冷机组通过入口导叶角度变化和变频控制调节冷量。主机的制冷效率还与制冷机组的运行工况有关。运行工况的外在参数主要是冷却水温度和冷冻水温度。在一定范围内,冷却水温度越低,冷冻水温度越高,主机的制冷效率就越高;反之,则越低。因此,在制冷机组运行时,可以改变设备的标准设定水温,降低冷却水温度而提高冷冻水温度,这就是冷冻水温度再设定。

**(二) 制冷机组群控序列策略**

制冷机组群控序列策略就是解决在需要启动下一台制冷机组时,哪一台制冷机组先启动;在需要停止运行一台制冷机组时,哪一台先停止的问题。这种序列策略的作用是与设备管理、维修计划更好地匹配,充分利用设备的无故障周期来延长设备的使用寿命。

在需要启动一台制冷机组时,可按以下策略进行:① 当前停运时间最长的优先;② 累计运行时间最少的优先;③ 轮流排队等。

在需要停止一台制冷机组时,可按以下策略进行:① 当前运行时间最长的优先;② 累计运行时间最长的优先;③ 轮流排队等。

为延长制冷机组设备的使用寿命,需记录各制冷机组设备的累计运行小时数及启动次数。通常要求各制冷机组设备的累计运行小时数及启动次数尽可能相同。因此,每次启动系统时,都应优先启动累计运行小时数最少的设备,有特殊设计要求(如某台制冷机组是专为低负荷节能运行而设置的)的除外。

**(三) 制冷机组群控的主要特点**

① 根据室外温度或运行时间表,自动启动或停止制冷机组,平衡各机组的运行时间,延长机组寿命。

② 在运行时间表内,以合理的机组运行台数和单台机器的加载量满足末端负荷要求,实现节能、高效运行的目标。

③ 具有调控指定的运行机组开关冷冻水泵、冷却水泵、冷却塔及电动蝶阀等相

关设备的功能;可显示外围设备(冷冻水泵、冷却水泵、冷却塔及电动蝶阀等)和制冷机组的运行状态与主要参数。

④ 通过控制器对冷冻水泵、冷却水泵和冷却塔等实现连锁控制,并可根据突发事件自动启停备用设备。

⑤ 方便不同级别操作人员管理,可自动记录及打印数据,生成的图形化监控界面形象生动。

**(四)制冷机组群控的优点**

① 提高空调系统的运行效率,节能;

② 降低操作人员的劳动强度,提高工作效率;

③ 增强系统诊断能力。

## 二、冷冻水系统控制原理

常规的空调系统设计大多是按照设计工况来配置制冷机组、管网及循环水泵等设备。实际上,绝大多数工况下,空调系统是在40%~80%负荷范围内运行的,为适应这种情况,冷源侧的制冷机组一般需要采用卸载策略降低能耗,负荷侧则需要通过变冷水温差或变冷水流量调节来适应空调末端负荷的变化。

图5.32所示为三通阀变冷水温差调节示意图和两通阀变冷水流量调节示意图。采用三通阀变冷水温差调节系统,在空调负荷变化时,负荷侧的冷水流量保持不变,水泵能耗并不减少,而且三通阀的价格明显高于两通阀,因此,目前工程很少采用三通阀的调节方式。两通阀变冷水流量调节系统可以额外地节省冷水输送能耗,是目前工程中普遍采用的方案。

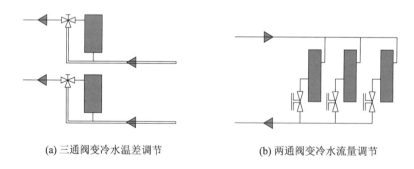

(a) 三通阀变冷水温差调节　　　　　　(b) 两通阀变冷水流量调节

**图5.32　两种不同的调节方式示意图**

冷冻水系统按循环水泵的设置方式可以分为一次泵和二次泵系统,按照水系统输配管路中的水流量变化可以分为定流量和变流量系统。因此,冷冻水系统有一次泵定流量系统、一次泵变流量系统、二次泵定流量系统、二次泵变流量系统等多种组合方式。目前,常用的是一次泵定流量系统和二次泵变流量系统。

一次泵系统是指冷源侧与负荷侧共用一组冷冻水泵;二次泵系统是指冷源侧与负荷侧分别配备冷冻水泵,冷源侧循环水泵仅需要克服蒸发器及周围管件的阻力,负荷侧加压泵用于克服末端换热器阀件及相应管路的阻力,利用两组泵解决末端要求变流量与制冷机蒸发器要求定流量的矛盾。

定流量系统是指所有在线的制冷机组组合后流量不变,根据负荷调整制冷机组的工作台数,通过改变供回水温度来适应部分负荷的变化,系统设计简单,但是输送能耗始终处于设计最大值;变流量系统是指通过改变供水量(或者同时改变水量和水温)来适应负荷的变化,可降低输送能耗,由于其节能效果明显,目前应用广泛。

### (一) 一次泵定流量系统控制原理

一次泵定流量系统是国内工程设计中应用较多的一种系统形式,它是一种简化的二次泵变流量系统,其特点是通过蒸发器的冷水流量不变,蒸发器不存在结冰的风险。当制冷系统中负荷侧冷负荷减小时,可通过减小冷水的供、回水温差来适应负荷的变化,所以在绝大部分运行时间内,空调水系统处于大流量、小温差的状态,不利于降低水泵的能耗。图 5.33 是一种典型的一次泵定流量系统示意图。

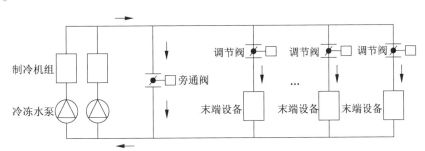

**图 5.33　一种典型的一次泵定流量系统示意图**

一次泵定流量系统中一台制冷机组配置一台冷冻水泵,水泵和机组联动控制。一次泵定流量系统加机和减机的原理如图 5.34 所示。加机时先启动对应的冷冻水泵和冷却水泵,再启动制冷机组;减机时,先关闭制冷机组,再关闭对应的冷冻水泵和冷却水泵。末端冷却盘管的回水管路上安装有两通调节阀,在末端负荷变化时进行变流量调节。旁通管则起到平衡制冷机组侧循环水和末端供回水系统水量的作用。旁通管上装有压差旁通阀,可根据最不利环路压差变化来调节压差旁通阀的开度,从而调节旁通水量,旁通水仅有一个流动方向,即从供水总管流向回水总管。

水泵与制冷机组的连接有先串后并和先并后串两种形式,如图 5.35 所示。先串后并的特点是水泵与制冷机组启停一一对应,供水系统结构简单,但水泵/制冷机组不能互为备用。先并后串的特点是水泵/制冷机组可互为备用,机房内管路较简单,但需在水泵与制冷机组之间增加截止阀。

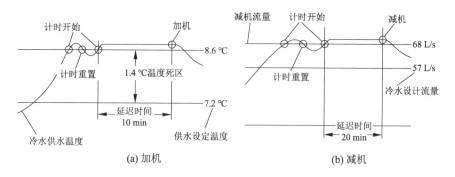

(a) 加机  (b) 减机

**图 5.34  一次泵定流量系统加机和减机的原理示意图**

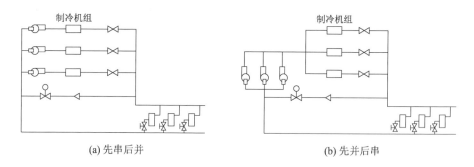

(a) 先串后并  (b) 先并后串

**图 5.35  水泵与制冷机组的两种连接方式**

一次泵定流量、全年制冷系统的控制方法如图 5.36 所示。这种系统的控制方法是在食用菌工厂末端设备处安装三通阀,根据食用菌工厂内的房间温度调节冷冻水进入末端设备和进入旁通管的比例。房间温度高时加大进入末端设备的比例,温度低时加大进入旁通管的比例,使室温维持在允许的范围内。系统的总水量在制冷机组侧不变,进入末端设备和旁通管的水量之和也不变。当末端负荷减小到一定程度时(回水温度下降到某一数值),关闭一台制冷机组,冷冻水泵不关,总循环水量不变,实现能量的自动调节。由于总冷量减少,进入食用菌工厂末端设备的冷量减少,因此室温会上升,升高的室温会通过三通调节阀调节冷冻水进入末端设备和旁通管的比例,使室温回到设定值附近。

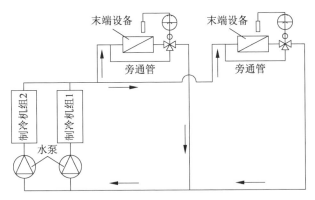

**图 5.36　一次泵定流量、全年制冷系统控制方法**

一次泵定流量系统中制冷机组的台数控制方法主要有操作指导控制、压差旁通控制、恒定供回水压差的流量旁通控制和冷量控制。

（1）操作指导控制　这种控制方式根据实测冷负荷实时控制制冷机组运行台数及相应联动设备。这是一种开环控制结构,其特点是结构简单,控制灵活,适用于冷负荷变化规律不清楚和对大型制冷剂的启停要求严格的场合;缺点是需要人工操作,控制过程慢,实时性差,节能效果受到限制。

（2）压差旁通控制　一次泵定流量压差旁通控制如图 5.37 所示。在负荷侧空调末端设备上的电动两通阀受室温调节器控制。由供、回水总管上的压差控制器输出信号控制旁通管上的电动两通阀(或称为旁通调节阀)。旁通调节阀上设有限位开关,用来指示 10% 和 90% 的开度。低负荷时只启动一台制冷机组和相应的水泵,此时旁通调节阀处于某一调节位置。当负荷增加时,旁通调节阀趋向关的位置,这时限位开关闭合,自动启动第二台制冷机组和相应的水泵。当负荷继续增加时,则进一步启动第三台制冷机组和相应的水泵。当负荷减小时,则按与上面相反的方向进行,逐步关闭一台制冷机组和水泵。

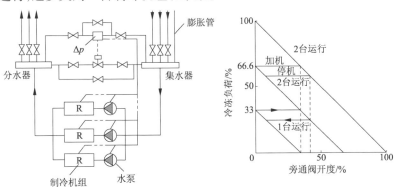

**图 5.37　一次泵定流量压差旁通控制**

（3）恒定供回水压差的流量旁通控制　其控制方法是在旁通管上再增设流量计,以旁通流量控制制冷机组和水泵的启停。如安装三台制冷机组,当由满负荷降至 66.6% 的负荷时,停掉一组制冷机组和水泵;当由满负荷降至 33.3% 的负荷时,停掉两组制冷机组和水泵。

（4）冷量控制　其原理是通过测量负荷侧的供回水温度及冷冻水流量计算出实际所需冷量,由此确定制冷机组的运行台数。采用这种控制方式,各传感器的位置非常重要,流量计测量的是负荷侧的总回水流量,不包括旁通流量;回水温度传感器测量的是负荷侧的总回水温度,不应是回水与旁通水的混合温度。该方法是工程中常用的一种方法。

一次泵定流量系统的配置和设计要求如表 5.5 所示。

**表 5.5　一次泵定流量系统的配置和设计要求**

| 项目 | 系统配置设计要求 |
|---|---|
| 冷水循环泵 | 根据整个系统(包括制冷机组、末端、阀门、管路等)的设计阻力及设计流量进行选择 |
| 旁通管与压差旁通阀 | 旁通管和压差旁通阀的设计流量为最大单台制冷机组的额定流量 |
| 制冷机组的加机原则 | 以系统供水设定温度 $T_{ss}$ 为依据:当实际供水温度 $T_{sl}>T_{ss}$ 并处于误差死区,且这种状态持续 10~15 min 时,另一台制冷机组就会启动 |
| 制冷机组的减机原则 | 以旁通管的流量为依据:当旁通管内的冷水从供水总管流向回水总管,流量达到单台制冷机组设计流量的 110%~120%,且这种状态持续 10~20 min 时,控制系统就会关闭制冷机组,关小旁通阀 |
| 水泵控制 | 水泵与制冷机组一一对应,联动控制 |
| 压差旁通控制 | 负荷侧流量变化时,根据压差变化,调节压差旁通阀的开度,从而调节旁通水量 |

### （二）二次泵变流量系统控制原理

二次泵变流量系统是在制冷机组蒸发器侧流量恒定的前提下,把传统的一次泵分解为两级,包括冷源侧和负荷侧两条水环路,如图 5.38 所示。

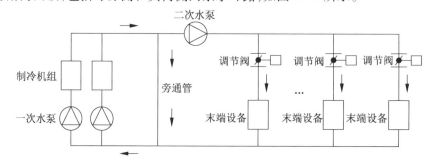

**图 5.38　二次泵变流量系统**

二次泵变流量系统的特点在于冷源侧一次泵的流量不变,二次泵则能根据末端负荷的需求调节流量。对适应负荷变化能力较弱的制冷机组产品来说,保证流过蒸发器的流量不变是十分重要的,只有这样才能防止蒸发器发生结冰事故,确保制冷机组出水温度稳定。与一次泵定流量系统相比,二次泵变流量系统可根据末端负荷的需求调节流量,能节约相当一部分水泵能耗。

二次泵变流量系统中一次泵的位置与一次泵定流量系统中的相同,采用"一机组对一泵"的形式,水泵和机组联动控制。在空调系统末端,冷却盘管回水管路上安装两通调节阀,在负荷变化时能进行开关或开度调节。通常,二次泵宜以系统最不利环路的末端压差变化为依据,通过变频调速来维持设定的压差值。平衡管起到平衡一次和二次水系统水量的作用。当末端负荷增大时,回水经旁通管流向供水总管;当末端水流量减少时,供水经旁通管流向回水总管。平衡管是水泵扬程的基点,由于一次泵和二次泵串联运行,需要根据管道阻力确定各自的扬程,因而在理想状态下平衡管的阻力为零或尽可能小。

二次泵变流量、全年制冷系统的控制方法如图 5.39 所示。一次泵克服蒸发器及周围管件的阻力,冷水至旁通管 A、B 之间的压差几乎为 0,这样即使有旁通管,当末端要求的流量与通过蒸发器的流量一致时,旁通管内亦无水通过。二次泵用于克服负荷侧支路及相应管道的阻力。制冷随制冷机组连锁启停,二次泵则根据负荷侧需水量进行台数及启停控制。

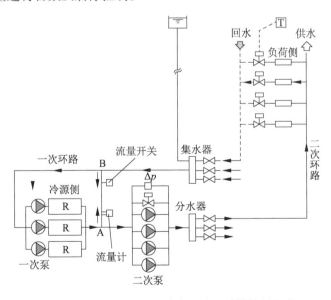

**图 5.39　二次泵变流量、全年制冷系统的控制方法**

当二次泵的总供水量与一次泵的总供水量有差异时,多出来的水从旁通管 A、

B 中流过,这样就解决了制冷机组与负荷侧供水量控制不同步的问题。负荷侧供水量的调节通过二次泵的运行台数及压差旁通阀来控制。一级分水箱与集水箱之间用连通管连接起来。满负荷工作时,一次泵回路和二次泵回路中的流量相等。制冷机组的制冷量全部输送给负荷侧。一次泵回路和二次泵回路的水量与冷量达到"供需平衡",此时连通管中没有冷冻水流过。当负荷侧的负荷减少时,负荷侧将关闭两通阀或减小两通阀的开度,减少进入负荷侧的水量,二级分水箱与集水箱之间的压差会增大,此时可通过改变并联二次泵运行台数或调节水泵转速,使二级分水箱与集水箱之间的压差维持在要求的范围内。二次泵回路水量的减少将造成一次泵、二次泵回路水量不平衡,即"供大于求"。这时一次泵回路的一部分水量将通过旁通管,这样就解决了负荷侧需要减少流量、蒸发器需要流量恒定的矛盾。

二次泵变流量系统的配置和设计要求如表 5.6 所示。

表 5.6　二次泵变流量系统的配置和设计要求

| 项目 | 系统配置和设计要求 |
| --- | --- |
| 冷水循环泵 | 一次泵的扬程:克服制冷机组蒸发器到旁通管的一次环路的阻力。<br>二次泵的扬程:克服从旁通管到负荷侧的二次环路的阻力 |
| 旁通管 | 旁通管流量一般不超过最大单台制冷机组的额定流量 |
| 制冷机组的加机原则 | ① 以压缩机运行电流为依据:若机组运行电流与额定电流的百分比大于设定值(如90%),且持续 10～15 min,则启动另一台制冷机组。<br>② 以空调负荷为依据:测量负荷侧的流量和供回水温差,计算空调负荷。若空调负荷大于制冷机组提供的最大负荷,且此状态持续 10～15 min,则启动另一台制冷机组 |
| 制冷机组的减机原则 | ① 以旁通管的流量为依据:若旁通管内的冷水从供水总管流向回水总管,流量达到单台制冷机组设计流量的110%～120%,且这种状态持续10～15 min,则关闭一台制冷机组。<br>② 以空调负荷为依据:测量负荷侧的流量和供回水温差,计算空调负荷。若减少某台制冷机组后,剩余机组提供的最大负荷满足空调负荷要求,且此状态持续 10～15 min,则关闭该台制冷机组 |
| 制冷机组的负荷调节 | 制冷机房供水设定温度重设:机房采用自动控制时,控制系统会通过系统供水设定温度 $T_{ss}$、机组回水温度 $T_{R1}$ 等计算出该负荷下制冷机组最佳的出水设定温度 |
| 二次泵变流量控制 | ① 定压差方式控制:压差小于设定值,提高二次泵的转速;反之,则降低二次泵的转速。<br>② 变定压差方式控制:根据负荷侧末端两通阀的开度重新设定控制压差,尽量降低二次泵的转速,以便最大限度地节能 |

# 第五节　空调管路系统

在制冷主机房中,冷媒经过冷冻机降温后由水泵送至分水器,经过流向各功能区的主管和支管,再经换热器吸收房间热量后,通过回水管道回到机房集水器,再被水泵泵入制冷主机内降温,从而构成工厂的冷量输送管网。

## 一、管路系统设计的主要原则

① 管路系统应具备足够的输送能力。例如,在制冷系统中通过水系统确保流过每台空调机组或空调器的循环水量达到设计流量,从而确保机组正常运行;末端换热器因品种不同而差异较大,所以在流量的计算过程中一定要考虑末端换热器同时出现最大负载量的情况,此时选择的流量并不是末端流量的总和。

② 合理布置管道。管道的布置要尽可能选用同程式系统,虽然初始投资略有增加,但易于保持环路的水力稳定性;若采用异程式系统,则在设计中应注意各支管间的压力平衡问题。

③ 确定系统的管径时,应保证管道具备输送设计流量的能力,并使阻力损失和水流噪声小,以获得经济合理的效果。众所周知,管径大则投资大,但流动阻力小,循环水泵的耗电量小,运行费用低,因此,应当确定一种能使投资和运行费用平衡的管径。同时,设计中要杜绝"大流量小温差"问题,这是管路系统设计的经济原则。

④ 在设计中,应进行严格的水力计算,以确保各个环路之间满足水力平衡要求,使空调水系统在实际运行中有良好的水力工况和热力工况。

⑤ 空调管路系统应满足中央空调部分负荷运行时的调节要求。

⑥ 空调管路系统设计中要尽可能多地采用节能技术。

⑦ 管路系统选用的管材、配件要符合有关的规范要求。

⑧ 设计的管路系统要便于操作、调节与维修。

另外,在设计时也应注意如下具体问题:

① 放气排污。在水系统的最高点要设排气阀或排气管,防止形成气塞;在主立管的最下端(根部)要有排出污物的带阀门的支管;在所有的低点处均应设泄水管。

② 热胀、冷缩。对于长度超过 40 m 的直管段,必须装伸缩器。在重要设备与重要的控制阀前面应装水过滤器。

③ 注意管网的布局,设计时尽量使系统水力平衡。如果在计算上很难达到平衡,可适当采用动态和静态平衡阀。

④ 要注意计算管道推力,选好固定点,做好固定支架,特别是在大管道水温高时更需注意。

⑤ 所有的控制阀门均应装在冷风机冷冻水的回水管上。

⑥ 注意坡度、坡向,做好保温、防冻措施。

⑦ 低温供液系统(0 ℃以下)选用乙二醇溶液作为载冷剂,必须考虑管道选材的抗腐蚀能力,并防止发生电腐蚀现象。

## 二、空调水系统水管管径的确定

水管管径 $d$ 可通过下式得出:

$$d = \sqrt{\frac{4Q}{\pi v}} \qquad (5.11)$$

式中:$Q$ 为流量,$m^3/s$;$v$ 为水流速,$m/s$。

空调水系统中管内水流速建议按表 5.7 中的推荐值选用,经试算来确定其管径,或按表 5.8 中的流量确定管径。

表 5.7　管内水流速推荐值

| 管径/mm | 闭式水系统/$(m \cdot s^{-1})$ | 开式水系统/$(m \cdot s^{-1})$ | 管径/mm | 闭式水系统/$(m \cdot s^{-1})$ | 开式水系统/$(m \cdot s^{-1})$ |
|---|---|---|---|---|---|
| 15 | 0.4~0.5 | 0.3~0.4 | 100 | 1.3~1.8 | 1.2~1.6 |
| 20 | 0.5~0.6 | 0.4~0.5 | 125 | 1.5~2.0 | 1.4~1.8 |
| 25 | 0.6~0.7 | 0.5~0.6 | 150 | 1.6~2.2 | 1.5~2.0 |
| 32 | 0.7~0.9 | 0.6~0.8 | 200 | 1.8~2.5 | 1.6~2.3 |
| 40 | 0.8~1.0 | 0.7~0.9 | 250 | 1.8~2.6 | 1.7~2.4 |
| 50 | 0.9~1.2 | 0.8~1.0 | 300 | 1.9~2.9 | 1.7~2.4 |
| 65 | 1.1~1.4 | 0.9~1.2 | 350 | 1.6~2.5 | 1.6~2.1 |
| 80 | 1.2~1.6 | 1.1~1.4 | 400 | 1.8~2.6 | 1.8~2.3 |

表 5.8　水系统的管径和单位长度阻力损失

| 钢管管径/mm | 闭式水系统 | | 开式水系统 | |
|---|---|---|---|---|
| | 流量/$(m^3 \cdot h^{-1})$ | 单位长度阻力损失/$(kPa \cdot 100\ m^{-1})$ | 流量/$(m^3 \cdot h^{-1})$ | 单位长度阻力损失/$(kPa \cdot 100\ m^{-1})$ |
| 15 | 0~0.5 | 0~60 | | |
| 20 | 0.5~1.0 | 10~60 | | |
| 25 | 1~2 | 10~60 | 0~1.3 | 0~43 |
| 32 | 2~4 | 10~60 | 1.3~2.0 | 11~40 |

| 钢管管径/mm | 闭式水系统 | | 开式水系统 | |
| --- | --- | --- | --- | --- |
| | 流量/($m^3 \cdot h^{-1}$) | 单位长度阻力损失/<br>($kPa \cdot 100\ m^{-1}$) | 流量/($m^3 \cdot h^{-1}$) | 单位长度阻力损失/<br>($kPa \cdot 100\ m^{-1}$) |
| 40 | 4~6 | 10~60 | 2~4 | 10~40 |
| 50 | 6~11 | 10~60 | 4~8 | |
| 65 | 11~18 | 10~60 | 8~14 | |
| 80 | 18~32 | 10~60 | 14~22 | |
| 100 | 32~65 | 10~60 | 22~45 | |
| 125 | 65~115 | 10~60 | 45~82 | 10~40 |
| 150 | 115~185 | 10~47 | 82~130 | 10~43 |
| 200 | 185~380 | 10~37 | 130~200 | 10~24 |
| 250 | 380~560 | 9~26 | 200~340 | 10~18 |
| 300 | 560~820 | 8~23 | 340~470 | 8~15 |
| 350 | 820~950 | 8~18 | 470~610 | 8~13 |
| 400 | 950~1250 | 8~17 | 610~750 | 7~12 |
| 450 | 1250~1590 | 8~15 | 750~1000 | 7~12 |
| 500 | 1590~2000 | 8~13 | 1000~1230 | 7~11 |

## 三、管路的静动态水力平衡设计

### (一)水力失调

水力失调是水力失衡引起运行工况失调的一种现象。空调水系统通常存在水力失调的现象,为了实现调控工艺的一致性,食用菌工厂对相同大小、相同用途的栽培车间的制冷速度和热及湿的交换速度有较高的一致性要求。如果水力失衡,每个批次或相邻栽培房之间的制冷速度和除湿能力就会存在差异,为种植工艺的调控带来很大的不便,因此必须重视空调水系统的初调节和运行过程中的调节与控制问题。

1. 水力失调的类型

水力失调可分为静态与动态两种类型。

(1)静态水力失调　静态水力失调是水系统自身固有的,它是由管路系统特性阻力系数(又称管路阻力数、管路阻抗,是指单位水流量下管路的阻力损失,其大小仅取决于管段本身,不随流量变化)的实际值偏离设计值导致的。

(2)动态水力失调　动态水力失调不是水系统自身固有的,是在系统运行过程中产生的。它是因某些设备的阀门开度改变,在导致流量变化的同时,管路系统的压力出现波动,从而发生互扰而使其他末端设备流量偏离设计值的一种现象。

根据流体力学可知,无论是静态水力失调还是动态水力失调,都是由各个水力环路的阻力不平衡引起的。在水系统的管路中,与设计管路阻力相比,如果某些分支环路的阻力偏高,而某些分支环路的阻力偏低,就会导致生产中实际水流量与设计要求水流量产生较大偏差,即产生水力失调。空调系统冷水输配系统的设计一般是根据空调末端最大的负荷要求来设计输送管道的管径、流量,从而确定管道的阻力,进而选取冷冻水泵的流量、扬程。而由于设计、安装、使用及运行中空调负荷具有时变性等特点,因此任何空调系统均存在水力失调的问题。

2. 水力失调的原因

(1)异程式管路系统的固有弊端　使用异程式管路系统较同程式管路系统可节约成本,因此大多数中央空调系统的冷冻水管路都采用了异程式设计。在异程式管路系统中,各个并联环路的管道路程均不相等,因而各个环路的阻力也不相等。在进行异程式管路系统设计时,水泵的扬程往往是按照系统最不利环路所需的流量来选定的,为了保证最不利环路末端设备的资用压头足够,其他有利环路末端设备的资用压头必然大于设计工况下需要的压头。系统管路越长,或末端设备的阻力差异越大,越容易出现流量分配偏离设计状态的情况。

(2)设计方面　在进行空调管路系统设计时,未正确计算各个分支环路的管道特性阻力即水力平衡分析,造成系统中不利环路与有利环路之间的管道阻力差过大。未对多台并联水泵的实际流量曲线与多环路并联特性曲线进行拟合,致使水泵选型不合适,无法调整至设计要求的流量或扬程。

(3)安装调试方面　进行空调管路系统设计时,根据水力学理论计算来选定相应的管径尺寸,而实际使用的管径尺寸由于管材标准的限制往往与计算尺寸存在差异,导致管路实际阻力偏离设计值。由于管路安装条件的限制,管路的实际路线与设计路线往往也会大不相同。工作人员缺乏水力平衡调试的经验和能力,导致水力平衡调试不到位。管网建成后增加了新的负荷而未进行调整,导致原有的水力平衡被破坏。

(二)水力平衡

空调水系统水力失调导致的表面现象是室内热环境差,如系统内冷热不均匀、温湿度达不到设计值等,实际上还隐含系统和设备效率降低,以及由此引起的能源消耗增加的问题。图5.40所示为由系统不平衡导致室内温度偏离所造成的能量成本变化率增加。

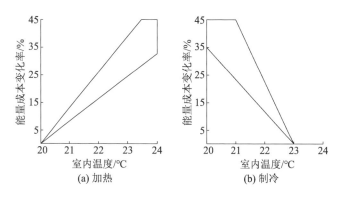

**图 5.40　能量成本随室内温度升高或降低的变化率**

工程设计中,对水力平衡的基本要求如下:① 在设计工况下所有末端设备必须都能达到设计流量;② 对系统中任何一组末端设备进行调节时,不影响其他末端设备的正常运行;③ 控制阀两端的压差不能有太大的变化;④ 二次环路的水流量必须与水力平衡匹配。

1. 水力平衡的类型

根据水力失调类型的不同,水力平衡可分为静态水力平衡和动态水力平衡两种形式。

(1)静态水力平衡　若系统中所有末端设备的温度控制阀门(如温控阀和电动调节阀等)均处于全开位置,所有动态水力平衡设备也都被设定在设计参数(设计流量或压差)位置,这时若所有末端设备的流量均能达到设计值,则可以认为该系统达到了静态水力平衡。使用手动平衡阀和自动平衡阀都可以实现静态水力平衡。

(2)动态水力平衡　对于变流量系统,除了必须达到静态水力平衡外,同时还必须较好地实现动态水力平衡,即在系统运行过程中,各个末端设备的流量均能达到随瞬时负荷改变的瞬时要求流量,而且各个末端设备的流量只随设备负荷的变化而变化,不受系统压力波动的影响。

由于变流量系统常常是通过两通调节阀(控制阀)来实现的,因此两通调节阀的表现往往表示动态水力平衡的效果。国际上普遍将阀权度作为判断两通调节阀表现的标准。

$$S = \Delta P_{\min}/\Delta P_{o} \tag{5.12}$$

式中:$\Delta P_{\min}$为控制阀全开时的压力损失,Pa;$\Delta P_{o}$为控制阀所在串联支路的总压力损失,Pa。

阀权度小,说明通过调节阀两端的压差变化较大,调节阀本身的流量特性会产生较大的偏差与振荡,从而影响其使用效果,同时也说明回路间的互扰现象比较严重。采用不同的平衡手段,调节阀会有不同的阀权度,也表示变流量系统具有不同的平衡效果。严格来说,在变流量系统中,只有当所有调节阀的阀权度都等于1、互扰现象完全消除时,系统才能实现绝对意义上的动态平衡,当然,实际上这是不可能的。在实际工程中,基于实际需要和"节能-投资比"的考虑,没有必要盲目追求过高的阀权度。

**2. 水力平衡的实现**

静态与动态水力平衡可以通过多种平衡方式来实现,平衡装置的选择或组合应根据系统的具体状况而定,不应简单化和绝对化,类似"用静态平衡阀解决静态水力失调,用动态平衡阀解决动态水力失调"的说法是不确切的。当采用二次泵时,必须重视"一、二次环路水流量应兼容"这一原则,二次回路的流量要小于或等于一次回路,否则会在一、二次回路的结合处产生混合点,从而降低系统的流动效率,造成能量损失,所以必须采取平衡措施。

要保证空调冷冻水系统的良好运行,首先应该满足系统达到水力平衡条件。随着系统规模的扩大和系统复杂性的增加,水力平衡越来越重要。目前常用的水力平衡方法可从定流量和变流量水系统的角度来分析。

(1) 定流量水系统的水力平衡 定流量水系统是中央空调中常见的水力系统,系统中不含任何动态阀门,在系统初调试完成后一般不再对阀门开度做任何变动,在运行过程中系统各个分支环路的流量基本保持不变。定流量水系统主要用于末端设备无须通过流量来进行调节的系统,如带三通调节阀的末端设备、采用三速开关调节的风机盘管和采用变风量空气处理机组的空调系统。定流量水系统只存在静态水力失调,不存在动态水力失调,因此只需在相应位置安装静态水力平衡设备即可。定流量系统常用的水力平衡设备有节流孔板、手动调节阀和静态平衡阀、动态流量平衡阀等调节元件。当末端设备水量不发生变化时,可在各个环路的回水管上安装节流孔板、手动调节阀和静态平衡阀、动态流量平衡阀。

由于冷冻水系统具有复杂性,为了节省投资、便于工程施工,空调工程中常将系统设计成异程式水系统。异程式水系统中,在设计工况下系统的水泵压头必须能为最远装置提供资用压头。由于存在管道的压力降,资用压差随着与水泵距离的增加而减小。因此,资用压差在靠近水泵处最大,在远端回路最小。

(2) 变流量水系统的水力平衡 为了节约能源,变流量水系统在空调工程中的应用越来越多。在变流量水系统运行过程中,各分支环路的流量随负荷的变化而变化。由于一年中的大部分时间空调系统都在部分负荷工况下运行,因而系统水流量在大部分时间里都低于设计流量。因此,变流量水系统是高效的、节能的。

但是,变流量水系统有一个很大的缺点,就是并联环路之间的耦合性强,并联环路之间的水力工况相互影响,从而造成动态水力失调。

要实现动态水力平衡,必须满足水系统中各个末端设备的流量达到实际瞬时负荷要求流量,同时其流量的变化只受设备负荷变化的影响,而不受系统压力波动的干扰。变流量水系统的动态水力平衡可保证系统供给和需求水量的瞬时一致性,可通过各类调节阀来实现,避免了各末端设备流量变化导致的相互干扰,从而保证向各个末端设备输送冷冻水时高效、稳定且流量准确。

### 四、末端多换热器状态下的流量平衡

在栽培室布置冷风机时通常将 4~12 台相同规格的换热器并联在一个供液管路中,使之成为一个控制单元,通过一个电动阀控制这组换热器的供液。为保证每个冷风机的流量均衡,支管应按同程设计,并根据换热器在额定流量下的阻力大小合理设计每个支管的大小和变径位置,使每个换热器的流量基本相同,以达到相近的出风温度。

## 第六节　末端换热器(冷风机)的设计

### 一、空气换热器的作用

空气换热器又称空气散热器或翅片式换热器,是以冷媒介冷却或以热媒介加热空气的换热装置中的主要设备,通入高温水、蒸汽或高温导热油加热空气,通入盐水或低温水冷却空气。

### 二、菇房内空气换热器的形式

空气冷却器俗称冷风机,作为传热设备被广泛用于食用菌工厂化生产领域。冷风机利用温度不同的两种流体在被壁面分开的空间里流动,通过壁面的导热和流体在壁面的对流,实现两种流体之间的换热。在食用菌行业中,一般载冷剂选用水、乙二醇溶液、氟利昂,因用途和房间温度不同选用不同的介质,热端为室内空气。冷风机是由轴流式风机与冷却排管等组成的一台成套设备,其依靠风机强制使菇房内的空气流经箱体内的冷却排管进行热交换而使空气冷却,从而达到降低菇房温度的目的。

冷风机按冷却空气所采用的方式可分为干式、湿式和干湿混合式冷风机 3 种。其中,制冷剂或载冷剂在排管内流动,通过管壁冷却管外空气的称为干式冷风机;

以喷淋的载冷剂液体直接和空气进行热交换的称为湿式冷风机;混合式冷风机除有冷却排管外,还有载冷剂的喷淋装置。

目前,食用菌工厂中广泛使用的是干式冷风机。常用的干式冷风机按其安装的位置又可分为落地式和吊顶式两种类型。它们都由空气冷却排管、通风机及除霜装置组成,且冷风机内的冷却排管都是套片式的。大型干式冷风机常为落地式。

(1) 落地式冷风机 落地式冷风机主要由上、中、下3部分组成。常用的落地式冷风机有:① KLD 型,用于冻结物冷藏间;② KLL 型,用于冷却物冷藏间;③ KLJ 型,用于冻结间。

(2) 吊顶式冷风机 吊顶式冷风机装在库房房顶之下,不占用库房面积。食用菌工厂中主要采用吊顶式冷风机。吊顶式冷风机按出风方式分为2种:单侧出风冷风机,主要用于要求空气循环量大、射程远的冷却室、后培养室等场所;双侧出风冷风机,其出风风速比较小,出风柔和,主要用于前培养室、净化区、某些品种的出菇室。按翅片片距分为3种:DL 型,片距 3~5 mm,用于冷却物冷藏;DD 型,片距6~8 mm,用于冻结物冷藏;DJ 型,片距9~12 mm,用于速冻库。食用菌生长环境的温度主要控制在 0 ℃以上,故多使用 DL 型和 DD 型冷风机。

### 三、冷风机的部件和材料选择

菇房用冷风机主要由外壳、翅片换热器和外转子轴流风机组成。

(1) 外壳 由于食用菌工厂内的冷却室、接种室、接种前后室及相关的净化区域内会定期使用药剂或臭氧等进行消毒处理,因此净化区域内的冷风机需由SUS304 不锈钢制成,以防止因药剂或臭氧的氧化作用腐蚀冷风机外壳,影响其使用寿命。

(2) 翅片换热器 翅片换热器由穿过翅片的铜管和分水、集水管构成,铜管为无氧薄壁铜管,管径在 9.52~15.88 mm 之间,管径的大小需根据冷风机的换热量、单根通道的水流量、冷风机的换热温差、换热器管排数及换热器水阻等因素,并通过水力计算和热力计算确定,管径的大小没有定论。管外翅片通过胀管加工与铜管紧密连接,增强换热器的换热能力,节省了铜材。常用的翅片材料为厚度 0.2 mm 左右的亲水铝箔,它是在普通铝箔表面进行进一步的表面处理后形成的具有亲水性等特殊性能的产品。它克服了散热片采用光箔时表面不耐腐蚀、易产生白粉及异味、片与片之间易搭水桥、水滴在冷风机内滞留时间较长、影响换热效果等缺陷,使空调器噪声小、能耗少,实现了空调器的节能、环保和小型化。与素箔相比,亲水铝箔使空调器的制冷效率提高了约5%,是更理想的空调散热材料。使用有机涂层的蓝色和金色亲水铝箔可以通过 1500 h 以上的盐雾试验,这说明与采用普通素箔相比,采用亲水铝箔的换热器翅片部分的抗腐蚀能力增强了 3~4 倍。

换热器的整体防腐处理:虽然换热器翅片采用了亲水铝箔,铝箔表面具有较强的抗腐蚀能力,但在翅片的加工过程中,剪切、冲孔、拉伸等工艺会导致出现加工断面,从而破坏铝箔的涂层,在使用过程中铝箔的切面和拉伸面会被腐蚀,并通过铝箔内部向外氧化,造成铝箔粉化,翅片根部胀管处和铜管有分离等现象,严重影响换热效果和换热器使用寿命。通常,有条件的工厂应选用经过整体防腐处理的换热器。整体防腐处理就是在换热器完成穿管、胀管、焊接、试压工序后,采用有机材料对成品换热器进行整体喷涂及高温固化,使换热器翅片的加工面能够得到有效的保护,提高其防腐能力。

(3) 外转子轴流风机　外转子轴流风机具有结构紧凑、安装方便、运行可靠、噪声小、节能高效等特点。其广泛应用于食用菌工厂冷风机配套设备。外转子轴流风机根据风机叶轮直径的不同,从 200 mm 到 900 mm 共有 13 种型号,叶片数量有 5 片和 7 片,材质有低碳钢和塑料,叶片角度多种,可选择的范围广。根据风向的不同,风机也有吹风和吸风之分。吸风风向为风叶向网罩方向;吹风风向为网罩向风叶方向。另外,也可以根据外转子引出线端的叶片凹凸程度区分是吹风还是吸风,凹进去的吸风,凸出的是吹风。

根据防护等级不同,可以分为 IP54、IP44 及全开式轴流风机。IP54 轴流风机主要用于保鲜冷库、蒸发器、冷风机、冷水机、冷凝机组等;IP44 轴流风机主要用于中央空调、取暖器、热泵、除湿机及通风循环设备等;全开式轴流风机主要用于空气净化器等通风设备,要求环境较好且湿度不大。

食用菌工厂冷风机使用环境湿度达到过饱和状态时需选用 IP54 轴流风机,电机内部作特殊的排水处理。随着食用菌工厂化数十年的发展,风机厂家技术不断更新,目前国内著名品牌的外转子风机质量已经达到很高的水平。根据风机特征的不同,轴流风机可以分为带网罩、不带网罩两种。网罩有平板式、凹网式、墙形平网式和墙形凹网式等。实际应用中,应根据冷风机设计时的射程、风量和风压要求选择合适的外转子轴流风机。

## 四、菇房换热器换热面积和风量计算

### 1. 菇房换热器换热面积

一般都是在已知热负荷的情况下计算菇房换热器的换热面积,其计算公式为

$$F = \frac{Q}{K \cdot B \cdot \Delta t_{pj}} \tag{5.13}$$

式中:$F$ 为换热器的换热面积,$m^2$;$Q$ 为传热量,$W$;$K$ 为传热系数,$W/(m^2 \cdot ℃)$;

$B$ 为考虑水垢的系数,若为汽-水换热器,$B = 0.85 \sim 0.9$,若为水-水换热器,$B = 0.7 \sim 0.8$;$\Delta t_{pj}$ 为对数平均温差,℃。换热器传热系数与换热器结构和助化系数(翅化系数)等多种因素相关。一般状态下,食用菌工厂的换热状态为水-空气减湿冷却,在此工况下的 $K$ 值为 $35 \sim 65 \ W/(m^2 \cdot ℃)$。

对数平均温差 $\Delta t_{pj}$ 可用下式计算:

$$\Delta t_{pj} = \frac{\Delta t_a - \Delta t_b}{\ln \dfrac{\Delta t_a}{\Delta t_b}} \tag{5.14}$$

式中:$\Delta t_a$,$\Delta t_b$ 为冷媒体入口处与出口处的最大、最小温差,℃。

当 $\Delta t_a / \Delta t_b \leqslant 2$ 时,对数平均温差可简化为按算术平均温差计算,即

$$\Delta t_{pj} = \frac{\Delta t_a + \Delta t_b}{2} \tag{5.15}$$

算术平均温差相当于温度呈直线变化的情况,因而总是大于相同进出口温度下的对数平均温差。式(5.15)在采用小温差的空调冷水换热的板式换热器对数平均温差计算中经常用到。

根据介质在换热器内流动的相对方向,换热器可分为逆流、顺流及交叉流换热器。在相同进出口温度下,逆流比顺流的平均温差大。顺流时冷流体出口温度必然低于热流体出口温度,逆流时则不受此限制,因此,工程设计通常采用逆流换热器。

**2. 盘管结构对换热效率的影响**

(1)盘管迎风面积 指端板和侧板间空气流通的横截面积,表示盘管的大小尺寸,直接影响盘管换热面积。迎风面积越大,换热量越大。

(2)盘管排数 指顺着气流方向排列的管子数,一般排与排之间采用叉排形式。排数也直接影响盘管换热面积。排数越多,换热量越大,一般冷水盘管排数在 $4 \sim 8$ 排。

(3)片距 指翅片与翅片之间的距离,一般用每英寸多少片表示。片数也影响盘管换热面积。片数越多,换热量越大,一般冷水盘管片数在 $8 \sim 14$ 片。

(4)回路 指水管连接的方式或者说水流经盘管的方式。一般冷水盘管有半回路(HF)、全回路(FL)、双回路(DB)3 种回路。回路直接影响盘管的管内水流速。

(5)材料 考虑热传导率、材料延展性、可加工性和成本,一般冷水盘管采用铜制水管和铝制翅片。在有抗腐蚀要求等的一些特殊场合中,也会使用铜管翅片。

**3. 换热器选型的注意事项**

在食用菌工厂换热器选型中,可以根据对空气处理的不同要求选择盘管的结

构参数。通常根据系统中的风速、风量确定盘管的迎风面积,然后选择不同的排数、片距及回路。

工程设计时需对换热器进行选型,换热器选型时需注意以下几点:

① 同一个房间的换热系统的换热器不宜少于 2 台,当其中一台停止工作时,其余换热器的换热量能满足系统的 70%。

② 换热器水侧阻力一般不大于 7 m。换热器流道越多,阻力越小,反之阻力越大。同时,换热器水侧阻力还影响循环水泵的耗电输热比及造价。

③ 为防止冷风机飞水,培养室内换热器空气侧流速不得大于 3 m/s,出菇室内换热器空气侧流速不得大于 2.5 m/s。

④ 为保证主机房制冷效率,换热器设计供回水温差和对数平均换热温差应大于 5 ℃。

⑤ 通常,换热器用翅片面积表示换热器的大小,但换热器的换热能力主要由管容决定。管容即换热器内铜管的容积,也就是换热器内载冷剂的装载量,在相同的翅片面积下,管容较大的换热器会有大的铜管用量和铜管表面积,从而具有更高的换热系数。在环境和冷媒温差较小的出菇室内,为提高换热器的换热系数,应采用更高管容密度的换热器,在环境和冷媒温差较大的培养室内,应选用管容密度较小的换热器,以减小空气侧的阻力。

**4. 菇房内冷风机制冷量的经验值**

在确定工况和功能间温湿度参数后,为简化计算,按每个房间内栽培料的重量估算各功能区的制冷量,其经验数值如下。

① 冷却室:第二天接种的工厂选 6~8 kW/吨料,第三天接种的工厂选 3~4 kW/吨料。

② 料重制冷量:前培养室,250~300 W/吨料;后培养室,350~500 W/吨料;出菇室(食用菌发芽阶段),600~800 W/吨料;生育室(食用菌生长阶段),1000~1400 W/吨料。

**5. 冷风机的风量选择**

由于对空气处理要求的不同,食用菌工厂不同功能区的单位制冷量的循环风量各不相同。各区域按工程需要配置冷风机,单位制冷量所要求的风量如下。

冷却室:空气侧进出温差不大于 3 ℃,水侧 5 ℃;设备工作系数不大于 0.8;瓶间空气流速不小于 1 m/s;空气循环量不小于 600 m³/kW。

前培养室:空气侧进出温差不大于 3 ℃,水侧 5 ℃;设备工作系数不大于 0.7;瓶间空气流速不大于 0.5 m/s;空气循环量不大于 300 m³/kW。

后培养室:空气侧进出温差不大于 3 ℃,水侧 5 ℃;设备工作系数不大于 0.7;

瓶间空气流速不小于 1 m/s;空气循环量不小于 600 m³/kW。

出菇室:空气侧进出温差在 2~5 ℃范围内可调,水侧在 2~5 ℃范围内可调可控;设备工作系数不大于 0.6;瓶间空气流速 0.2~1.5 m/s;空气循环量 300~500 m³/kW。

# 第七节　阀门及选型

## 一、概述

阀门是流体输送系统中的控制部件,具有导流、截止、节流、防止逆流、分流和溢流卸压等功能,广泛应用于化工、制冷等行业。用于流体控制的阀门,从最简单的截断装置到极为复杂的自控系统,其品种和规格繁多,如有公称尺寸十分微小的仪表阀,也有公称尺寸达 10 m、重几十吨的工业管路用阀。阀门可用于控制空气、水、蒸汽、液态金属等各种类型流体的流动。阀门的工作压力可从 $1.3×10^{-4}$ MPa 到 1000 MPa;工作温度可从超低温的-269 ℃到高温的 1430 ℃。阀门的控制采用多种传动方式,如手动、电动、气动、液动、电-气或电-液联动及电磁驱动等;也可在压力、温度或其他形式传感器信号的作用下,按预定的要求动作,或只进行简单的开启或关闭。

### (一)阀门的分类

由于介质的压力、温度、流量和物理化学性质不同,对装置和管道系统的控制要求和使用要求也不同,所以阀门的种类和规格非常多。

1. 按自动和驱动分类

(1)自动阀门　依靠介质(液体、空气、蒸汽等)本身的能力而自行动作的阀门,如安全阀、止回阀、减压阀、蒸汽疏水阀、空气疏水阀、紧急切断阀等。

(2)驱动阀门　通过手动、电动、液动或气动来操作的阀门,如闸阀、截止阀、节流阀、蝶阀、球阀、旋塞阀等。

2. 按用途和作用分类

(1)截断阀　主要用于截断或接通管路中的介质流,如截止阀、闸阀、球阀、旋塞阀、蝶阀、隔膜阀等。

(2)止回阀　是指启闭件(阀瓣)借助介质作用力,自动阻止介质逆流的阀门。止回阀只允许介质向一个方向流动,且阻止介质反方向流动。通常,止回阀是自动工作的,在一个方向的流体压力作用下,阀瓣打开;流体反方向流动时,流体压力和阀瓣自重作用于阀座,切断流动。

（3）调节阀　主要用于调节管路中介质的压力和流量,如调节阀、节流阀、减压阀等。其中,节流阀是通过启闭件(阀瓣)改变通路截面积以调节流量、压力的阀门,用于调节管道介质的流量;减压阀是通过启闭件的节流使介质压力降低,并利用介质本身的能量使阀后压力自动满足预设要求的阀门,用于自动降低管道及设备内介质压力,保证介质经过阀瓣间隙时产生阻力,造成压力损失,达到减压的目的。

（4）分流阀　用于改变管路中介质流动的方向,起分配、分流或混合介质的作用,如各种结构的分配阀、三通或四通旋塞阀、三通或四通球阀,以及各种类型的疏水阀等。其中,疏水阀是用于蒸汽管网及设备中,能自动排出凝结水、空气及其他不凝结气体,并阻止水蒸气泄漏的阀门。

（5）安全阀　也是一种自动阀门,它不借助任何外力,而是利用介质本身的力来排出额定数量的流体,以防止系统内压力超过预设的安全值;当系统内压力恢复正常后,阀门关闭并阻止介质继续流出。安全阀用于容器设备及管道,当介质压力超过规定数值时,安全阀能自动排出过剩的介质压力,保证生产运行安全。

（6）多用阀　用于替代两个、三个甚至多个类型的阀门,如截止止回阀、止回球阀、截止止回安全阀。

（7）其他专用阀　如排污阀、放空阀、清焦阀、清管阀等。

3. 按公称尺寸分类

按公称尺寸分,阀门可分为小口径阀门、中口径阀门、大口径阀门和特大口径阀门。其中,小口径阀门的公称尺寸 DN≤40 mm;中口径阀门的公称尺寸 DN 为50~300 mm;大口径阀门的公称尺寸 DN 为 350~1200 mm;特大口径阀门的公称尺寸 DN≥1200 mm。

4. 按公称压力分类

按公称压力分,阀门可分为真空阀、低压阀、中压阀、高压阀及超高压阀。其中,真空阀的公称压力 PN 低于标准大气压;低压阀的公称压力 PN≤1.6 MPa;中压阀的公称压力 PN 为 2.5~6.4 MPa;高压阀的公称压力 PN 为 10~80 MPa;超高压阀的公称压力 PN≥100 MPa。

5. 按介质工作温度分类

按介质工作温度分,阀门可分为高温阀、中温阀、常温阀、低温阀及超低温阀。其中,高温阀的介质温度 $t>450\ ℃$;中温阀的介质温度 $t$ 为 120~450 ℃;常温阀的介质温度 $t$ 为 -40~120 ℃;低温阀的介质温度 $t$ 为 -100~-40 ℃;超低温阀的介质温度 $t<-100\ ℃$。

6. 按操作方式分类

（1）手动阀门　借助手轮、手柄、杠杆或链轮等，由人力操纵的阀门。当需要传递较大的力矩时，可采用涡轮、齿轮等减速装置。

（2）电动阀门　由电动机、电磁或其他电气装置操纵的阀门。

（3）液压或气压阀门　借助液体（水、油等液体介质）或空气的压力操纵的阀门。

**（二）阀门参数**

1. 公称尺寸

公称尺寸 DN 是管路系统中所有管路附件用数字表示的尺寸，以区别用螺纹或外径表示的零件。公称尺寸是经过圆整数值的参考，与加工尺寸数值不完全等同，公称尺寸用字母"DN"加一个数值表示，如公称尺寸 250 mm 应表示为 DN 250。我国国家标准《管道元件　公称尺寸的定义和选用》（GB/T 1047—2019）规定的阀门优先选用的公称尺寸数值如下：

| | | | | | |
|---|---|---|---|---|---|
| DN 6 | DN 80 | DN 500 | DN 1000 | DN 1800 | DN 2800 |
| DN 8 | DN 100 | DN 550 | DN 1050 | DN 1900 | DN 2900 |
| DN 10 | DN 125 | DN 600 | DN 1100 | DN 2000 | DN 3000 |
| DN 15 | DN 150 | DN 650 | DN 1150 | DN 2100 | DN 3200 |
| DN 20 | DN 200 | DN 700 | DN 1200 | DN 2200 | DN 3400 |
| DN 25 | DN 250 | DN 750 | DN 1300 | DN 2300 | DN 3600 |
| DN 32 | DN 300 | DN 800 | DN 1400 | DN 2400 | DN 3800 |
| DN 40 | DN 350 | DN 850 | DN 1500 | DN 2500 | DN 4000 |
| DN 50 | DN 400 | DN 900 | DN 1600 | DN 2600 | |
| DN 65 | DN 450 | DN 950 | DN 1700 | DN 2700 | |

2. 公称压力

根据国家标准《管道元件　公称压力的定义和选用》（GB/T 1048—2019），公称压力是与管道系统元件的力学性能和尺寸特性相关的字母和数字组合的标识，由字母 PN 或 Class 和后跟的无量纲数字组成，包括 PN 和 Class 两个系列，如表5.9所示。具有相同 PN 或 Class 和 DN 数值的管道元件，同与其相配合的法兰具有相同的连接尺寸。

表 5.9　公称压力数值

| PN 系列 | Class 系列 | PN 系列 | Class 系列 |
|---|---|---|---|
| PN 2.5 | Class 25[a] | PN 250 | Class 900 |
| PN 6 | Class 75 | PN 320 | Class 1500 |
| PN 10 | Class 125[b] | PN 400 | Class 2000[d] |
| PN 16 | Class 150 | | Class 2500 |
| PN 25 | Class 250[b] | | Class 3000[e] |
| PN 40 | Class 300 | | Class 4500[f] |
| PN 63 | (Class 400) | | Class 6000[e] |
| PN 100 | Class 600 | | Class 9000[g] |
| PN 160 | Class 800[c] | | |

注:带括号的公称压力数值不推荐使用。

[a]　适用于灰铸铁法兰和法兰管件。

[b]　适用于铸铁法兰、法兰管件和螺纹管件。

[c]　适用于承插焊和螺纹连接的阀门。

[d]　适用于锻钢制的螺纹管件。

[e]　适用于锻钢制的承插焊和螺纹管件。

[f]　适用于对焊连接的阀门。

[g]　适用于锻钢制的承插焊管件。

3. 压力-温度额定值

阀门的压力-温度额定值是在指定温度下用表压表示的最大允许工作压力。当温度升高时,最大允许工作压力随之降低。压力-温度额定值是在不同工作温度和工作压力下确定选用法兰、阀门及管件的主要依据,也是工程设计和生产制造中的基本参数。

**(三) 阀门的流量参数**

1. 流量系数

阀门的流量系数是衡量阀门流通能力的指标。流量系数越大,说明流体流过阀门时的压力损失越小。流量系数随阀门尺寸、形式、结构的变化而变化,因此,对不同类型与规格的阀门,要分别进行试验,才能确定其流量系数。

2. 流量系数的计算

流量系数的定义是流体流经阀门产生单位压力损失时流体的流量。由于应用的单位不同,因而流量系数有几种不同的代号和量值。

阀门的流量系数 $C_v$ 或 $K_v$ 值是衡量阀门流动能力的重要参数之一,流量系数的大小反映流体通过阀门时压力损失的大小。流量系数越大,则压力损失越小,阀门的流通能力也就越好。国外的阀门制造企业通常都把不同类型、不同口径的阀门 $C_v$ 值列入产品样本中。在我国,许多用户要求制造方在样图中列明产品的流量系数 $C_v$ 值或 $K_v$ 值。新的 API 规范 6D《管线阀门》(第 22 版)明确规定:"制造厂(商)应为买方提供流量系数 $K_v$ 值。"显然,流量系数对管道和阀门设计过程来说是一个非常重要的参数。

根据国家标准《阀门 流量系数和流阻系数试验方法》(GB/T 30832—2014),流量系数 $K_v$ 为 5~40 ℃温度范围的水流经阀门,两端差压为 100 kPa 时,以 $m^3/h$ 计的流量数值。其计算公式如下:

$$K_v = 10 \times Q \times \sqrt{\frac{\rho}{\Delta P_v \times \rho_0}} \qquad (5.16)$$

式中:$Q$ 为测得的水流量,$m^3/h$;$\Delta P_v$ 为阀门的净差压,kPa;$\rho$ 为水的密度,$kg/m^3$;$\rho_0$ 为 15 ℃时的水密度,$kg/m^3$。

流量系数 $C_v$ 为 5~38 ℃温度范围的水流经阀门,两端差压为 1 psi 时,以美国 gal/min 计的流量数值。其计算式如下:

$$C_v = 1.156 \times K_v \qquad (5.17)$$

3. 影响流量系数的主要因素

① 阀门的尺寸、形式和结构,是影响阀门流量系数的主要因素。

② 同样结构的阀门,流体流过阀门时的方向不同,流量系数会发生变化。

③ 流体方向不同时,引起流量系数改变的原因是压力恢复不同。当流体流过阀门,使阀瓣趋于打开时,阀瓣和阀体形成的环形扩散通道能使压力有所恢复;当流体流过阀门,使阀瓣趋于关闭时,阀座对压力恢复的影响很大。

④ 阀门内部的几何形状不同,流量系数曲线也不同。

**(四)常用的阀门及其优缺点**

1. 闸阀

闸阀是启闭件(闸板)由阀杆带动,沿阀座密封面做升降运动的阀门,不可用于调节流量。它可在低温低压下使用,也可在高温高压下使用,但一般不用于输送泥浆等介质的管路中。

优点:流体阻力小;启、闭所需力矩较小;可以用在介质向两个方向流动的环网管路上,也就是说,介质的流向不受限制;全开时,密封面受工作介质的冲蚀作用比截止阀小;结构比较简单,容易制造;结构长度比较短。

缺点:外形尺寸和开启高度较大,所需的安装空间亦较大;在启闭过程中,密封面之间的相对摩擦、磨损较大,甚至在高温下容易发生擦伤现象;闸阀一般都有两个密封面,给加工、研磨和维修增加了一些困难;启闭时间长。

2. 电动蝶阀

电动蝶阀属于电动调节阀的一种,是自动化控制领域重要的执行机构,常用于冷水机房水路及冷却塔前后的水路关断和调节。由于其阀体内的阀板酷似蝴蝶的两片翅膀,因而得名。蝶阀中间的阀板可以旋转90°,因而可以调节流量。

电动蝶阀的工作原理为电动执行器接收控制信号,驱动阀轴,带动阀板旋转到不同的角度,起到开关或调节流体的作用。在暖通空调领域,电动蝶阀常作为调节阀代替大口径的座阀。按照电动蝶阀的工作原理,其应该可以进行连续调节,但是调节性能较差,所以一般把电动蝶阀归于位式调节阀范畴,使用范围因此受到一定的限制。由于电动蝶阀在管路中的压力损失比较大,大约是闸阀的3倍,因此在选择电动蝶阀时,应充分考虑管路系统受压力损失的影响,还应考虑关闭时蝶板承受管道介质压力的能力。

3. 电动球阀

球阀是启闭件(球体)绕垂直于通路的轴线旋转的阀门。球阀在管道上主要用于切断流动、分配流量和改变介质流动方向,设计成V形开口的球阀还具有良好的流量调节功能。

优点:流阻最小(实际为0),在工作时不会卡住(在无润滑剂时);能在较大的压力和温度范围内实现完全密封;可实现快速启闭,某些结构的启闭时间仅为0.05~0.1 s,以保证能用于试验台的自动化系统;快速启闭阀门时,操作无冲击;球形关闭件能在边界位置上自动定位;在全开和全闭时,球体和阀座的密封面与介质隔离,因此高速通过阀门的介质不会引起密封面的侵蚀;结构紧凑、质量轻,可以认为它是用于低温介质系统的最合理的阀门;阀体对称,尤其是焊接阀体结构,能很好地承受来自管道的应力;关闭件能承受关闭时的高压差。

缺点:球阀最主要的阀座密封圈材料是聚四氟乙烯,它对几乎所有的化学物质都有惰性,且具有摩擦系数小、性能稳定、不易老化、温度适用范围广和密封性能优良的特点;但聚四氟乙烯具有膨胀系数较大、对冷流的敏感性高和热传导性不良等物理特性,因此要求阀座密封的设计必须围绕这些特性进行。球阀的调节性能相对于截止阀要差一些,尤其是气动球阀(或电动球阀)。

4. 电动截止阀

截止阀是启闭件(阀瓣)由阀杆带动,沿阀座(密封面)轴线做升降运动的阀门。截止阀包括直通式截止阀、直角式截止阀和直流式截止阀。截止阀启闭过程中密封面之间摩擦力小、比较耐用、开启高度不大、制造容易、维修方便,不仅适用于中低压场合,而且适用于高压场合,因此,截止阀是使用最广泛的一种阀门。截止阀的闭合原理是依靠阀杆压力,使阀瓣密封面与阀座密封面紧密贴合,阻止介质流通。截止阀只允许介质单向流动,安装时有方向性。但截止阀的结构长度大于闸阀,同时流体阻力大,长期运行时,密封可靠性不强。

优点:在启闭过程中,由于阀瓣与阀体密封面间的摩擦力比闸阀小,因而耐磨;开启高度一般仅为阀座通道的1/4,因此比闸阀小得多;通常在阀体和阀瓣上只有一个密封面,因而制造工艺性比较好,便于维修;由于其填料一般为石棉与石墨的混合物,故耐温等级较高。一般蒸汽阀门都用截止阀。

缺点:由于介质通过阀门的流动方向发生了变化,因此截止阀的最小流阻也较高于其他大多数类型的阀门;由于行程较长,开启速度也较球阀慢。

5. 电磁阀

电磁阀利用电磁铁作为动力元件,以电磁铁的吸、放对小口径(一般在10 mm以下)阀门做通、断两种状态的控制,能和双位调节器组成简单的调节系统,控制空调和制冷系统中液体或气体的流量。例如,用于降温系统的直接蒸发式空调器中制冷剂流量的控制,用于加湿系统中蒸汽量的控制等。

电磁阀按结构可分为直动式和先导式两种。直动式电磁阀的结构示意图如图5.41所示,当线圈通过电流产生磁场时,活动铁芯被电磁力所吸起,阀塞随即上提,使阀门打开。当线圈断电时,复位弹簧的反力及活动铁芯的自重使阀门关闭。可见,直动式电磁阀的活动铁芯本身就是阀塞。

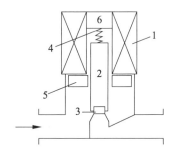

1—线圈;2—活动铁芯;3—阀塞;4—复位弹簧;5—阀盖;6—固定铁芯;—→表示流体流动方向。

**图5.41　直动式电磁阀结构示意图**

在先导式电磁阀(图5.42)中,线圈只要吸引尺寸和质量都很小的铁芯,就能推动主阀塞打开阀门。因此,无论电磁阀通径的大小如何,其电磁部分包括线圈都可做成一个通用尺寸,使先导式电磁阀具有质量轻、尺寸小和便于系列化生产的优点。先导式电磁阀的型号应根据工艺介质选择,通径通常与工艺管路的直径相同。

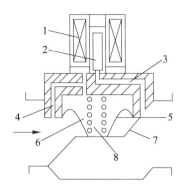

1—线圈;2—活动铁芯;3—排出孔;4—平衡孔;5—主阀塞;

6—阀塞上腔;7—主阀;8—复位弹簧;——表示流体流动方向。

**图 5.42　先导式电磁阀结构示意图**

## 6. 电动调节阀

电动调节阀由电动执行机构和调节机构组成,如图 5.43 所示。

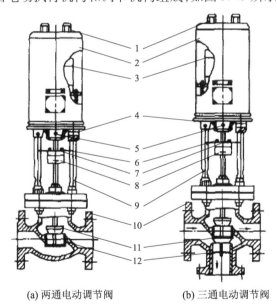

(a) 两通电动调节阀　　　　(b) 三通电动调节阀

1—螺母;2—外罩;3—两相可逆电动机;4—引线套筒;5—油罩;6—丝杠;7—导板;

8—弹性联轴器;9—支柱;10—阀体;11—阀芯;12—阀座。

**图 5.43　电动调节阀结构示意图**

当两相可逆电动机通电旋转时,通过减速器,经丝杠和导板的作用,将旋转运动变为直线运动,由弹性联轴器推动阀杆,使阀芯上下移动。随着电动机转向的变化,阀芯朝着开启或关闭的方向移动。当阀芯到达极限位置时,内部限位开关自动切断电动机电源,同时接通灯光或声响信号并报警。

电动调节阀按结构可分为直通双座阀、直通单座阀和三通调节阀。图 5.44 所示为直通双座阀结构,流体从左侧进入,通过上下阀座后再汇合在一起由右侧流出。由于阀体内有两个阀芯和两个阀座,因而称为直通双座阀。

图 5.45 所示为直通单座阀结构,阀体内只有一个阀芯和一个阀座。单座阀的特点是泄漏量小,因为它是单阀芯结构,所以容易形成封闭环境,甚至可以完全切断。由于单座阀只有一个阀芯,流体对阀芯的推力作用是单面的,不平衡力较大,因而单座阀仅适用于低压差的场合。

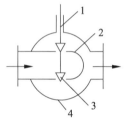

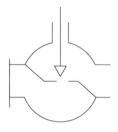

1—阀杆;2—阀座;3—阀芯;4—阀体。

图 5.44　直通双座阀结构示意图　　　　图 5.45　直通单座阀结构示意图

三通调节阀有 3 个出入口与管道相连,按作用方式可分为合流阀和分流阀两种。合流阀是将两种流体通过阀后混合产生第三种流体,或者将两种不同温度的流体通过阀后混合成温度介于前两者之间的第三种流体,这种阀有两个入口、一个出口,关小一个入口的同时就开大另一个入口。而分流阀是将一种流体通过阀后分成两路,因而有一个入口和两个出口,在关小一个出口的同时开大另一个出口。合流阀和分流阀的结构示意图见图 5.46。

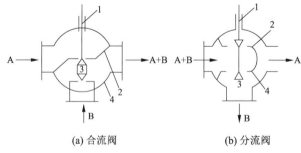

(a) 合流阀　　　　　　　　　(b) 分流阀

1—阀杆;2—阀座;3—阀芯;4—阀体;A、B—流体。

图 5.46　三通调节阀结构示意图

## 二、电动自控阀门的选择

电动自控阀门用于工厂中的各个单元控制系统中,对于没有流量调节要求的系统选择开关阀即可,阀门的通径按管路流量的要求选择;对于需要调节冷媒流量的系统,需选择电动调节阀。由于阀体结构所限,无论什么形式的电动阀门,其开度和流量都难以实现线性的关系。所以在选择阀门通径时,一定要根据单元控制系统的流量和电动阀的流量(KVS)选择电动阀通径,而不是根据管道直径选择阀门,若选择的通径太大,调节阀在低流量状态下就会失去调节能力。图 5.47 为电动V 形调节球阀的流量特性曲线。

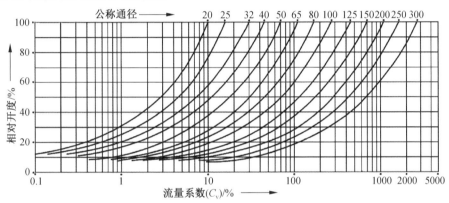

图 5.47　电动 V 形调节球阀的流量特性曲线

## 三、能量调节阀在出菇室的运用

### (一) 电子式压力无关型电动调节阀

电子式压力无关型电动调节阀(EPIV)由流量传感器、等百分比流量特性的电动调节球阀和内置的微型控制器 3 部分组成,装在末端设备的回水管上,用于精确控制流量。

图 5.48 为电子式压力无关型电动调节阀的原理示意图。安装调试时,首先要根据设计流量对 EPIV 的最大流量进行设置,设置好后,阀门的开度和流量是与等百分比的流量特性曲线对应的。内置的微型控制器接收空调系统的控制信号和流量传感器测得的实际流量,并将接收到的控制信号对应的流量和流量传感器测得的实际流量进行比较,若有偏差,则改变阀门开度,调节实际流量与控制信号对应的流量一致。当空调系统给出的控制信号没有改变,而系统压力波动导致流量变化时,流量传感器探测到流量的改变并反馈给内置的微型控制器,控制阀门自动改

变开度使流量与原来保持一致,因此,EPIV 能保证实际流量只受控制信号的控制,而不受压力波动的影响。为了达到规定的测量精度,测量入口端需要有不小于 5 倍管径的直管段。流量计为超声波流量计或电磁流量计。

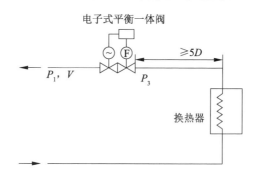

$P_1$—调节压力,Pa;$P_3$—阀门压力,Pa;$V$—调节后流量,$m^3/h$;D—管径;
⟶表示流体流动方向。

**图 5.48　电子式压力无关型电动调节阀的原理示意图**

电子式压力无关型电动调节阀的最大特点:运行时的最大流量可以在阀门最大流量的 30% ~ 100% 范围内设定(图 5.49),这样在工程中应用起来更灵活。图 5.49 中,$V_{nom}$ 是指调节阀可以达到的最大流量;$V_{max}$ 是指根据最大位置信号设置的最大流量,如控制信号 $Y$ 为 10 V 时,$V_{max}$ 可以在 $V_{nom}$ 的 30% ~ 100% 范围内设定,$V_{min}$ 是定量,为 0。电子式压力无关型电动调节阀(EPIV)的主要参数如表 5.10 所示。

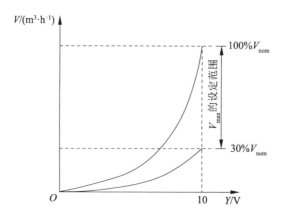

**图 5.49　电子式压力无关型电动调节阀最大流量的设定**

表 5.10　电子式压力无关型电动调节阀（EPIV）的主要参数

| 型号 | DN/mm | 额定流量/(L·s⁻¹) | 电压/V | 扭矩/(N·m) |
|---|---|---|---|---|
| EP015R+MP | 15 | 0.35 | 24 | 5 |
| EP020R+MP | 20 | 0.65 | 24 | 5 |
| EP025R+MP | 25 | 1.15 | 24 | 5 |
| EP032R+MP | 32 | 1.80 | 24 | 10 |
| EP040R+MP | 40 | 2.50 | 24 | 10 |
| EP050R+MP | 50 | 4.80 | 24 | 20 |
| P6065W800E-MP | 65 | 8.00 | 24 | 20 |
| P6080W1100E-MP | 80 | 11.33 | 24 | 20 |
| P6100W2000E-MP | 100 | 20.00 | 24 | 40 |
| P6125W3100E-MP | 125 | 31.25 | 24 | 40 |
| P6150W4500E-MP | 150 | 45.00 | 24 | 40 |

一般来讲,在供回水温差变化不大的情况下,电子式压力无关型电动调节阀(EPIV)能很好地控制室内温度,但是在一些环境工况分布比较复杂的食用菌工厂,或者在负荷变化较大的情况下,供回水温差会有所变化。如果仅仅控制末端设备的流量,就会给准确控制室内温度带来一定的困难,甚至出现"大流量、小温差"的情况,使水泵的能耗大幅增加。

**（二）能量调节阀**

能量调节阀(EV)由流量传感器、供回水温度传感器、等百分比流量特性的电动调节阀和内置的微型控制器 4 部分组成。流量传感器测量管路的瞬时流量 $V$,供回水温度传感器测量供回水温度,根据公式 $Q = V \cdot \rho \cdot c_p \cdot t$,能量调节阀内置的微型控制器可以计算出末端设备的瞬时换热量。通过改变调节阀的开度,可精确控制末端设备的热输出。如果此时控制阀前后压差或者供回水温差发生变化,能量调节阀内置的微型控制器就会自动调节控制阀的开度,使末端设备的瞬时换热量和控制信号的给定值一致。因此,能量调节阀是一个能精确控制末端设备热输出且不受系统压力波动和供回水温差变化影响的智能型控制阀。

与电子式压力无关型电动调节阀一样,能量调节阀在安装调试时要根据设计工况对最大的换热量进行设置,在控制信号和换热量之间建立一个线性的对应关系。图 5.50 为能量电动调节阀的原理示意图,室内温度传感器将菇房内的温度 $T$ 反馈给 DDC,DDC 将菇房内的温度 $T$ 与设定值进行比较,根据 PID 算法算出一个控制信号传输给控制阀。菇房内的温度 $T$ 取决于末端设备的换热量和负荷,通过控制末端设备的热输出来控制室内温度。

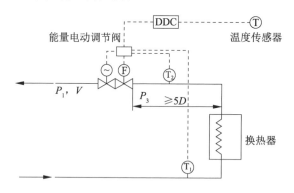

$P_1$—调节压力,Pa;$P_3$—阀门压力,Pa;$V$—调节后流量,$m^3/h$;$D$—管径。

**图 5.50　能量电动调节阀的原理示意图**

普通的控制阀接收到控制信号后改变的只是阀门的开度,而末端设备的换热量受阀门开度、控制阀前后压差、供回水温差 3 个因素的影响,即使仅改变阀门开度,其他两个因素也会产生变化,这显然不能准确控制末端设备的换热量,也就不能保证准确地控制室内温度。

能量调节阀接收到 DDC 的控制信号,通过改变调节阀的开度来控制末端设备的热输出。当影响末端设备换热量的另外两个因素,即控制阀前后压差、供回水温差发生变化时,能量调节阀内置的控制器会自动调节控制阀的开度,将末端设备的实际换热量调节到与控制信号对应的换热量一致。因此,能量调节阀可以很完美地控制室内温度,而且不受系统压力波动和供回水温差变化的影响。除此之外,能量调节阀是一个可以实现物联网(IoT)云连接的压力无关型电动调节阀。在维持 $\Delta t$ 的同时,能量调节阀还可以实时监控、存储、分析盘管的各项性能数据和能耗指标,提升能源效益,在线提供快速的技术支持和解决方案,更智慧地进行能量控制。

能量调节阀最主要的特点是对介质参数(流量或换热量)的量化控制,接收到特定的控制信号,把参数控制到某个特定的值。应用能量调节阀的空调系统可以消除温度振荡,防止末端设备过流,并且杜绝了"大流量、小温差"的情况,整个系统有非常好的节能效果。

执行器接收 DDC 控制器发出的模拟量控制信号,对阀门进行调节控制,并输出流量、供/回水温度、$\Delta t$、阀门位置、能量、功率或累积耗水量等,再通过通信系统传给空调控制系统。能量调节阀的另一个优势是选型计算和调试非常方便,因为能量调节阀是根据设计流量来选型的,不必计算阀权度,调试过程只需把最大流量设定为设计流量即可。

# 第六章

# 食用菌工厂化生产区域栽培环境设备监控网络系统

由于生产规模不断扩大,食用菌生产企业数量不断增加,市场竞争日益激烈,因而食用菌工厂化生产企业迫切需要创新设备管理方法。当前,食用菌工厂化生产设备的管理还远未达到精益化、智能化的水平,在生产实践中,大部分技术人员以经验为主,以感觉为辅。人们对食用菌质量的要求越来越高,因而对食用菌工厂化设备实行智能化控制可以降低人为影响,有利于食用菌工厂化生产达到最佳状态,进一步改善食用菌质量,提高企业经济效益。

食用菌工厂化生产区域栽培环境监控系统规模很大,末端设备众多且分散,对控制系统的调整,如将某个房间的设定温度提高或降低1 ℃,需要到现场的控制器上进行设置,非常不方便。如果通过网络把所有设备的控制器都连接到一台或多台电脑上,即增加上位机,就可以通过电脑来管理所有的设备控制器,远程监测现场参数和设备运行状态,还可以远程设定参数、记录历史数据、检测故障、自动报警等,这就需要建立食用菌工厂生产区域栽培环境设备监控网络系统(environmental equipment monitoring system,EEMS)。应用该系统的主要目的是优化食用菌工厂设备的运行状态,减少设备能耗,提高设备自动化监控和管理水平,为食用菌高质量生长提供良好环境,并提高运行效率和管理人员工作效率,减少运行费用。

食用菌工厂生产区域栽培环境设备监控网络系统以集中监测、控制和管理为目的,将食用菌工厂的空调与通风、照明、给排水、加湿、热源与热交换等设备和系统集成为一个综合系统。该系统由监控计算机、设备控制器、现场仪表及通信网络4个主要硬件部分及软件组成。控制系统分工明确,分散在各个机房的控制器负责控制现场设备的运行,监控计算机负责集中管理。

食用菌工厂生产区域栽培环境设备监控系统需要架构在一个通信网络上。这种通信网络架构通常是分层设置的,垂直方向由管理网络层、控制网络层及现场网络层(仪表)3个部分组成;水平方向的同一个层级上的多个过程控制间必须相互协调,同时能向垂直方向传输数据,收发指令,水平方向的级与级之间还要能进行数据交换。这种控制系统要求控制功能尽可能分散,管理功能尽可能集中。分散控制的最主要目的是分散风险,使控制系统的可靠性得以提高,不因局部控制器的故障影响全局。

## 第一节　监控网络系统的构成

食用菌工厂化生产区域栽培环境设备监控网络系统是基于网络环境的自动化控制系统,包括管理网络和控制网络,是管理网络节点、控制网络节点、网络连接设备和网络通信协议等所有软硬件的集合。根据 ISO 标准,系统网络可分为管理网络层、控制网络层、现场网络层,如图 6.1 所示;系统功能可以分为操作功能、控制功能和输入输出功能;系统设备可以分为操作站、网关、通用控制器、专用控制器、执行器和传感器。

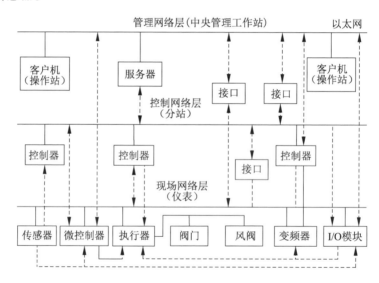

**图 6.1　食用菌工厂化生产区域栽培环境设备监控网络系统结构**

系统应具有以下功能:

(1) 设备信息的采集、记录与分析　利用各种传感器实时采集菇房内的设备信息,并通过采集节点、汇聚节点和无线网关,传输到监控中心和服务器。这些设备信息一方面形成了供技术人员和专家分析与决策用的报告和曲线;另一方面作为食用菌生产信息记录存档,可用于质量安全追溯。

(2) 环境设备智能控制　根据食用菌生长阶段对环境参数的要求,管理者可以通过不同的控制方法,如自动/集中/手动/远程操作,调节制冷(或加热)、加湿、换气、照明等环境调节设备的相关参数,以确保食用菌处于最佳生长环境。

（3）报警功能 系统可以根据管理者设定的阈值和设备状态进行异常报警,以避免环境因素和设备故障带来的损失。

（4）远程监控 管理者可以通过手机、平板电脑、PC 等终端,随时随地掌握菇房内的设备信息和设备运行情况,并可对各种设备进行远程控制。

（5）集成功能 提供与火灾报警及消防联动系统、安全防范系统连接的通信接口,与 MES 系统连接的通信接口,与企业管理信息系统连接的接口,便于集成建设食用菌工厂智能管理系统。

### 一、管理网络层

管理网络层是监控计算机,即上位机。监控计算机包括服务器与工作站,服务器与客户端软件通常安装在多台 PC 机上,监控计算机一般采用与系统处理性能相适应的工控机或办公微机。客户端(操作站)软件可以和服务器安装在一台 PC 机上,也可以根据需要安装在多台 PC 机上,建立多台客户端并行工作的局域网系统。中央监控主机通过 DDC 与现场控制器通信,完成对所有设备的监测、控制与管理,自动记录、存储和查询历史运行数据,对设备故障和异常参数及时报警和自动记录等。

管理网络层应提供整个系统通信总线(信道)的最大数量、整个系统控制器的最大数量、整个系统的最大监控点数量(硬件点)。管理网络层的配置应符合下列规定:

① 采用客户端(操作站)/服务器(Client/Server)网络结构;采用总线型拓扑 IEEE 802.3 以太网网络结构;采用 TCP/IP 通信协议。

② 服务器为客户端(操作站)提供数据库访问,数据库(实时数据库和关系数据库)是为客户端(操作站)提供信息和应用程序的数据源。实时数据库的监控点数(包括软件点)应留有适当的余量,一般不小于 10%。

③ 服务器可采集控制器、微控制器、传感器、执行器、阀门、风阀、变频器等的数据,采集历史数据,提供服务器配置数据,存储定义数据的应用信息,生成报警和事件记录、趋势图、报表,提供系统状态信息。

④ 管理网应提供因特网(Internet)用户接口技术,用户可以通过 Web 浏览器查看设备监控系统的各种数据。

⑤ 管理网络层的服务器或操作站故障时,应不影响控制器、微控制器和现场仪表设备运行,控制网络层、现场网络层的通信也不应因此而中断。

管理网络层应确保监控可靠、配置灵活、扩展方便、集成简易、界面友好、管理高效,根据需要可提供冗余技术。

## 二、控制网络层

控制网络层由通信总线连接控制器组成。通信总线可以是以太网、现场总线、不开放的通信总线或以上这些通信总线的混合。硬件构成包括通用控制器、网络接口等。控制层的网络接口是指与管理层和现场层通信的两类接口,前者是把控制层向上连接到管理层,后者是把控制层向下连接到现场层。

控制层的主要作用是 DDC 或 PLC 与现场的传感器、执行机构和变送器对接,完成对现场各设备的实时监控,通过通信网络与上层计算机完成信息交换。习惯上将 DDC 现场控制器称为下位机,其除了能接收上位机传送来的命令,还能传递给上位机本地的数据与状态。现场控制器能对设备进行单独控制,根据设定的参数做各种运算,实现输出控制。

DDC 现场控制器应按工艺设备系统进行设置,即同一工艺设备系统的测量控制点宜接入同一台 DDC 现场控制器中,以增加系统的可靠性,便于系统调试。DDC 现场控制器的输入输出点应留有适当余量,以备将来系统调整和扩展,一般预留量应大于 10%。控制网络层的配置应符合以下规定:

① 应采用总线拓扑结构,菊花环式(daisy chain)连接,用双绞线作为传输介质;每条通信总线与管理网络通信的监控点数(硬件点)不宜小于 500 点。

② 每条通信总线连接的控制器数量不宜超过 64 台,加中继器后,不宜超过 127 台;若不加中继器,则每条通信总线长度不宜小于 500 m。

③ 控制器之间通信应为点对点直接数据通信,控制网络层可以包括并行工作的多条通信总线,一条通信总线可视为 1 个控制网络。

④ 每个控制网络可以通过网络接口与管理网络层(中央管理工作站)连接,也可以通过管理网络层服务器 RS232/RS485 通信接口或内置通信网卡直接与服务器连接。当控制器采用以太网通信接口,与管理网络层处于同一通信级别时,可采用交换式集线器连接,与中央管理工作站通信。

⑤ 控制器可以与现场网络层智能仪表和分布式输入/输出模块通信。当控制器采用分布式输入/输出模块时,可以用软件配置的方法,把各个输入输出点分配到不同的控制器中进行监控。

## 三、现场网络层

现场网络层由通信网络连接微控制器、智能现场输入/输出模块和智能现场仪表(智能传感器、智能执行器、智能变频器)、普通现场仪表组成,通信网络可以是以太网或现场网络。普通现场仪表,如传感器、电量变送器、光照度变送器、执行器、阀门、变频器,不能连接在通信网络上。

① 微控制器是嵌入计算机硬件和软件的对末端设备使用的专用控制器,为嵌入式系统。微控制器独立于 DDC 现场控制器和中央管理工作站完成全部控制应用操作,通常具有由某些国际行业规范规定的标准控制功能,以符合控制应用标准化和数据通信标准化的要求,使产品具有可互操作性,建立开放式系统。微控制器体积小、集成度高、基本资源齐全、专用资源明确,具有特定控制功能,通常直接安装在被控设备的电力柜(箱)里,成为机械设备的一部分。不同种类的控制设备采用不同种类的微控制器,不同种类的微控制器可以连接在同一条通信网络上。

② 智能现场仪表是嵌入计算机硬件和软件的网络化现场设备,通过通信网络与控制器、微控制器通信,如带有远程传输功能的热计量表、流量计等。

③ 分布式输入/输出模块是嵌入计算机硬件和软件的网络化现场设备,作为控制器的组成部分,通过通信网络与控制器计算机模块连接。对于分布式 I/O(输入和输出)设备,控制 CPU 位于中央位置,而 I/O 设备在本地分布式运行,同时通过具有高速数据传输能力、功能强大的 PROFIBUS-DP 现场总线传输,可以确保控制CPU 与 I/O 设备稳定顺畅地通信。

④ 普通现场仪表是非智能设备,只能与控制器、微控制器、分布式输入/输出模块端到端连接,它们之间直接传输模拟量、数字量信号。

现场网络层的配置应符合以下规定:

① 宜采用总线拓扑结构,菊花环式(daisy chain)连接,用双绞线作为传输介质,也可以采用电力电缆调制解调技术、红外技术和无线技术。每条通信总线与管理网络通信的监控点数(硬件点)不宜小于 500 点。

② 每条通信总线连接的微控制器和智能现场仪表数量不宜超过 64 台,加中继器后,不宜超过 127 台;若不加中继器,则每条通信总线长度不宜小于 500 m。

③ 微控制器、智能现场输入/输出模块、智能现场仪表之间应为点对点直接数据通信。现场网络层可以包括并行工作的多条通信总线,一条通信总线可视为一个现场网络。

④ 每个现场网络可以通过网络接口与管理网络层(中央管理工作站)连接,也可以通过网络管理层服务器 RS232/RS485 通信接口或内置通信网卡直接与服务器连接。当微控制器、分布式输入/输出模块采用以太网通信接口,与管理网络层处于同一通信级别时,可采用交换式集线器连接,与中央管理工作站通信。

⑤ 智能现场仪表可以通过网络接口与控制网络层的控制器(分站)通信。智能现场仪表采用分布式连接,采用软件配置的方法,可以把各种现场设备信息分配到不同的控制器、微控制器中进行处理。

### 四、监控网络系统的基本要求

食用菌工厂化生产区域栽培环境设备监控网络系统的监控范围应根据项目建设目标确定,监测功能可根据实际情况而有所不同,但需符合《建筑设备监控系统工程技术规范》(JGJ/T 334—2014)标准的相关规定。

① 监控网络系统应具备监测功能。a. 应能监测设备在启停、运行及维修处理过程中的参数。b. 应能进行监测反映相关环境状况的参数。c. 应能监测用于设备和装置主要性能计算和经济分析所需要的参数。d. 应能进行记录,且记录数据应包括参数和时间标签两部分;记录数据在数据库中的保存时间不应少于 1 年,并可导出到其他存储介质中。

② 监控网络系统应具备安全保护功能。a. 应能根据监测参数执行保护动作,并能根据需要发出报警信息。b. 应记录相关参数和动作信息。

③ 监控网络系统宜具备远程控制功能,并应以实现监测和安全保护功能为前提。a. 应能根据操作人员通过人机界面发出的指令改变被监控设备的状态。b. 被监控设备的电气控制箱(柜)应设置手动/自动转换开关,且监控系统应能监测手动/自动转换开关的状态,当执行远程控制功能时,转换开关应处于"自动"状态。c. 应设置手动/自动的模式转换,当执行远程控制功能时,监控系统应处于"手动"模式。d. 应记录通过人机界面输入的用户身份和指令信息。

④ 建筑设备监控系统宜具备自动启停功能,并应以实现远程控制功能为前提。a. 应能根据控制算法实现相关设备的顺序启停控制。b. 应能按时间表控制相关设备的启停。c. 应设置手动/自动的模式转换,当执行自动启停功能时,监控系统应处于"自动"模式。

⑤ 监控网络系统宜具备自动调节功能,并应以实现远程控制功能为前提。a. 在选定的运行工况下,应能根据控制算法实时调整被监控设备的状态,使被监控参数达到设定值要求。b. 应设置手动/自动的模式转换,当执行自动调节功能时,监控系统应处于"自动"模式。c. 应能设定和修改运行工况。d. 应能设定和修改被监控参数的设定值。

# 第二节　智慧设备管理系统和大数据处理优化

### 一、智慧设备管理系统的意义

长期以来,我国的食用菌生产模式停留在依靠自然条件的手工作坊式生产的水平上,均为家庭分散型、小规模粗放型生产方式,这种生产方式虽然投资成本低,可因地制宜生产,但承受自然风险的能力差,承受市场风险的能力更弱,产品受季节限制,产量低、质量差、效益低、资源浪费严重,与市场的要求不相符。食用菌工厂化生产就是应变市场浪潮的重要的风向标。

食用菌工厂化生产就是以符合市场需求的食用菌品种为导向,综合利用制冷工程、洁净车间、自动袋栽机械生产线及真空灭菌等现代设施设备,引入先进的环境控制技术,为菇类提供最适宜的生长条件,实现生产的周年化、集约化和规模化,完全摆脱过去那种"靠天吃饭"的传统农业生产模式,使食用菌产品的质量像工业品一样稳定、可靠、安全。

对于一家企业来说,设备是生产的关键,对设备进行管理就显得尤为重要。一旦设备出现故障,维修所需的时间就会影响企业的生产进度,同时容易出现安全问题。设备管理与维护是生产企业管理工作的重要环节,依靠人工点检的设备管理模式不仅无法满足智能化管理的需要,也不符合企业的利益需求。因此,将以信息技术为基础的通信、检测、维护等技术手段与企业设备管理融为一体,实现企业设备管理的信息化、智能化是企业发展的必然趋势,对设备进行信息化、全生命周期的管理就显得尤为重要。

智慧设备管理系统就是打造标准化、科学化、数字化、易扩展的设备管理模式,加强对设备的监测、监管、维护,提升企业的服务能力,助力企业实现设备智能化管理。

1. 生产运行监控

智慧设备管理系统可以对设备的生产状况进行实时监控,通过数据大屏进行反馈,实时显示现场各设备的运转信息,如"停机报警"可及时以微信、钉钉、短信(选取其中一种)方式快速传递给各相关负责人,实现对现场各生产设备运转状态的集中监控。可通过 2D/3D 方式形象、直观地显示现场工艺布局、设备布局,实时显示设备运行数据、启停状态和故障状态等信息,并且能够对实时数据的超标情况和设备故障情况进行报警。

2. 设备档案管理

智慧设备管理系统可以建立详尽的设备基本档案,快捷的设备档案查询功能可使工作人员轻松查到设备的各类静态、动态信息。设备档案管理包括设备分类分级、生产厂家、型号、安装位置、使用时间、使用状态、维修建议等,可快速查看设备全流程信息,进行设备全生命周期的信息化统一管理。设备知识库是系统将所有设备的相关内容收集到一起,并记录每个设备的维修保养等内容,包括每次故障的具体原因和解决办法。档案可以帮助企业开展人员交接和储备人员培养、培训工作。

3. 智能报警

智能报警主要实现对各项实时监测数据异常情况的报警提示,包括数据超限报警、设备故障报警等。智慧设备管理系统可设定各个参数的报警限值,监测的数据一旦超过设定的限值,系统就会自动发送报警信息给预设的手机号,使相关负责人能够针对超标情况及时给出应对措施,减少事故的发生。

4. 故障诊断和预测

对设备的故障特殊信号进行建模分析,通过实时监测的数据,系统可定期对监测数据进行 AI 分析,及时预测或发现设备运行的异常状态,并根据故障的特征信号,协助用户排查故障的原因。生产人员还可以通过手机端、PC 端对设备发起报修申请和维修记录,设备管理系统可以在系统中自动生成设备的报修和维修工单。

5. 运行状况评估

结合生产运行设备的运行评估标准,智能装备管理平台可实现对生产设备的运行质量评估,自动提取动力设备的故障次数及故障率,实现对设备运行质量的客观评价,最大限度地解决人为因素的不公平性,利用系统真正实现对运行设备运行质量的客观、公正评估,为运行设备运行质量管理考核提供参考依据,为用户选购设备提供数据支撑。

通过对实时数据的监测,可以自动生成日报、月报和年报,这些数据报表可作为设备运行的历史数据存档,便于管理人员查看,及时了解设备的运行状况。

6. 设备保养管理

系统能够根据生产周期生成保养计划,同时根据计划自动生成保养工单,并自动分配到维修人员,维修人员可以关联保养计划进行保养登记。系统还可以根据系统内设置的相关设备的巡检计划,自动生成巡检任务,并精准分配到相关巡检人员。

7. 历史趋势查询

将采集的数据生成历史曲线,用户可以对主要生产设备运行状态、在线数据的趋势进行查询和分析。设备管理系统支持按照实时、日、月、年或者选择的时间段对所记录的数据曲线进行对比查询,还可以对设备的参数及资料等相关信息进行编辑和补充完善,帮助企业多维度地查看设备相关信息。

设备管理与维护在食用菌工厂化生产中显得越来越重要,设备管理维护系统的有效运行在保证设备正常运行、增加有效的生产时间方面都起着至关重要的作用。依靠传统的人工手段对设备进行编码、点检、故障检测已无法满足食用菌企业设备管理的需求。企业的设备日渐多样化、复杂化、智能化,依靠人工进行管理会出现不准确和可靠性差的问题,而且费时费力,得不偿失。因此,配置能够适应当前社会信息化、智能化的智慧设备管理系统已经成为企业的核心战略之一,是企业提高竞争力的有效手段。

## 二、智慧设备管理系统的实施方式

食用菌工厂化生产越来越依赖于设备,也越来越需要全面掌握设备应用技术。现代化的设备具有大型化、高速化、自动化和智能化的特点。设备的大型化使得生产高度集中,设备故障造成的损失远远高于小型设备,而且大型设备成本高,对产品成本的影响很大;设备的高速化给企业生产带来了一些技术和经济方面的问题,例如,驱动装置的能耗相应增加,对设备材料及自动化程度要求较高;自动化、智能化使得设备复杂程度增加,故障发生的环节增多且概率增大,给设备维护工作带来困难。

因此,如何优化设备管理方法,以确保设备在其生命周期内达到资产价值最大化和运行效能最优化,是食用菌企业需要考虑的问题。

1. 数字化——让设备管理全程可追溯

传统意义上的设备管理工具或软件,往往局限在业务层面和主数据层面。然而,设备本身并不是孤立存在和单独使用的,它们之间生产过程的相似性和相互影响程度,是影响设备正常运行的一个重要因素。设备全生命周期管理平台的数字化,除了能通过电脑、平板等装置快速查看传统设备管理软件提供的各类信息,如采购日期、供应商、维修记录、保养记录、保养周期等内容,还可以使设备各种使用过程信息实现全程可追溯,如用于记录工件和加工参数的工况类信息,用于评估影响因素、过程参数、环境参数等设备健康状况的状态类信息等。

2. 智能化——让设备维护管理主动化

设备全生命周期管理工作中,设备维护管理是很重要的一环。通过预防性的分析和预警,一方面可以帮助维修技术人员提前安排一些重要的预防维修措施,以防止宕机的情况出现;另一方面,通过对预防维护的智能调度,企业可以有充分的时间为设备升级或更新作准备。

3. 人机互动——提高互动性

设备管理的发展过程,是一个人机互动的动态过程。人作用于机械设备,创造物质财富;机械设备反作用于人,完善和丰富人的劳动技能。通过技术、经济、组织等措施,对设备进行经济性、基础性管理,正确使用、精心保养、科学维护,适时进行改造和更新,使设备长期保持良好状态,不断提高装备水平,提升设备效能,为生产打下良好的物质基础,从而实现科学、合理、高效地管理设备。

4. 可视化——让设备管理简单化

设备全生命周期管理平台的可视化,具体包括可视化设备建模、可视化设备安装管理、可视化设备台账管理、可视化巡检管理等内容,通过对企业设备进行几何建模,可以直观、真实、精确地展示设备形状、设备分布、设备运行状况,同时将设备模型与实时数据、设备档案等绑定,实现设备在三维场景中的快速定位与基础信息查询。一个完整的可视化设备包含以下几个模块:

(1)可视化设备建模  指采用 3D 建模技术,对设备零件、设备部套、设备整机进行 3D 建模,建立零件和设备的 3D 模型库,展示整机、部套、零件之间的层次关系,实现人与场景中 3D 对象的交互。

(2)可视化设备安装管理  指对设备安装进行三维建模,并把三维场景与计划、实际进度结合,用不同颜色表现每一阶段的安装建设过程。

(3)可视化设备台账管理  指通过建立设备台账及资产数据库,并和三维设备绑定,实现设备台账的可视化及模型和属性数据的互查、双向检索定位,从而实现三维可视化的资产管理,使用户能够快速找到相应的设备,并查看设备对应的现场位置、所处环境、关联设备、设备参数等真实情况。

(4)可视化巡检管理  指巡检任务从制定、分配、下发、接收、执行到考核等都可以远程控制、无线实时同步,从而实现巡检过程可视化、便捷化、规范化、智能化管理,使用户及时发现设备缺陷和各种安全隐患。

总之,一个完整的设备管理平台需要涵盖设备全生命周期的管理,需要具备数字化、智能化、可视化融合的特点。借助设备的全生命周期管理平台,企业管理者可以实现对设备的闭环管理,使设备在激烈的市场竞争中处于良好的生产状态,从而达到效益最大化,为企业节省成本、创造利润。

### 三、基于数据监控和大数据处理的食用菌生产工艺优化

传统的食用菌栽培工厂主要是依靠个人经验进行环境参数的设置和生产工艺的拟定。为了提高产品质量和降低成本,很多工厂在生产过程中采用统计过程控制(statistical process control,SPC)方法,经历了从单变量控制图到多变量控制图、从单纯的过程监控到过程监控并诊断的发展过程。然而,随着技术的进步,人们也逐渐认识到湿度、温度、$CO_2$ 浓度、光照强度、pH 值、营养物质等因素与食用菌生长的复杂的动态、非线性、多模态关系,生长过程中众多复杂因素相互作用耦合,导致食用菌生长环境存在较强的不确定性,传统的基于统计过程变量服从正态分布的静态、线性、建模的多变量监控和诊断方法已不能采用,因此,需要一种更加细化的技术和方法来诊断和完善工艺流程。

随着大数据时代的到来,人们利用信息技术和计算机技术可快速且便捷地获得食用菌生长过程中的多方面信息,运用统计和其他数学工具对海量信息进行分析与处理,深入了解生产工艺流程中的历史数据,找出工艺和产品质量之间的模式和关系,寻求对质量影响最大的可靠因素,从而优化栽培工艺。

大数据处理的关键技术包括大数据采集、大数据预处理、大数据存储与管理、大数据分析与挖掘、大数据展现和应用。大数据分析与挖掘技术如表6.1所示。大数据时代,传统的多元统计监控方法正在向基于人工智能的质量智能诊断方法转化,传统以时间序列法和统计回归法为主的预测方法逐渐向以神经网络、支持向量机、模糊理论等为主流技术的智能预测方法转化,以往以人工经验为主的过程优化逐渐转为数据驱动的智能决策优化,当然这种转化不是摒弃,而是两者合理地交互与融合。

表 6.1 大数据分析与挖掘技术

| 名称 | 定义 |
|------|------|
| 统计 | 科学地收集、组织和说明数据,包括设计调查和实验 |
| 优化 | 用于重新设计复杂的系统和流程,依据一个或多个目标措施来改善其表现的数值方法组合 |
| 模拟 | 为复杂系统的行为建模,常用于预测和情景规划 |
| 数据挖掘 | 采用大数据提取模式,综合数据库管理的统计和机器学习方法,包括时间序列、关联规则、分类与聚类分析、神经网络和回归分析等 |
| 时间序列 | 利用过去相同或相似的时间序列值来预测未来的模型 |
| 关联规则 | 发现大数据库中变量之间关系的一组技术,这些技术包含多种算法,可生成和测试可能的规则 |
| 分类 | 在已确定分类的基础上,识别新的数据点属于哪种类别的一组技术 |
| 聚类 | 划分对象的统计学方法,将不同的集群划分成有相似属性的小群体,而这些相似属性是预先未知的 |
| 神经网络 | 通过生物神经网络的结构和运行模式的启发,发现数据模式的计算模型 |
| 回归 | 确定当一个或多个自变量变化时因变量变化程度的统计技术 |
| 集成学习 | 通过模拟自然进化或适者生存过程搜索最优解的技术 |
| 数据融合和集成 | 集成和分析多个来源数据的技术,比分析单一来源数据更能获得高效、精确的结果 |
| 模式识别 | 依照一种特定算法给某种模式分配给定的输入值的机器学习方法 |

生产工艺过程的优化主要集中在两方面:① 根据监测或预测到的生产异常结果,诊断其原因并进行优化调整;② 基于生长过程中大量相关的数据,通过聚类、关

联分析、优化算法等找到最优的工艺参数组合,实现生产过程的优化。

为便于分析和描述,将食用菌栽培生产过程分为历史生产过程、当前生产过程和后续生产过程,如图6.2所示。当前生产过程可以看作某批产品的生产从开始到结束,或者是所关注的某个时间段内的生产,也可以是多工序生产过程中的某道工序。

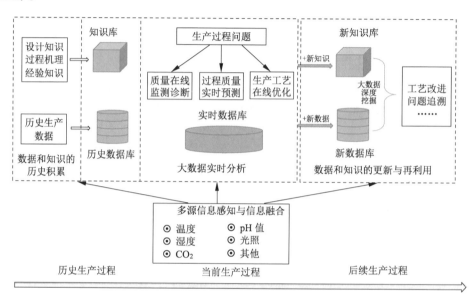

**图 6.2　生产过程监控与大数据挖掘**

历史数据库是对以往生产过程中所积累的质量相关数据的有效组织与存储,其中包括传感器检测的过程参数、设备运行参数、工艺参数、质量特征参数等数据和人员操作数据。知识不仅包括工艺知识、加工方法、加工设备等相关显性知识,还包括生产者的生产操作经验、故障诊断经验等隐性知识,通过数据挖掘分析得到有意义的生产模式也是获取隐性知识的重要手段。

实时获取的质量数据,如生产过程的设备运行状态数据、质量监测的传感器数据等,多以源源不断的数据流形式被采集,具有多源异构、高维、多尺度、强噪声干扰等特点,需采用快速、有效的实时数据流分析技术对食用菌生长过程的关键特征参数进行实时监测和预测,并在发现异常时进行快速诊断和识别,进而优化对食用菌生长过程有显著影响的关键工艺参数。在线的质量控制能够融合应用实时数据库、历史数据库和知识库,并进行快速智能分析。

当前的生产过程完成后,所产生的与质量控制相关的数据在进行有效采集和处理后会存入历史数据库,以不断更新历史数据库;另外,在该过程中获得的有关生产运行监控、质量预测控制,以及与生产工艺相关的新经验可用于更新知识库。生产过程积累的大量历史数据,包含丰富的反映生产运行状态的正常模式和各种异常模式,通过对历史数据多角度、全方位地分析与挖掘,能够从多方面获得对企业有益的信息资源,找到关键质量特性与工艺条件之间的关系,利用系统的递推特性,不断细化工艺参数,实现产品和整个生产系统的迭代更新和持续改进。

# 第三节 应用案例

近年来,经济和科技的发展、电子技术和信息技术的日趋成熟,引发了温室控制方面的一场革命。计算机自动控制的智能温室自问世以来,已成为现代农业发展的重要手段和措施。它的功能在于以先进的技术和现代化设施,人为控制食用菌生长所需的环境条件,使食用菌生长不受自然气候的影响,做到常年高效率、高产值和高效益工厂化生产,而这正是食用菌工厂化所需要的。

菇房智能环境测控物联网系统采用先进的微电脑技术、传感器技术、自动控制技术,利用覆盖面广的 GPRS 或 4G 网络实现数据传输,可配 LCD 大屏显示,利用智能人机界面和电脑实现控制功能,更可以配手机 App 软件,从而实现远程无线随时随地的操控。该系统对促进“智慧菌菇”的建设影响重大,意义深远。

菇房智能环境测控物联网系统能够自动监测并调节菇房内的二氧化碳含量、温度、湿度,具有二氧化碳排放控制功能、加湿/除湿控制功能和升温/降温控制功能,可以控制风机、加湿器等设备,通过人机界面可以设置二氧化碳含量、温湿度的上下限及控制回差,带有通信接口,可以和计算机、手机通信。该系统可广泛应用于恒温菇房、农业温室、智能食用菌房、食品蔬菜保鲜库等所有需监控环境的场所。

## (一) 食用菌工厂化栽培大数据工作平台

为了更好地开展食用菌工厂化栽培项目,江苏科恒环境科技有限公司运用物联网技术,开发了食用菌工厂化栽培大数据工作平台(图6.3)。该大数据工作平台能够依据食用菌的生长规律自动监测并调节菇房内的环境参数,直观地显示菇房内的状态信息,并可以实现联动控制。

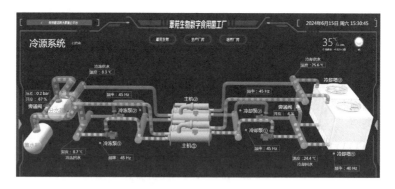

图6.3 食用菌工厂化栽培大数据工作平台

图6.4所示为食用菌工厂化栽培大数据工作平台工作原理,该平台可实现的功能及效果如下:

① 可以对菇房进行温湿度自动监控,根据设定的温湿度范围,自动启动制冷、加热、加湿设备。

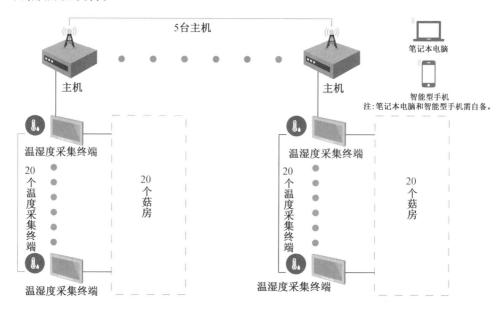

图6.4 食用菌工厂化栽培大数据工作平台工作原理

② 系统将采集到的数据信息以实时曲线的方式显示给工作人员,并根据需要按照日、月、季、年参数变化曲线生成历史报表,便于对菇房内的环境状况进行分析,从而做出改进,提高生产效率。

③ 工作人员根据菇房内的具体情况设置温度、湿度等参数限值。监测时,如发现有监测结果超出设定的阈值,系统会自动发出报警信号提醒工作人员。报警形

式包括声光报警、电话报警、短信报警、E-mail 报警等。

④ 现场采集设备将采集到的数据通过有线、无线、4G 网络传输到中控数据平台,工作人员从终端可以查看菇房现场的实时数据,并使用远程控制功能通过继电器控制设备或模拟输出模块操作菇房内的自动化设备,如自动通风排放系统、自动加湿系统、自动换气系统。

⑤ 监控终端通过可视化、多媒体人机界面实现以下主要功能:一是可全面显示、查询菇房内菌菇的生长环境状况,包括各种参数、光照强度及历史数据等;二是向菇房内的监控系统发布调度命令,调整设备运行状况,确保为菌菇提供最适宜的生长环境。

### (二) 河南洛阳某厂的菇房智能环境测控物联网系统

图 6.5 所示为河南洛阳某厂的菇房智能环境测控物联网系统。

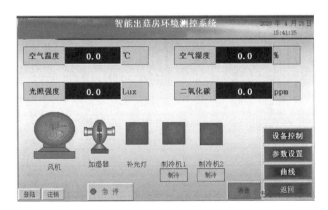

图 6.5 智能人机界面

该厂的食用菌主要以菇中之王——杏鲍菇为主,该系统加入了视频监控和手机 App 控制系统,提供了更精确的菇房环境监测和更便利的控制方式,这为菌菇生产增收提供了科学保障。系统上位机可以显示每间菇房的实时数据,得到相应的湿度、温度、$CO_2$ 含量等参数,以及设备的工作状态信息。现场控制节点中,除了有监测各参数的传感器,另一个重要组成部分就是控制柜。目前,控制柜配备了智能人机界面,数据显示一目了然,操作简单方便。

### (三)甘肃平凉某厂的农业物联网智能温室控制系统

平凉是甘肃省主要农林产品生产基地和畜牧业基地。由于地形和海拔高度的影响,此地气候的垂直差异明显。温室大棚的广泛普及打破了气候条件的限制,使得平凉种植的食用菌种类更加多样。农业物联网智能温室控制系统的应用,再一次推动了平凉农业的现代化发展进程。

图 6.6 所示为甘肃平凉某厂的农业物联网智能温室控制系统采集的参数,如空气温湿度、土壤温湿度、$CO_2$ 浓度、光照强度等,此外,还有自动控制开关,以及排风、水泵、喷淋、卷帘等按键开关。

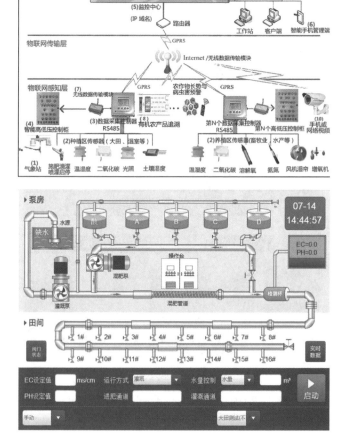

**图 6.6  农业物联网智能温室控制系统**

# 第七章

# 真姬菇工厂化生产区域栽培环境及节能调控项目实例

## 第一节　真姬菇工厂化生产栽培项目背景

### 一、真姬菇概述

真姬菇是一种木腐菌,分解木质素、纤维素和半纤维素的能力强(图 7.1)。真姬菇的营养价值很高,有提高机体免疫力及预防衰老等特殊功能。在自然条件下,真姬菇多生长在山毛榉等阔叶树的枯立木及倒木上,从中获取所需的碳源、氮源、矿物质和维生素等营养物质。菌丝体生长的温度范围在 5~30 ℃,以 22~25 ℃ 为适宜温度:一般 5 ℃时开始生长,15 ℃左右生长加快,25 ℃时最适宜,超过 28 ℃则生长速度减慢。

**图 7.1　真姬菇**

真姬菇为喜湿性菌类,但在菌丝体生长阶段,对水分并无特殊要求,培养料以含水量 65% 为宜,空气相对湿度为 70%RH 时,菌丝体生长良好。子实体形成和发育阶段,尤其是菇蕾期对湿度要求严格,若空气湿度过低,子实体难以分化,菇蕾会出现死亡现象;长菇期要求空气相对湿度以 85%RH~95%RH 为宜,环境过湿也会导致子实体生长缓慢,菌柄发暗,有苦味,易受霉菌、害虫侵袭。

菌丝体生长阶段无须光照。子实体形成和发育阶段则需要一定的散射光,否则在黑暗条件下不会形成子实体。若光线不足,则菇少、色浅、盖小、柄长,且易开伞,质量差。真姬菇在子实体发育阶段有趋光性,对光质的要求与其他菌菇不同,以红外线照射不仅有利于抑制菌盖开伞和菌柄正直伸长,而且可避免受光线影响而引起菌柄弯曲。

真姬菇属好气性菌类,特别是子实体发育阶段更需要充足的氧气。若空气静止而潮湿或二氧化碳含量较高,则菌盖的发育会受到抑制,从而形成畸形菇。菌丝体生长所需的 pH 值为 5~7.5,最适 pH 值为 5.5~6.5,pH 值低于 4 或超过 8.5,接种块很难萌动。

### 二、真姬菇工厂化栽培的基本要求

真姬菇工厂化栽培采用 16 瓶制式,每瓶 1350 mL,设计生产能力为 70 吨/天,日产量 30 万瓶;生产区建筑面积约为 70000 m²,总电力容量约为 12000 kW(制冷通风部分)。

从原料到生产出产品的过程中,真姬菇栽培的能耗成本约占总生产成本的 1/3,而其他方面的成本几乎没有可以压缩的空间,因此节能理念(即使工厂的能源消耗达到最优和最低的状态)应贯穿于整个工厂的设计中。

为了保证真姬菇健康生长,需要精确地测量、反馈和控制其生长过程中的各环境参数、信息和设备执行情况。同时,为了保证管理者能够参与远程管理和控制,采用数字化技术自动记录并整理工厂内所有能够量化的内容,使管理者能够对工厂的各个生长环境参数和设备的工作状态有直观的了解,同时也为产品的生长性能提供原始数据,以便为未来优化工艺提供反馈。

### 三、真姬菇工厂化栽培场所及其环境参数

真姬菇工厂内不同的区域对环境参数的要求各不相同,参照用户要求及多年来本行业的应用情况,各区域对环境参数的要求如下。

① 栽培种培养室:温度 19~21 ℃,湿度 70%RH~80%RH,$CO_2$ 体积浓度 2000~4000 mL/m³,空气洁净,压力 ≥10 Pa。

② 冷却室:温度 12~18 ℃,湿度 70%RH~80%RH,压力 ≥10 Pa。

③ 接种室:温度 14~16 ℃,压力 ≥10 Pa。

④ 前期培养室(以下简称"前培养室"):温度 20~22 ℃,湿度 70%RH~

75%RH,$CO_2$ 体积浓度 2000~3000 mL/$m^3$,空气洁净,压力≥5 Pa。

⑤ 后期培养室(以下简称为"后培养室"):温度 19 ~ 22 ℃,湿度 70%RH ~ 80%RH,$CO_2$ 体积浓度 2000~4000 mL/$m^3$,空气洁净,压力≥0 Pa。

⑥ 出菇室:温度 14 ~ 18 ℃,湿度 90% RH ~ 98% RH,$CO_2$ 体积浓度 1500 ~ 3000 mL/$m^3$,空气洁净,压力≥0 Pa。

⑦ 包装室和采收室:温度 12~15 ℃。

⑧ 冷藏库:温度 1~3 ℃。

### 四、真姬菇工厂化栽培区域主要功能间的确定

功能间包括前培养室、后培养室、出菇室和实验出菇室,每个房间放置 10 层培养架,其详细配置情况如表 7.1 和表 7.2 所示。

表 7.1 功能间配置情况(一)

| 车间编号 | 房间号 | 10 层放置数量/瓶 | 培养天数 | 容积/$m^3$ |
|---|---|---|---|---|
| 2 号车间 | 前培养室 1 | 737280 | 2.5 | 7686 |
| | 前培养室 2 | 737280 | 2.5 | 7686 |
| | 前培养室 3 | 737280 | 2.5 | 7686 |
| | 前培养室 4 | 737280 | 2.5 | 7686 |
| | 前培养室 5 | 1044480 | 3.5 | 10584 |
| | 前培养室 6 | 1044480 | 3.5 | 10584 |
| | 前培养室 7 | 1044480 | 3.5 | 10584 |
| 3 号车间 A 区 | 后培养室 1 | 783360 | 2.6 | 7620 |
| | 后培养室 2 | 783360 | 2.6 | 7620 |
| | 后培养室 3 | 783360 | 2.6 | 7620 |
| | 后培养室 4 | 783360 | 2.6 | 7620 |
| | 后培养室 5 | 783360 | 2.6 | 7620 |
| | 后培养室 6 | 783360 | 2.6 | 7620 |
| | 后培养室 7 | 783360 | 2.6 | 7620 |
| | 后培养室 8 | 368640 | 1.2 | 3260 |

续表

| 车间编号 | 房间号 | 10层放置数量/瓶 | 培养天数 | 容积/m³ |
|---|---|---|---|---|
| 3号车间B区 | 后培养室9 | 783360 | 2.6 | 7620 |
| | 后培养室10 | 783360 | 2.6 | 7620 |
| | 后培养室11 | 783360 | 2.6 | 7620 |
| | 后培养室12 | 783360 | 2.6 | 7620 |
| | 后培养室13 | 783360 | 2.6 | 7620 |
| | 后培养室14 | 783360 | 2.6 | 7620 |
| | 后培养室15 | 599040 | 2.0 | 7500 |
| 培养室合计 | | 17233920 | 57.5 | |

表7.2 功能间配置情况(二)

| 车间编号 | 功能间 | 规格(10层)/(瓶·间⁻¹) | 出菇室数量/间 |
|---|---|---|---|
| 4号车间 | 出菇室 | 46080 | 41 |
| 5号车间 | 出菇室 | 46080 | 46 |
| 6号车间 | 出菇室 | 46080 | 46 |
| 7号车间 | 出菇室 | 46080 | 76 |
| 8号车间 | 实验出菇室 | 4500 | 6 |
| 瓶数合计 | | 9657720 | |

# 第二节　制冷负荷的确定

## 一、冷却室制冷负荷的确定

夏季冷却室制冷负荷的确定如表7.3所示。

表7.3 夏季冷却室制冷负荷的确定(瓶栽50000瓶)

| 序号 | 内容 | 项目 | 冷却室 |
|---|---|---|---|
| 1 | 菌瓶基本参数 | 装瓶量/(瓶·间⁻¹) | 50000 |
| 2 | | 料重/kg | 1.0(含瓶框盖) |

| 序号 | 内容 | 项目 | 冷却室 |
|---|---|---|---|
| 3 | 库房参数 | 温度/℃ | 16 |
| 4 | | 湿度/%RH | 80 |
| 5 | | 焓/(kJ·kg$^{-1}$) | 44.210 |
| 6 | | 库房容积/m$^3$ | 700 |
| 7 | 新风参数 | 通风机新风量/(m$^3$·min$^{-1}$) | 20 |
| 8 | | 新风温度/℃ | 32 |
| 9 | | 新风湿度/%RH | 70 |
| 10 | | 新风焓/(kJ·kg$^{-1}$) | 86.3 |
| 11 | | 热空气比体积/(m$^3$·kg$^{-1}$) | 0.90 |
| 12 | 新风热 | 新风焓差/(kJ·kg$^{-1}$) | 42.1 |
| 13 | | 新风热负荷/kW | 15.6 |
| 14 | 货物热 | 进货温度/℃ | 95 |
| 15 | | 出货温度/℃ | 20 |
| 16 | | 比热容/[kJ·(kg·℃)$^{-1}$] | 3 |
| 17 | | 货物热/kJ | 12375000 |
| 18 | | 降温时间/h | 12 |
| 19 | | 需冷量/kW | 286 |
| 20 | 机械热 | 机械热量/kW | 20 |
| 21 | | 围护热量/kW | 10 |
| 22 | | 单间机械热负荷/kW | 30 |
| 23 | | 单间冷却室需冷量/kW | 331.6 |
| 24 | | 6间冷却室需冷量 | 1989.6 |

注：① 计算室外气象参数为温度 32 ℃、湿度 70%RH,极限气候下采用调控或加大主机制冷量满足要求。

② 本方案考虑净化空气所需要的 2 倍体积新风负荷。

③ 货物比热容按栽培料含水 65%,含木屑等干物质 35%折算而来;栽培料比重约 0.74 g/mL。

## 二、培养室制冷负荷的确定

夏季和冬季培养室制冷负荷的确定如表 7.4 和表 7.5 所示。

## 表 7.4　夏季培养室制冷负荷的确定

| 序号 | 内容 | 项目 | 前培养室<br>1-4 | 前培养室<br>5-7 | 后培养室<br>1-7 | 后培养室<br>8 | 后培养室<br>9-14 | 后培养室<br>15 |
|---|---|---|---|---|---|---|---|---|
| 1 | 基本参数 | 装瓶量/(瓶·间$^{-1}$) | 737280 | 1044480 | 783360 | 368640 | 783360 | 599040 |
| 2 | | 料重/kg | 1.00 | 1.00 | 1.00 | 1.00 | 1.00 | 1.00 |
| 3 | | 栽培料 $CO_2$ 呼吸量/<br>[mL·(h·kg)$^{-1}$] | 20.0 | 20.0 | 40.0 | 40.0 | 40.0 | 40.0 |
| 4 | | 总呼吸量/(L·min$^{-1}$) | 245.8 | 348.2 | 522.2 | 245.8 | 522.2 | 399.4 |
| 5 | 库房参数 | 温度/℃ | 20.0 | 20.0 | 20.0 | 20.0 | 20.0 | 20.0 |
| 6 | | 湿度/%RH | 70.0 | 70.0 | 70.0 | 70.0 | 70.0 | 70.0 |
| 7 | | 焓/(kJ·kg$^{-1}$) | 46.0 | 46.0 | 46.0 | 46.0 | 46.0 | 46.0 |
| 8 | | 库房容积/m³ | 7686 | 10584 | 7620 | 3260 | 7620 | 7500 |
| 9 | | $CO_2$ 浓度升高速度/<br>[mL·(m³·min)$^{-1}$] | 32.0 | 32.9 | 68.5 | 75.4 | 68.5 | 53.2 |
| 10 | | 通风停止时 $CO_2$<br>浓度/(mL·m$^{-3}$) | 2000 | 2000 | 2000 | 2000 | 2000 | 2000 |
| 11 | | 通风开始时 $CO_2$<br>浓度/(mL·m$^{-3}$) | 3000 | 3000 | 3000 | 3000 | 3000 | 3000 |
| 12 | | 通风机停机时间/min | 31.3 | 30.4 | 14.6 | 13.3 | 14.6 | 18.8 |
| 13 | 新风参数 | 新风装机量/<br>(m³·min$^{-1}$) | 333.3 | 500.0 | 666.7 | 333.3 | 666.7 | 500.0 |
| 14 | | 新风 $CO_2$ 浓度/<br>(mL·m$^{-3}$) | 500.0 | 500.0 | 500.0 | 500.0 | 500.0 | 500.0 |
| 15 | | 新风温度/℃ | 32.0 | 32.0 | 32.0 | 32.0 | 32.0 | 32.0 |
| 16 | | 新风湿度/%RH | 70.0 | 70.0 | 70.0 | 70.0 | 70.0 | 70.0 |
| 17 | | 新风焓/(kJ·kg$^{-1}$) | 86.30 | 86.30 | 86.30 | 86.30 | 86.30 | 86.30 |
| 18 | | 热空气比体积/<br>(m³·kg$^{-1}$) | 0.9 | 0.9 | 0.9 | 0.9 | 0.9 | 0.9 |
| 19 | | 置换时间/min | 30.2 | 26.3 | 15.9 | 12.8 | 15.9 | 21.4 |
| 20 | | 开机百分比/% | 49.2 | 46.4 | 52.2 | 49.2 | 52.2 | 53.2 |
| 21 | | 实际通风量/<br>(m³·h$^{-1}$) | 9830 | 13926 | 20890 | 9830 | 20890 | 15974 |
| 22 | | 实际通风量/<br>(kg·s$^{-1}$) | 3.00 | 4.25 | 6.38 | 3.00 | 6.38 | 4.88 |
| 23 | | 装机通风量/<br>(m³·h$^{-1}$) | 20000 | 30000 | 40000 | 20000 | 40000 | 30000 |

续表

| 序号 | 内容 | 项目 | 前培养室1-4 | 前培养室5-7 | 后培养室1-7 | 后培养室8 | 后培养室9-14 | 后培养室15 |
|---|---|---|---|---|---|---|---|---|
| 24 | 新风热 | 新风焓差/(kJ·kg$^{-1}$) | 40.3 | 40.3 | 40.3 | 40.3 | 40.3 | 40.3 |
| 25 | | 新风热负荷/kW | 120.9 | 171.3 | 257.0 | 120.9 | 257.0 | 196.5 |
| 26 | 呼吸热 | 呼吸热/(W·kg$^{-1}$) | 0.10 | 0.10 | 0.25 | 0.25 | 0.25 | 0.25 |
| 27 | | 单间呼吸热/kW | 73.7 | 104.4 | 195.8 | 92.2 | 195.8 | 149.8 |
| 28 | 机械热 | 机械热量/kW | 12.0 | 12.0 | 16.0 | 12.0 | 16.0 | 16.0 |
| 29 | | 围护热量/kW | 20.0 | 20.0 | 20.0 | 10.0 | 20.0 | 20.0 |
| 30 | | 单间机械热负荷/kW | 32.0 | 32.0 | 36.0 | 22.0 | 36.0 | 36.0 |
| 31 | | 单间合计热负荷/kW | 226.6 | 307.7 | 488.8 | 235.1 | 488.8 | 382.3 |
| 32 | | 库房数量/间 | 4 | 3 | 7 | 1 | 6 | 1 |
| 33 | | 小计/kW | 906.4 | 923.1 | 3421.6 | 235.1 | 2932.8 | 382.3 |
| 34 | 夏季培养室总热负荷/kW | | 8801.3 | | | | | |

注：① $CO_2$ 呼吸量为在该生长区栽培料最大的排出量。

② 计算室外气象参数为温度 32 ℃、湿度 70%RH，极限气候下采用调控新风量抑制生长满足要求。

③ 本方案采用空气稀释排放的计算方法，实际使用中由于排放初期浓度较高，稀释时间可能会少于计算时间，稀释 $CO_2$ 的效果会更好一些。各个菇房瓶间由于空气的流动速度不同，菌瓶周边换气效率可能会有很大差异，实际生产中换气频率的变化对能耗的影响不大，但长时间换气可能在不同季节给菌瓶周边温度带来不一样的影响，在不同的季节应该采用不同的频率，即冬夏季缩短通风时长和停机时长，增加换气频率，减小换气造成的室内温度大幅度波动。

### 表7.5　冬季培养室制冷负荷的确定

| 序号 | 内容 | 项目 | 前培养室1-4 | 前培养室5-7 | 后培养室1-7 | 后培养室8 | 后培养室9-14 | 后培养室15 |
|---|---|---|---|---|---|---|---|---|
| 1 | 基本参数 | 装瓶量/(瓶·间$^{-1}$) | 737280 | 1044480 | 783360 | 368640 | 783360 | 599040 |
| 2 | | 料重/kg | 1.00 | 1.00 | 1.00 | 1.00 | 1.00 | 1.00 |
| 3 | | 栽培料 $CO_2$ 呼吸量/[mL·(h·kg)$^{-1}$] | 20.0 | 20.0 | 40.0 | 40.0 | 40.0 | 40.0 |
| 4 | | 总呼吸量/(L·min$^{-1}$) | 245.8 | 348.2 | 522.2 | 245.8 | 522.2 | 399.4 |

续表

| 序号 | 内容 | 项目 | 前培养室 1-4 | 前培养室 5-7 | 后培养室 1-7 | 后培养室 8 | 后培养室 9-14 | 后培养室 15 |
|---|---|---|---|---|---|---|---|---|
| 5 | 库房参数 | 温度/℃ | 20.0 | 20.0 | 20.0 | 20.0 | 20.0 | 20.0 |
| 6 | | 湿度/%RH | 70.0 | 70.0 | 70.0 | 70.0 | 70.0 | 70.0 |
| 7 | | 焓/(kJ·kg$^{-1}$) | 46.0 | 46.0 | 46.0 | 46.0 | 46.0 | 46.0 |
| 8 | | 库房容积/m$^3$ | 7686 | 10584 | 7620 | 3260 | 7620 | 7500 |
| 9 | | $CO_2$ 浓度升高速度/[mL·(m$^3$·min)$^{-1}$] | 31.98 | 32.89 | 68.54 | 75.39 | 68.54 | 53.25 |
| 10 | | 通风停止时 $CO_2$ 浓度/(mL·m$^{-3}$) | 2000 | 2000 | 2000 | 2000 | 2000 | 2000 |
| 11 | | 通风开始时 $CO_2$ 浓度/(mL·m$^{-3}$) | 3000 | 3000 | 3000 | 3000 | 3000 | 3000 |
| 12 | | 通风机停机时间/min | 31.27 | 30.40 | 14.59 | 13.26 | 14.59 | 18.78 |
| 13 | 新风参数 | 新风量/(m$^3$·min$^{-1}$) | 333.33 | 500.00 | 666.67 | 333.33 | 666.67 | 666.67 |
| 14 | | 新风 $CO_2$ 浓度/(mL·m$^{-3}$) | 500.00 | 500.00 | 500.00 | 500.00 | 500.00 | 500.00 |
| 15 | | 新风温度/℃ | -10.00 | -10.00 | -10.00 | -10.00 | -10.00 | -10.00 |
| 16 | | 新风湿度/%RH | 50.00 | 50.00 | 50.00 | 50.00 | 50.00 | 50.00 |
| 17 | | 新风焓/(kJ·kg$^{-1}$) | -1.88 | -1.88 | -1.88 | -1.88 | -1.88 | -1.88 |
| 18 | | 冷空气比体积/(m$^3$·kg$^{-1}$) | 0.75 | 0.75 | 0.75 | 0.75 | 0.75 | 0.75 |
| 19 | | 置换时间/min | 30.23 | 26.34 | 15.95 | 12.82 | 15.95 | 12.49 |
| 20 | | 开机百分比/% | 49.2 | 46.4 | 52.2 | 49.2 | 52.2 | 39.9 |
| 21 | | 实际通风量/(m$^3$·h$^{-1}$) | 9830 | 13926 | 20890 | 9830 | 20890 | 15974 |
| 22 | | 实际通风量/(kg·s$^{-1}$) | 3.64 | 5.16 | 7.74 | 3.64 | 7.74 | 5.92 |
| 23 | | 装机通风量/(m$^3$·h$^{-1}$) | 20000 | 30000 | 40000 | 20000 | 40000 | 40000 |
| 24 | 新风热 | 新风焓差/(kJ·kg$^{-1}$) | -47.88 | -47.88 | -47.88 | -47.88 | -47.88 | -47.88 |
| 25 | | 新风热负荷/kW | -174.34 | -246.98 | -370.47 | -174.34 | -370.47 | -283.30 |
| 26 | 呼吸热 | 呼吸热/(W·kg$^{-1}$) | 0.10 | 0.10 | 0.25 | 0.25 | 0.25 | 0.25 |
| 27 | | 单间呼吸热/kW | 73.73 | 104.45 | 195.84 | 92.16 | 195.84 | 149.76 |

| 序号 | 内容 | 项目 | 前培养室 1-4 | 前培养室 5-7 | 后培养室 1-7 | 后培养室 8 | 后培养室 9-14 | 后培养室 15 |
|---|---|---|---|---|---|---|---|---|
| 28 | 机械热 | 机械热量/kW | 12.00 | 12.00 | 16.00 | 12.00 | 16.00 | 16.00 |
| 29 | | 围护热量/kW | -20.00 | -20.00 | -20.00 | -20.00 | -20.00 | -20.00 |
| 30 | | 单间机械热负荷/kW | -8.00 | -8.00 | -4.00 | -8.00 | -4.00 | -4.00 |
| 31 | | 单间合计热负荷/kW | -108.61 | -150.53 | -178.63 | -90.18 | -178.63 | -137.54 |
| 32 | | 库房总量/间 | 4 | 3 | 7 | 1 | 6 | 1 |
| 33 | | 小计/kW | -434.44 | -451.59 | -1250.41 | -90.18 | -1071.78 | -137.54 |
| 34 | 冬季培养室总热负荷/kW | | -3435.94 | | | | | |

注:计算室外气象参数为温度-5 ℃、湿度50%RH,极限气候下采用调控新风量抑制生长满足要求。

## 三、出菇室制冷负荷的确定

夏季和冬季出菇室制冷负荷的确定如表7.6和表7.7所示(每间46080瓶)。

**表7.6　夏季出菇室制冷负荷的确定(每间46080瓶)**

| 序号 | 内容 | 项目 | 出芽阶段 | 出菇阶段 |
|---|---|---|---|---|
| 1 | 基本参数 | 装瓶量/(瓶·间$^{-1}$) | 46080 | 46080 |
| 2 | | 料重/kg | 1.00 | 1.00 |
| 3 | | $CO_2$ 呼吸量/[mL·(h·kg)$^{-1}$] | 30.00 | 50.00 |
| 4 | | 总呼吸量/(L·min$^{-1}$) | 23.04 | 38.40 |
| 5 | 库房参数 | 温度/℃ | 18.00 | 15.00 |
| 6 | | 湿度/%RH | 99.00 | 95.00 |
| 7 | | 焓/(kJ·kg$^{-1}$) | 50.50 | 40.60 |
| 8 | | 库房容积/m$^3$ | 740.00 | 740.00 |
| 9 | | $CO_2$ 浓度升高速度/[mL·(m$^3$·min)$^{-1}$] | 31.14 | 51.89 |
| 10 | | 通风停止时 $CO_2$ 浓度/(mL·m$^{-3}$) | 2500 | 1500 |
| 11 | | 通风开始时 $CO_2$ 浓度/(mL·m$^{-3}$) | 3500 | 2000 |
| 12 | | 通风机停机时间/min | 32.12 | 9.64 |

| 序号 | 内容 | 项目 | 出芽阶段 | 出菇阶段 |
|---|---|---|---|---|
| 13 | 新风参数 | 通风机装机新风量/(m³·min⁻¹) | 100.00 | 100.00 |
| 14 | | 新风 CO₂ 浓度/(mL·m⁻³) | 500.00 | 500.00 |
| 15 | | 新风温度/℃ | 32.0 | 32.0 |
| 16 | | 新风湿度/%RH | 70.0 | 70.0 |
| 17 | | 新风焓/(kJ·kg⁻¹) | 86.3 | 86.3 |
| 18 | | 热空气比体积/(m³·kg⁻¹) | 0.91 | 0.91 |
| 19 | | 置换时间(开机时间)/min | 4.182 | 6.006 |
| 20 | | 开机百分比/% | 11.5 | 38.4 |
| 21 | | 装机通风量/(m³·h⁻¹) | 6000.00 | 6000.00 |
| 22 | | 实际通风量/(m³·h⁻¹) | 691.200 | 2304.000 |
| 23 | | 实际通风量/(kg·s⁻¹) | 0.21 | 0.70 |
| 24 | 新风热 | 新风焓差/(kJ·kg⁻¹) | 35.80 | 45.70 |
| 25 | | 单间新风热负荷/kW | 7.55 | 32.14 |
| 26 | 呼吸热 | 单位呼吸热/(W·kg⁻¹) | 0.15 | 0.25 |
| 27 | | 出菇室部分单间呼吸热/kW | 6.91 | 11.52 |
| 28 | 机械热 | 灯带热量/kW | 4.00 | 4.00 |
| 29 | | 机械热量/kW | 4.00 | 6.00 |
| 30 | | 围护热量/kW | 5.00 | 5.00 |
| 31 | | 单间机械热负荷/kW | 13.00 | 15.00 |
| 32 | 合计 | 出菇室热负荷/kW | 27.46 | 58.66 |
| 33 | | 出菇室总量/间 | 60 | 140 |
| 34 | | 小计/kW | 1647.6 | 8212.4 |
| 35 | | 夏季出菇室总热负荷/kW | 9860.0 | |

注：计算室外气象参数为温度 32 ℃、湿度 70%RH。

表 7.7 冬季出菇室制冷负荷的确定（每间 46080 瓶）

| 序号 | 内容 | 项目 | 出芽阶段 | 出菇阶段 |
|---|---|---|---|---|
| 1 | 基本参数 | 装瓶量/(瓶·间$^{-1}$) | 46080.00 | 46080.00 |
| 2 | | 料重/kg | 1.00 | 1.00 |
| 3 | | $CO_2$ 呼吸量/[mL·(h·kg)$^{-1}$] | 30.00 | 60.00 |
| 4 | | 总呼吸量/(L·min$^{-1}$) | 23.04 | 46.08 |
| 5 | 库房参数 | 温度/℃ | 18.00 | 15.00 |
| 6 | | 湿度/%RH | 99.00 | 95.00 |
| 7 | | 焓/(kJ·kg$^{-1}$) | 50.50 | 40.60 |
| 8 | | 库房容积/m³ | 740.00 | 740.00 |
| 9 | | $CO_2$ 浓度升高速度/[mL·(m³·min)$^{-1}$] | 31.14 | 62.27 |
| 10 | | 通风停止时 $CO_2$ 浓度/(mL·m$^{-3}$) | 2500.00 | 1500.00 |
| 11 | | 通风开始时 $CO_2$ 浓度/(mL·m$^{-3}$) | 3500.00 | 2000.00 |
| 12 | | 通风机停机时间/min | 32.12 | 8.03 |
| 13 | 新风参数 | 通风机新风量/(m³·min$^{-1}$) | 100.00 | 100.00 |
| 14 | | 新风 $CO_2$ 浓度/(mL·m$^{-3}$) | 500.00 | 500.00 |
| 15 | | 新风温度/℃ | −5.00 | −5.00 |
| 16 | | 新风湿度/%RH | 50.00 | 50.00 |
| 17 | | 新风焓/(kJ·kg$^{-1}$) | −1.88 | −1.88 |
| 18 | | 冷空气比体积/(m³·kg$^{-1}$) | 0.78 | 0.78 |
| 19 | | 置换时间(开机时间)/min | 4.18 | 6.86 |
| 20 | | 开机百分比/% | 12 | 46 |
| 21 | | 装机通风量/(m³·h$^{-1}$) | 6000.00 | 6000.00 |
| 22 | | 实际通风量/(m³·h$^{-1}$) | 691.20 | 2764.80 |
| 23 | | 实际通风量/(kg·s$^{-1}$) | 0.25 | 0.98 |
| 24 | 新风热 | 新风焓差/(kJ·kg$^{-1}$) | −52.38 | −42.48 |
| 25 | | 单间新风热负荷/kW | −12.89 | −41.83 |
| 26 | 呼吸热 | 单位呼吸热/(W·kg$^{-1}$) | 0.20 | 0.40 |
| 27 | | 出菇室部分单间呼吸热/kW | 9.22 | 18.43 |

| 序号 | 内容 | 项目 | 出芽阶段 | 出菇阶段 |
|---|---|---|---|---|
| 28 | 机械热 | 灯带热量/kW | 2.00 | 4.00 |
| 29 | | 机械热量/kW | 4.00 | 4.00 |
| 30 | | 围护热量/kW | −8.00 | −8.00 |
| 31 | | 单间机械热负荷/kW | −2.00 | 0.00 |
| 32 | 合计 | 出菇室热负荷/kW | −5.67 | −23.40 |
| 33 | | 出菇室总量/间 | 60 | 140 |
| 34 | | 小计/kW | −340.20 | −3276.00 |
| 35 | | 冬季出菇室总热负荷/kW | −3616.20 | |

注：计算室外气象参数为温度−5℃、湿度50%RH。

## 四、其他功能间制冷负荷的确定

夏季其他功能间制冷负荷的确定如表7.8所示。

**表7.8 夏季其他功能间制冷负荷的确定**

| 序号 | 功能间 | 面积/m² | 单位负荷/(W·m⁻²) | 热负荷/kW | 设备制冷量/kW | 台数 | 设备总制冷量/kW | 备注 |
|---|---|---|---|---|---|---|---|---|
| 1 | 接种前室 | 400 | 250 | 100 | 15 | 8 | 120 | |
| 2 | 接种室 | 150 | 400 | 60 | 15 | 4 | 60 | 微风 |
| 3 | 接种后室 | 400 | 250 | 100 | 15 | 8 | 120 | 需恒温恒湿 |
| 4 | 净化区冷源 | | | 300 | | | 300 | |
| 5 | 装瓶车间 | 1200 | 200 | 240 | 40 | 8 | 320 | |
| 6 | 罐培养室 | 1600 | 150 | 240 | 20 | 16 | 320 | |
| 7 | 罐冷却室 | | | | | | 100 | |
| 7 | 挠菌间 | 400 | 200 | 80 | 35 | 4 | 140 | |
| 8 | 采收包装室 | 2000 | 200 | 400 | 35 | 12 | 420 | |
| 9 | 合计 | 6150 | | 1520 | | | 1900 | |

## 五、冷风机的选型

冷风机的选型如表7.9所示。

表 7.9 冷风机的选型

| 序号 | 房间 | 间数 | 单间数量 | 总数量 | 库房温度 温度/℃ | 进水温度/℃ | 介质 | 制冷量/kW | 出风形式 | 单台电机风量/(m³·h⁻¹) | 射程/m | 电机数量 | 合计风量/(m³·h⁻¹) | 电机功率/kW | 冷风机功率/kW | 片距/mm | 翅片厚度/mm | 翅片防腐 | 换热面积/m² |
|---|---|---|---|---|---|---|---|---|---|---|---|---|---|---|---|---|---|---|---|
| 1 | 冷却室 | 6 | 6 | 36 | 15~18 | 5 | 水 | 65 | 侧出 | 6000 | 25 | 4 | 24000 | 0.45 | 1.8 | 4 | 0.22 | T52 | 280 |
| 2 | 接种前后室 | 2 | 6 | 12 | 10~15 | 5 | 水 | 15 | 双出 | 3200 | 2×6 | 2 | 6400 | 0.18 | 0.36 | 4 | 0.22 | T52 | 60 |
| 3 | 栽培种培养室 | 2 | 8 | 16 | 10~15 | 5 | 水 | 15 | 双出 | 5000 | 2×6 | 2 | 6400 | 0.25 | 0.36 | 4 | 0.22 | T52 | 40 |
| 4 | 接种室 | 1 | 4 | 4 | 10~15 | 5 | 水 | 20 | 双出 | 3200 | 2×6 | 2 | 3200 | 0.18 | 0.18 | 4 | 0.22 | T52 | 80 |
| 5 | 包装室 | 1 | 12 | 12 | 10~15 | 5 | 水 | 35 | 侧出 | 5000 | 25 | 2 | 10000 | 0.25 | 0.5 | 4 | 0.22 | T52 | 140 |
| 6 | 搔菌间 | 1 | 4 | 4 | 12~20 | 5 | 水 | 35 | 侧出 | 5000 | 25 | 2 | 10000 | 0.25 | 0.5 | 4 | 0.22 | T52 | 140 |
| 7 | 瓶栽前培养室 1~4 | 4 | 16 | 64 | 18~22 | 5 | 水 | 25 | 侧出 | 5000 | 25 | 2 | 10000 | 0.25 | 0.75 | 4 | 0.22 | T52 | 125 |
| 8 | 瓶栽前培养室 5~7 | 3 | 24 | 72 | 18~22 | 5 | 水 | 25 | 侧出 | 5000 | 25 | 2 | 10000 | 0.25 | 0.75 | 4 | 0.22 | T52 | 125 |
| 9 | 瓶栽后培养室 1~7 | 7 | 24 | 168 | 18~22 | 5 | 水 | 35 | 侧出 | 6000 | 25 | 2 | 12000 | 0.45 | 0.9 | 4 | 0.22 | T52 | 140 |
| 10 | 瓶栽后培养室 8 | 1 | 12 | 12 | 18~22 | 5 | 水 | 35 | 侧出 | 6000 | 25 | 2 | 12000 | 0.45 | 0.9 | 4 | 0.22 | T52 | 140 |
| 11 | 瓶栽后培养室 9~14 | 6 | 24 | 144 | 18~22 | 5 | 水 | 35 | 侧出 | 6000 | 25 | 2 | 12000 | 0.45 | 0.9 | 4 | 0.22 | T52 | 140 |
| 12 | 瓶栽后培养室 15 | 1 | 24 | 24 | 18~22 | 5 | 水 | 35 | 侧出 | 6000 | 25 | 2 | 12000 | 0.45 | 0.9 | 4 | 0.22 | T52 | 140 |
| 13 | 瓶栽出菇室（四管制冷暖） | 209 | 8 | 1672 | 10~15 | 5 | 水 | 15 | 侧出 | 6000 | 18 | 1 | 6000 | 0.45 | 0.45 | 4 | 0.22 | T52 | 70 |
| 14 | 其他 | 1 | 4 | 4 | 10~15 | 5 | 水 | 25 | 侧出 | 6000 | 18 | 2 | 6000 | 0.45 | 0.45 | 4 | 0.22 | T52 | 140 |
| 15 | 实验出菇室 | 6 | 2 | 12 | 10~15 | 5 | 水 | 15 | 侧出 | 6000 | 18 | 1 | 6000 | 0.45 | 0.45 | 4 | 0.22 | T52 | 70 |

# 第三节　末端系统要求及实施方案

## 一、装料工序的参数要求和实施方案

在装料工序中,如果装瓶机的装瓶能力能保证装完的菌瓶在 2 h 内正常进灭菌炉灭菌,就不需要对拌料做冷却处理;若工艺设计中单炉装瓶时间超过 2 h,则应考虑采用冰水拌料方案。根据实际测量,装入瓶中的栽培料在夏季静置 2 h 以上,料中的 pH 值会发生较大的变化,造成同一批次前后装瓶的栽培料 pH 值差异较大,从而影响接种后菌丝生长速度的一致性。为避免这种情况,一般的做法有以下两种:

① 采用 15 ℃以下的冷水拌料,使装瓶后栽培料的温度在 2 h 内不至于上升到 30 ℃以上,防止栽培料的酸败;

② 建立低温缓冲间(温度在 20 ℃以下),将装好料的菌瓶推入其中,待一炉菌瓶全部装好后一起进炉。

若采用第一种方案,则生产节奏比较快,不至于在夏季生产时由于装瓶设备的故障造成料的大量浪费。冰水罐作为蓄冷设备,在工作时间始终维持一定量的 15 ℃冰水,在拌料加水前用计量泵将冰水罐中的 15 ℃冰水按需泵到计量水罐中,然后在搅拌过程按需加入搅拌料中,使注水量能得以准确地计量,从而使栽培料的含水量维持在一定量。在环境温度为 35 ℃左右的情况下,成品料能保持 3 h 内温度不超过 30 ℃,能够有效避免栽培料的酸败现象。

## 二、隔热室的设计要求和实施方案

隔热室(缓冲间)的主要作用是采用过滤强排强送的方法置换室内空气,达到去除湿热蒸汽的目的。根据隔热室的容积和每次出货量的大小,设计选择 24000 m³/h 的送风风机,排气采用正压排气的方式,其中送风机经过粗效和中效过滤达到 10000 级的净化要求,经过高效过滤器向缓冲间送风。

出炉程序如下:湿热的蒸汽通过灭菌炉上部的集气罩排到室外,送风在灭菌炉对面的墙下部送出,压力根据室内的压力自动调节,达到最大的换气效率和最低的净化成本。

## 三、冷却室的降温要求和实施方案

在冷却室中按生产要求必须在 12 h 内将全部菌瓶的温度降到能够接种的温

度,也就是说,将菌瓶的中心温度降到 18 ℃以下,根据菌瓶的装瓶量、起始和终了各种物料及环境参数可以计算出总放热量为 331.6 kW(见表 7.4)。考虑灭菌车等设备未计算在制冷负荷内,一般冷却设备按 1.2 倍工作安全系数,因此实际设备制冷负荷约为 398 kW。冷却室设备配置如表 7.10 所示。

表 7.10　冷却室设备配置表(6 间冷却室)

|  | 水媒冷风机 | 电动调节阀 | 温度传感器 | 控制器 |
|---|---|---|---|---|
| 参数 | 70 kW | DN80 | Pt100 | PLC |
| 数量 | 6 | 2 | 4 | 1 |

冷风机制冷量为 420 kW,空气循环风量为 14.4 万 m³/h,冷却室设置两个温度测量点和两个温度传感器,用于测量冷却室两个分区的温度,分别控制两路制冷系统供水量和风机的启停,使冷却室内菌瓶的温度分布尽可能均匀,为接种后菌丝的生长一致性提供基础保障。PLC 系统通过测量冷风机的回风温度,调节电动调节阀的流量以控制冷却室的供冷量,防止刚进货时的室内高温对制冷管网水温带来较大的影响,使整个系统运行工况平稳。冷风机翅片采用亲水铝箔并做防腐处理。

冷却室系统净化部分分为两个阶段:① 冷却工作时维持压力和过滤净化,在正常工作时系统通过带制冷盘管的新风处理机组将室外空气温度降到 15~18 ℃,防止温差过大使冷却室(图 7.2)内凝水造成过滤单元失效和杂菌生长,送风风量根据冷却室内的压力变化自动调整新风机频率和新风阀的开度,维持冷却室内恒定的压力。② 冷却工作完成,采用药物消毒后,通过强排风机将室内空气在短时间内排到室外,同时新风机高速运行以维持冷却室正压状态。

图 7.2　冷却室

## 四、培养室环境系统实施方案

### （一）前培养室环境系统实施方案

1. 环境控制参数

合适的室内温度能够将菌丝生长所产生的热量通过空气换热系统带走,控制栽培料温度在有益菌丝的生长范围内,同时也能使菌丝在管理者的控制下按预期生长。在实际生产过程中由于各种因素造成栽培料难以按预期要求生长,所以前培养室环境参数需在一个小范围内调节。栽培料在接种室内刚完成接种、码瓶、转运等工序,还没有完全萌发,抗杂能力比较差,飞扬的悬浮颗粒会携带细菌和真菌等杂菌进入菌瓶呼吸孔造成栽培料污染,所以前培养室内空气的流动性能应该得到有效控制。

前培养室是灭菌、接种后栽培料菌丝萌发的场所,一般控制参数如下:

① 温度 20~22 ℃,可以调节;3.5 m 和 1.5 m 处温差不大于 2 ℃;室内温度立面梯度分布<1 ℃/m。

② 湿度 70%RH~80%RH,可以去湿。

③ $CO_2$ 浓度为 2000~3000 $mL/m^3$,可以调节。

④ 压力微正压,和室外排气端保持≤5 Pa 的压差。

2. 环境调控方案

采用以下手段对室内空气温度分布进行优化:

① 冷风机采用后进前出单侧出风的方式使空气的流动性得到控制,同时采用变频的方法寻找合理的低风量工作频率点。

② 在冷风机停机状态,上下两个温度传感器分别测量高、低点位的温度,从而得出高、低点位的温差,如果温差超过设定值,控制系统就会自动打开室内风机强制循环,直到高、低点位的温差处于合理范围内。

③ 由于梅雨季或春秋季制冷系统的开启时间比较少,制冷系统除湿能力下降,因此菌包呼吸所排出的水分会造成前培养室湿度大于所需的湿度。高湿环境会使有害杂菌大量繁殖,空气中弥漫着有害菌的孢子,如果杂菌不能得到有效的控制,就会影响到工厂的正常运行,所以前培养室应具备一定的去湿能力。去湿功能是通过制冷机组的去湿运行模式实现的,系统在去湿状态下按湿度先决的控制方式运行,通过降低流过冷风机换热器的风量,提高换热器的潜热比例,增强系统的去湿能力,当培养室湿度达到设定值时,再按降温模式运行。

④ 对前培养室的 $CO_2$ 浓度的控制是通过新风的置换来实现的,根据菌龄的不同,菌瓶在培养期间所产生的热量和呼吸量也有差别。一般来讲,在培养前期菌瓶

的发热量较小,到培养的中、后期发热量和呼吸量会有较大的提高,系统按每小时换气2.5次送风量设计设备,前培养室选用亚高效净化风机箱,新风通过板式、袋式、亚高效过滤器过滤,方便使用和更换。一个前培养室有多台新风机送风的新风系统,新风机工作至$CO_2$浓度达到设定值后,其他新风机停止工作,轮流保持其中一台低频工作,不断地将少部分新鲜空气排入前培养室内,使培养室内压力维持在合适的范围内,防止外部空气倒灌造成污染,排风方式为通过压力和恒压排气阀直接排出。

对于华东地区,冬季温度取−5 ℃的设计值,前培养室需要做供热处理,供热方案为室内部分冷风机独立供液,夏季时供冷水,冬季时供45 ℃的热水。具体措施为:将前培养室内25%的冷风机供液管路安装成一个独立的供液系统,夏天该系统供冷冻水,冬季供45 ℃的热水,冬夏季切换使用,结构简单,通过机房手动阀门切换冷热水。

3. 前培养室设备的选型

前培养室的制冷负荷要求为226 kW。一般在设备选型时按总负荷的1.3倍考虑,制冷时总负荷约为294 kW,设备选型制冷负荷为400 kW,冷风机16台,单台制冷量为25 kW。冬季制冷负荷包括:冬季热负荷为−108.61 kW,16台冷风机中采用4台做供热设备使用,单台设备制热量为40 kW。其他前培养室依次计算,其设备配置如表7.11和表7.12所示。

表7.11　前培养室(1−4)单间设备配置表(共4间)

| 设备名称 | 指标 | 数量 |
| --- | --- | --- |
| 水媒冷风机 | 25 kW | 16(其中4台用于冬季供热) |
| 送风机 | 20000 m³/h,亚高效 | 1 |
| 排气阀 | 恒压阀 | 10 |
| 温度传感器 | Pt100 | 8 |
| 湿度传感器 | Pt100 干湿球 | 2 |
| 控制柜 | PLC+触摸屏 | 1 |

表7.12　前培养室(5−7)单间设备配置表(共3间)

| 设备名称 | 参数 | 数量 |
| --- | --- | --- |
| 水媒冷风机 | 25 kW | 24(其中6台用于冬季供热) |
| 送风机 | 30000 m³/h,亚高效 | 1 |
| 排气阀 | 恒压阀 | 12 |

| 设备名称 | 参数 | 数量 |
|---|---|---|
| 温度传感器 | Pt100 | 8 |
| 湿度传感器 | Pt100 干湿球 | 2 |
| 控制柜 | PLC+触摸屏 | 1 |

新风送风机选用 20000 m³/h 亚高效空气处理机组一台,安装滤网压差传感器,变频控制。温度传感器采用 Pt100 温度传感器,温度测量精度±0.1℃。

湿度传感器采用双 Pt100 干湿球湿度传感器,使用 2 支 A 级 Pt100 高精度热电阻传感器作为温湿度测量探头,其使用寿命长,能够适用于恶劣环境中的温湿度测量;仪表的长期测量精度比使用一般湿敏元件仪表的更加稳定可靠。干湿球系列仪表专用于高温高湿和腐蚀环境中的温湿度测量。

**(二)后培养室环境系统实施方案**

1. 环境控制参数

后培养室是从前培养室移库后养菌的场所,一般控制参数如下:

① 温度 20~22 ℃,可以调节;3.5 m 和 1.5 m 处温差不大于 2 ℃;室内温度立面梯度分布<1 ℃/m。

② 湿度 70%RH~80%RH。

③ $CO_2$ 浓度为 2000~4000 mL/m³,可以调节。

④ 压力微正压,和室外排气端保持 0~5 Pa 的压差。

2. 环境调控方案

由于菌丝生长速度快,栽培料的发热量和呼吸量比较大,因而后培养室的设计要求就是加大空气的循环量,快速带走菌包的热量,同时需要更多的新鲜空气置换室内高 $CO_2$ 浓度的空气。本方案采用以下手段对室内空气温度进行优化:

① 制冷机组采用侧出风的方式使空气的流动性得到控制,同时采用"大风量、小焓差"的方法使空气循环量加大。

② 在室内冷风机停机状态下,上、下两个温度传感器分别测量高、低点位的温度,从而得出高、低点位的温差,如果温差超过设定值,控制系统就会自动打开室内风机强制循环,直到高、低点位的温差处于合理范围内。

③ 对室内 $CO_2$ 浓度的控制是通过新风交换来实现的。培养中、后期栽培料的发热量和呼吸量会有较大的提高,系统按每小时换气 6 次以上的送风量设计设备。考虑到滤网堵塞会造成风量下降,排风方式为通过边墙排风机排气,送风量大于排风量,保持压力状态。由于滤网的堵塞过程不可预知,不能采用定时清洗的方式清理滤网,因此,过滤器应安装压差传感器,当滤网压差达到一定值后通知维护者更

换或清洗滤网。

3. 后培养室设备的选型

制冷设备选型时一般按总制冷负荷的130%考虑,其中选择冷风机总量的25%作为制热风机切换使用。设备配置如表7.13至表7.16所示。

表7.13　后培养室(1-7)单间设备配置表(共7间)

| 设备名称 | 指标 | 数量 |
| --- | --- | --- |
| 水媒冷风机 | 侧出风 35 kW | 24(其中6台用于冬季供热) |
| 送风机 | 20000 m³/h,1台;<br>5000 m³/h,2台中效 | 3 |
| 排风机 | 3000 m³/h | 12 |
| 温度传感器 | Pt100 | 8 |
| 湿度传感器 | Pt100 干湿球 | 2 |
| 控制柜 | PLC+触摸屏 | 1 |

表7.14　后培养室(8)单间设备配置表(共1间)

| 设备名称 | 指标 | 数量 |
| --- | --- | --- |
| 水媒冷风机 | 侧出风 35 kW | 12(其中3台用于冬季供热) |
| 送风机 | 20000 m³/h,中效 | 1 |
| 排风机 | 3000 m³/h | 6 |
| 温度传感器 | Pt100 | 4 |
| 湿度传感器 | Pt100 干湿球 | 1 |
| 控制柜 | PLC+触摸屏 | 1 |

表7.15　后培养室(9-14)单间设备配置表(共6间)

| 设备名称 | 指标 | 数量 |
| --- | --- | --- |
| 水媒冷风机 | 侧出风 35 kW | 24(其中6台用于冬季供热) |
| 送风机 | 20000 m³/h,1台;<br>5000 m³/h,2台中效 | 3 |
| 排风机 | 3000 m³/h | 12 |
| 温度传感器 | Pt100 | 8 |
| 湿度传感器 | Pt100 干湿球 | 2 |
| 控制柜 | PLC+触摸屏 | 1 |

表7.16　后培养室(15)单间设备配置表(共1间)

| 设备名称 | 指标 | 数量 |
|---|---|---|
| 水媒冷风机 | 侧出风35 kW | 21(其中3台用于冬季供热) |
| 送风机 | 15000 m³/h,中效 | 2 |
| 排风机 | 3000 m³/h | 10 |
| 温度传感器 | Pt100 | 8 |
| 湿度传感器 | Pt100干湿球 | 2 |
| 控制柜 | PLC+触摸屏 | 1 |

温度传感器采用Pt100温度传感器,温度测量精度为±0.1 ℃。湿度传感器采用双Pt100干湿球湿度传感器。

如果新风机组选择具有制冷和供热能力的组合式空调机组,空调机组制冷时应能够将新风温度处理至前培养室的房间温度,供热时应能将冬季新风加热至比培养室低5~8 ℃的温度,且设定培养室内的冷风机制冷(供热)量时应扣除新风机的制冷(供热)量。

### 五、出菇室环境系统实施方案

#### (一)环境控制参数

出菇室是食用菌出菇的场所,一般控制参数如下:

① 温度14~18 ℃,可以调节;3.5 m和1.5 m处温差不大于2 ℃;室内温度立面梯度分布<1 ℃/m。

② 湿度95%RH~99%RH,可以调节。

③ $CO_2$浓度为1000~3000 mL/m³,可以调节。

④ 压力微正压,和室外排气端保持≥0 Pa的压差。

#### (二)出菇室设备选型

真姬菇为高温高湿品种,据表7.6,出菇室最大制冷负荷为58.66 kW,最大供热负荷为27.46 kW,选用水媒冷风机8台,单台制冷量为10 kW,合计制冷量为80 kW。出菇阶段菌丝发热和呼吸剧烈,通风量巨大,建议对新风做热回收预冷处理,将新风从温度32℃、湿度70%RH处理至温度24℃、湿度99%RH。

#### (三)出菇室温度的控制和实现

出菇室温度的控制和实现是保证产品产量和品质的重要环节,单个出菇室的配置功率为58.66 kW,使用8台冷风机,详细配置如表7.17所示。由于所生产的菇种需要高湿的环境,故采用"小风量、大蒸发器"的制冷系统形式,以达到以下两个目的。

表 7.17　瓶栽出菇室设备配置表(单个控制单元)

| 设备名称 | 指标 | 数量 |
|---|---|---|
| 水媒冷风机 | 侧出风 12 kW(变频) | 8 |
| 新风换气热回收机组 | 3000 m³/h | 2 |
| 调节阀 | EV 压力无关型能量调节阀 DN50 | 1 |
| 温度传感器 | Pt100 | 4 |
| 湿度传感器 | Pt100 干湿球 | 1 |
| 控制柜 | PLC+触摸屏 | 2 间一个 |

① 减少冷风机的除湿量。在制冷系统中冷风机的冷负荷分为两个部分:一是用来降温的显热负荷;二是用来除湿的潜热负荷。由于出菇室的湿度很大,潜热负荷占总制冷负荷的比例很大。本方案采用高冷却温度的方法就是为了降低冷风机的除湿量,使显热冷负荷占总制冷负荷的比例增大,从而提高冷风机的降温效率,同时减少室内的湿度损失。

② 为维持出菇室的高湿状态,超声波加湿器处于高工作频率状态,减少室内的湿度损失就是减少室内加湿器的开机时间,降低加湿器的能耗就是延长设备的使用寿命。

但是合适的冷风机风量和循环空气量与床架的放置位置有极大的关联,定风量的风机系统在实际应用中的效果往往不尽如人意。一般需要寻找合适的风量控制点,并按这个控制点的频率控制风量,从而达到最佳的通风和制冷效果。

为保证各个出菇室的制冷速率基本一致,控制系统安装供回水温度传感器,通过调节阀组控制每个出菇室的供水流量在设计范围内,使 200 多间出菇室的冷冻水流量基本一致,防止部分出菇室由于水力不平衡造成抢水。

供热设计中采用双供水回路,夏季两路供冷水,换热器全部用于制冷;冬季冷热水分开供水,换热器的 25% 作为供热盘管使用,以满足冬季制热要求,同时降低设备投资费用。

**(四) 出菇室空气均匀性的设计**

在传统的出菇室设计方案中,为使空气流场参数稳定,一般室内风机处于常开状态,因搅动空气所产生的能耗可能会占菇房能耗的很大比例。在本方案中,由于高低位温差传感器的存在,室内冷风机可根据需要运行,避免处于常开状态,从而降低大量的能耗。

### （五）通风机的选择

对出菇室内 $CO_2$ 浓度的控制是通过新风交换来实现的。菌龄不同,菌瓶在生长期间所产生的热量和呼吸量有所差别。每间出菇室选用 3000 $m^3/h$ 新风换气机组 2 台,进风口安装中效空气过滤盒,方便用户使用和更换。

### （六）灯光的控制

根据食用菌生产的要求,控制箱给出控制信号和电源,控制床架等产生不同强度的光照。

## 第四节　环境智能控制系统

### 一、菇房生产环境智能控制系统的功能要求

菇房生产环境智能控制系统由高精度传感器、PLC 中央控制器、用户输入输出界面(人机界面)、局域网络、集中控制软件、连接公共网络的物流网络等几部分组成。

菇房本地及远程智能控制系统由菇房全自动控制器和远程中央工作站组成。菇房全自动控制器是为出菇室和培养室专门设计的单库房控制设备,它集成了食用菌工厂所必须控制的各个环境参数的传感器,通过内部 PLC 计算机的运算,确定各末端设备工作的逻辑关系,输出各执行设备的启停信号,同时对各执行设备的运行状态进行监测,发送数据和接收中央工作站的控制信号,给食用菌工厂的管理带来了极大的便利。

菇房全自动控制器技术参数如下:

① 温度:3~22 ℃,温差±1 ℃(冷风机 1~24 台)。

② 湿度:50%RH~98%RH,湿度差±5%RH(超声波加湿器)。

③ $CO_2$ 浓度:0~12000 $mL/m^3$,±5%(控制方式:传感器控制通风机或手动设定通风间隔和时间)。

④ 现场控制和远程控制相结合,可以通过网络实现中心集中控制。

### 二、菇房环境参数传感器的选择

由于菇房中所选用的环境参数传感器是在低温高湿环境下使用的,因而对传感器的精度和可靠性有较高的要求。

#### （一）温度传感器的选择

选定的温度传感器为 Pt100 温度传感器。该传感器导电、导热性好,灵敏度高,

延展性强;耐熔、耐摩擦、耐腐蚀;在高温下化学性质稳定,强度高,韧性好。由于具有良好的温度-电阻线性关系,因此其配合控制器可以达到±0.1 ℃的测量和显示精度。

### (二)湿度传感器的选择

选用两组 Pt100 温度传感器测量菇房内的干球温度和湿球温度,然后通过现场 PLC 主机运算得出室内的相对湿度,它具有以下几个优点:

① 不会因为传感器凝水造成测量结果出现严重偏差。

② 不会因为传感器氧化造成损坏。

③ 使用寿命长,避免用户频繁更换传感器造成损失。

④ 在高湿条件下,Pt100 温度传感器高精度的温度测量使得湿度测量值比其他类型传感器的精度更高,湿度测量和显示精度为±2%,控制精度 5%。

### 三、智能控制箱

菇房智能控制箱满足以下条件:

① 控制压缩冷凝机组 2 台、2 台直膨式冷风机或 1~24 台载冷剂冷风机,保证温度在 3~22 ℃(±1 ℃)。

② 控制超声波加湿器,保证湿度在 50%~98%RH(±5%RH)。

③ 通过 3 种方式调控 $CO_2$ 浓度为 0~12000 mL/$m^3$,±5%(控制方式:传感器控制通风机、手动设定通风间隔和时间或新风机变频控制)。

④ 现场控制和远程控制相结合,可以通过网络实现中心集中控制。

⑤ 多通道输入:湿度传感器、温度传感器、$CO_2$ 传感器、制冷机组高低压保护、冷风机及加湿器过流保护、压缩机过载保护、电网相序保护。

⑥ 多通道输出:压缩机启停、冷风机启停(与压缩机同步加定时启停,高低焓差切换)、化霜启停(可手动设定间隔时间)、加湿器启停、通风机启停、故障报警、定时照明、风抑制机控制。

### 四、菇房控制器控制过程

#### (一)空调设备

1. 降温动作

① 超过温度设定值 0.5 ℃时开启载冷剂能量调节,能量调节阀根据系统设定的制冷量或供回水温差,测量和控制系统流量和供回水温差,使换热器和空气的温差控制在期望的范围内。在出芽阶段尽量降低换热温差,减少除湿量,减小加湿器压力,通过加大载冷剂供回水温差、降低流量、降低加湿器负荷等各种手段达到综

合节能的效果。

② 达到温度设定值时关闭载冷剂电动阀或减少冷量。

③ 冷风机:超过温度设定值 0.5 ℃时开启,达到温度设定值时风机继续运行(可调)1~6 min 后停止释放盘管中载冷剂的剩余冷量。搅拌方式有 2 种:一种是蒸发风机静止 10 min 后启动 2 min(延长室内搅拌均匀时间,时长可调节);另一种是当上下位温差大于 1.5 ℃时启动,小于 0.5 ℃时停止(或其他关联设备停止时)。

④ 降温动作是所有环境控制设备的先决控制。

2. 除湿动作

① 由外部选择停止、启动、自动开关。

② 启动时由 PLC 内部除湿程序控制。

③ 启动时强制关闭加湿器。

④ 温度超过温度设定值 0.5 ℃时,强制关闭除湿功能并且进入降温动作,当温度达到温度设定值时再进入除湿动作(以达到恒温为主要目的)。

⑤ 湿度范围调整值为 70%RH~90%RH(控制值可在控制界面进行调整)。

⑥ 除湿动作通过 2 种方式执行:一种是手动除湿,一个周期结束后进入正常工作状态;另一种是自动除湿,在保证温度的前提下根据湿度传感器测定值和湿度目标值自动除湿。

**(二) 换气设备**

新风换气动作:

① 由外部选择开关选择手动、停止、自动。

② 选择手动时送排风机强制运行。

③ 选择停止时送排风机强制停止。

④ 选择自动时由 $CO_2$ 传感器控制(或由换气时长和间隔任意设定控制)。

⑤ 新风换气风机运行时,冷风机强制运行(增强室内搅拌均匀功能)。

**(三) 加湿设备**

加湿器动作:

① 由外部选择手动、停止、自动开关。

② 选择时单相 220 V 加湿器强制运行。

③ 选择手动停止时强制停止。

④ 选择自动时由湿度传感器控制(或由换气时长和间隔任意设定控制)。

⑤ 加湿机运行时,冷风机强制运行(增强室内搅拌均匀功能)。

⑥ 采用干湿球湿度传感器控制温度。

### （四）灯光设备

独立控制时长和间隔。

### （五）网络输出

通过 Modbus 协议的网络通信接口及 Wi-Fi 连接。

# 第五节　中央机房

## 一、主机的选择

供水温度为 5 ℃，回水温度为 10 ℃；系统主管设计流速为 1.2 m/s，主管采用异程式设计；为保证各换热器供水流量均匀，支管采用同程式设计，设计流速为 1 m/s。制冷负荷汇总如表 7.18 所示。

表 7.18　总制冷负荷

| 菇房 | 负荷/kW | 备注 |
|---|---|---|
| 其他功能间 | 1520 | |
| 出菇室 | 9860.6 | |
| 培养室 | 8801.3 | |
| 冷却室 | 1989.6 | |
| 合计 | 22171.5（6316 冷吨） | 最大负荷（5 ℃工况） |

选用水冷定频高压（10000 V）离心机组 1000 冷吨 6 台，磁悬浮变频离心机组 700 冷吨 2 台，夏季非极端气候使用 6400（1000×5+700×2）冷吨，春秋季使用 4400（1000×3+700×2）冷吨，冬季使用 1700（1000+700）冷吨。夏季任何机器故障应能保证 6400 冷吨以上的制冷能力，通过调节末端负荷的方法，维持工厂正常运行。

## 二、供热

根据前文计算，该工厂在冬季运行时需提供 7051.74 kW 的热量，可以通过水-蒸汽换热器加热供热水，并通过热水管网送至每个供热末端换热器。

## 三、冷却塔的选择

系统采用 5000 m³/h 冷却水量的冷却塔两组。由于该工厂设在靠海地区，工厂周边盐蚀可能比较严重，工厂冷却系统处于常年工作状态，根据该地区冷却水的水质分析报告,盐蚀严重时运行一个月后水电导率大于2000 S/m,所以本系统在设计时加装了1台80~100 t容量的水箱:一是延长冷却水水质恶化的时间,便于更换系统冷却水;二是在冬季极低负荷下可使系统能够安全高效地在低冷却水温下运行,而不至于影响主机的正常启动。

### 四、机房的群控

由于食用菌工厂制冷系统的负荷每天都在发生变化,因而保证主机高效率地运行是节能的关键所在。机房群控系统是测量系统负荷并判断其是否适宜的自动控制系统,根据末端的负荷变化,自动调节主机及水泵的启动和停止,保证设备高效率地运行。制冷主机选型如表7.19所示。

表7.19 制冷主机的选型

| 种类 | | 制冷量/kW | 冷冻水流量/($m^3 \cdot h^{-1}$) | 冷却水流量/($m^3 \cdot h^{-1}$) | 出水温度/℃ | 功率/kW | 备注 |
|---|---|---|---|---|---|---|---|
| 主机 | 高压离心机组6台 | 3374 | 600 | 680 | 5.00 | 600 | |
| | 磁悬浮变频离心机组2台 | 2364 | 423 | 529 | 5.00 | 361 | |
| 合计 | | 24972 | 4446 | 5138 | | 4322 | 5 ℃供水 |

# 第六节 节能设计

### 一、利用空气冷却器的冷却室自由冷却系统

自由冷却系统利用室外空气和冷却室内的温差,不通过制冷主机,将冷却室的热量通过载冷剂和空气散热器散发到空气中,如图5.12所示。在夏季利用自由冷却系统可以将料温降到50 ℃以下,冬季可以完全依靠自由冷却系统冷却栽培料。在工厂环境设备能耗中用于冷却栽培料的能耗占总能耗的1/10~1/6,如果采用自由冷却系统可以节约总冷量的10%左右。

### 二、培养室空气流场均匀性设计

培养室内温度的均匀性是一项重要的环境参数指标。传统菇房环境控制是以菇房内某点的环境参数为指标来实现人工环境调控的,虽然实现简单、控制精度也在不断提高,但难以使菇房内整个区域的环境参数几乎一致,这会影响菌菇的品质

和产量。通过对菇房温度场的计算流体力学(CFD)分析,优化培养瓶排列方式和风机布局,可使温度场均匀性得到显著改善,使栽培瓶生长区域的温度稳定在需要的范围内,如图 7.3 所示。

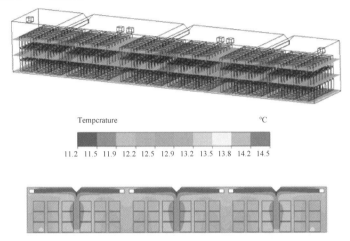

图 7.3 菇房水平和垂直温度分布云图

### 三、出菇室冷量回收设计

使用空气换热器,通过回收排风中的能量,对引入出菇室的新风进行预处理,可达到降低空调设备能耗的目的。热管式新风换气机是集热回收和净化空气于一体的通风设备,具有热量回收、供应新风、排出污风的功能,同时无交叉污染的可能性。图 7.4 所示为工厂安装的热管式热回收新风机组,其可回收冷量的 35%。

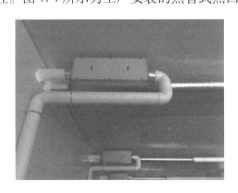

图 7.4 热管式热回收新风机组

### 四、压力无关型能量调节阀

压力无关型能量调节阀(图 7.5)用于出菇室水侧能量调节,不管空调管网水力压差如何,都可以根据需求,实现对制冷量、水侧温差、流量等的调节,从而达到室内温度、湿度和冷冻水流量的要求,避免因压力波动带来的无效流量浪费,综合节能 15% 以上。

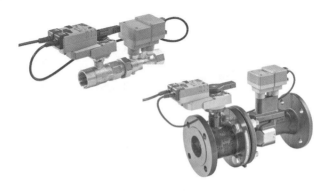

图 7.5　压力无关型能量调节阀

**五、能量自动调节机房**

机房自动控制系统包括回水温度传感器、压力传感器、水泵变频器、冷却塔温度控制系统、主机通信系统、主机变频器、组态软件等。图 7.6 所示为培养室湿度监控界面,其主要目的是保证系统在高效状态下运行,避免主机的低效能工况和水泵无效运行,在季节过渡时通过调节冷却水水温来提高主机的制冷效率。合理的机房群控系统可以使机房效率提高 10% 以上。

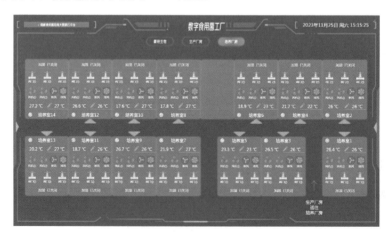

图 7.6　培养室湿度监控界面

通过以上各个节能方案的实施,日产量 30 万瓶的真姬菇栽培工厂的单瓶年平均耗电量可达 0.35 度以下,远低于国内平均能耗水平。

# 第八章

## 食用菌工厂先进栽培技术

### 第一节　工厂化制包分布式智慧方舱出菇系统

#### 一、概述

工厂化制包分布式智慧方舱出菇系统由一个工厂生产化的菌包厂(图8.1)和数个分布式数字智能菌菇出菇方舱(图8.2)组成,可以通过公司或乡村合作社的组织形式来实现食用菌的生产。菌包厂给出菇方(公司或农村合作社)提供后熟完毕的菌包,出菇方的智慧方舱按对应菇种设定的出菇程序完成出菇过程。每个出菇单元按规模配置7~10个出菇方舱,每个方舱装包量为2000~4000个菌包,需要菌包厂每日提供3万~5万个培养、后熟完毕的菌包。

图8.1　工厂化菌包生产厂鸟瞰图(日产4万包秀珍菇和真姬菇菌包)

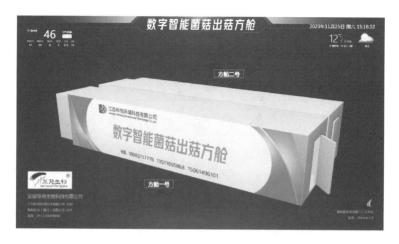

**图8.2 数字智能菌菇出菇方舱**

安装了智能出菇程序的出菇方舱,降低了出菇管理对技术人员的要求,管理人员只需要按提示操作,方舱就能种出品质相对较好和产量较高的食用菌。将工厂设在农民的家门口,让农村的留守老人采菇包装,使老人在家门口也能获得工资。通常状态下,一个出菇点只需要一个菇房管理员,带领6~8名年轻人即可完成整个生产过程,同时也使食用菌产成品的生产成本维持在一个合适的低位。

## 二、工厂化制包厂构成

工厂化制包厂由原料发酵堆场、精料库、搅拌装包车间、灭菌车间、冷却车间、接种车间、前培养车间、后培养车间、后熟车间、示范出菇房、冷冻机房、动力机房等车间构成。所生产菌菇品种不同,对环境温、湿度的要求有所差异,袋栽食用菌的灭菌和培养装具与瓶栽工厂有些差异,菌袋需要上架灭菌、冷却和培养。

## 三、分布式智慧出菇方舱

分布式智慧出菇方舱由数个出菇方舱和一个预冷与冷藏库组成的出菇单元构成,按出菇周期和产量确定出菇方舱的数量和冷库的大小。如图8.3所示,智慧出菇方舱是集温度、湿度、$CO_2$浓度、光照强度等各种环境因子自动测量和控制于一体的菌菇种植设备,具备远程数据、视频的采集记录和在线服务功能,由菌包厂专业技术人员负责监控方舱的设备运行状态和提供出菇管理技术支持,以对环境和菌菇生长状态进行监控和指导,降低出菇管理难度和出菇管理成本,从而达到高产优质的目的。

分布式智慧出菇方舱,根据农民或市场的需求,可以安装一个或多个单元。方舱的布置灵活,能够利用零散的闲置用地,放置在农村的房前屋后,同时无须硬化地面,可以保护农田。其运行可由一位合作社社长带领数位农村劳动者,共同管理和生产,采购菌包厂的菌包在自家门口管理出菇。方舱出菇方式适用于用工量大、出菇周期短的菌菇品种,如秀珍菇和真姬菇等。

**图 8.3　智慧出菇方舱**

智慧出菇方舱适用于菌菇菌丝体培养、菌菇子实体培养、工厂化叶菜生产等。KHBF-40A 和 KHBF-80A 智慧出菇方舱的技术指标如表 8.1 所示。

**表 8.1　KHBF-40A 和 KHBF-80A 智慧出菇方舱的技术指标**

| 名称 | KHBF-40A 智慧出菇方舱 | KHBF-80A 智慧出菇方舱 |
|---|---|---|
| 菇房尺寸 | 13 m×2.8 m×2.8 m | 13 m×5.2 m×3.2 m |
| 制冷机组尺寸 | 2.56 m×1.25 m×2.4 m | 2.56 m×1.25 m×2.4 m |
| 电源 | 380 V/50 Hz(可选 220 V) | 380 V/50 Hz |
| 装机容量 | 12 kW | 20 kW |
| 装包量 | 2000~3000 | 3000~5000 |
| 制冷量 | 12 kW+12 kW(双系统) | 15 kW+15 kW(双系统) |
| 供热量 | 12 kW+12 kW(双系统) | 18 kW+18 kW(双系统) |
| 最大加湿量(超声波) | 14 kg/h | 28 kg/h |
| 换气量 | 0~1500 m³/h(无级调速) | 0~2200 m³/h(无级调速) |
| 除湿量 | 12 kg/h | 18 kg/h |
| 循环量 | 2000~6000 m³/h(无级调速) | 2000~6000 m³/h(无级调速) |

续表

| 名称 | KHBF-40A 智慧出菇方舱 | KHBF-80A 智慧出菇方舱 |
|---|---|---|
| 补光灯 | 400~1000 lx(多挡调节) | 400~1000 lx(多挡调节) |
| 温度测量方式 | Pt100 | Pt100 |
| 湿度测量方式 | AI 干湿球(专利) | AI 干湿球(专利) |
| $CO_2$ 浓度测量方式 | 红外光谱分析仪 | 红外光谱分析仪 |
| 使用环境 | -20~45 ℃ | -20~45 ℃ |
| 舱内温度 | 0~30 ℃ | 0~30 ℃ |
| 舱内湿度 | 50%RH~99%RH | 50%RH~99%RH |
| $CO_2$ 浓度 | 500~10000 mL/m³ | 500~10000 mL/m³ |
| 视频传输 | 200 万像素,实时 | 200 万像素,实时 |
| 通信方式 | 4G | 4G |

智慧出菇方舱的优势:

① 全年连续生产。采用先进的环境测量和控制技术,使舱内环境参数不受外部环境影响,摆脱了环境限制,实现全年连续生产。

② 安全可靠性设计。制冷供热系统采用双系统设计,即使在一套系统出现故障的情况下,另一套系统自动切换到抑制生长模式,使舱内作物休眠,保护作物;功能段和种植区独立设计,便于各自消毒灭菌,保护设备。

③ 高效节能。在低负荷状态下,双系统交替运行,降低换热温差和除湿量,在提高制冷效率的同时,减少加湿系统的工作量,节省能耗;利用排气和冷凝空气的混合,实现排气热回收,降低了冷凝压力,提高制冷效率。

④ 均匀性流场。采用均布排气孔的风道进行送风和加湿,保证温度和湿度的分布均匀性;采用变风量系统的循环风机,可以在压缩机停机状态下,保持空气有一定的循环量,从而保持空气分布的均匀性,同时维持菇体表面合理的过风速度和蒸发量,以促进菌菇生长。

⑤ 在线实时监测的云上系统。通过云上系统,所有的菌菇生产环境数据和现场照片都可实时读取和显示,从而实现对蘑菇生长状态的实时监控;可实时监测所有设备的状态,并进行故障诊断和预报,同时提示和指导设备的维护保养;集中管理中心可监测所有运行方舱的状态,便于种植专家通过云上系统对现场菇房进行远程诊断和指导。

⑥ 简单易用。智慧出菇方舱内置简易使用模式,新手用户可以使用内置模块

进行冷刺激、催蕾、抑制、出菇等工作,减少用户的学习时间。用户可通过手机 App 实现远程巡库和故障监测。

⑦ 高精度 $CO_2$ 浓度监测。采用负压泵式自动巡检 $CO_2$ 浓度测量系统,可提高精密红外光谱测量仪的精度和寿命。

# 第二节　菌菜共生系统

## 一、菌菜共生系统的内涵及意义

食用菌与蔬菜共生系统即菌菜共生系统,它是从生态农业的角度将两者置于同一个环境中,使其在水、肥、气、热、光的供求关系上互依互补,形成良好的生态循环。菌菜共生系统的实现具有重要的应用价值和实践意义。

### (一) 提高农用地的利用率

我国土地资源相对匮乏,随着人口的增长,人类与土地相互制约的矛盾关系愈加严重,在不能增加农用地的前提下,最有效的解决矛盾的方式就是设法提高农用地的利用率。立体农业就是在这一目的上发展起来的,菌菜共生栽培能为充分利用种植土地和空间提供解决方案。

### (二) 优化种植面积

通常,在同一土地或空间长时间种植单一作物或大量施用化肥等,不仅会影响土壤的化学和物理性质、微生物的多样性、破坏群落结构,还会造成土壤养分失衡、盐分积累、作物自毒作用及土传病害加重等。近年来,多项真菌、丛枝菌根与植物互作试验显示,真菌与植物互作能改善土壤结构、调节水分平衡、抵抗病虫害、防止连作障碍。有研究表明,菌粮菜间套种植体系中土壤腐殖质总量及胡敏酸、富里酸、胡敏素及各种结合形态腐殖质的含量明显增加,土壤各级微团聚体中腐殖质含量的增加也较为明显。

### (三) 节省种植成本

节省种植成本是相对蔬菜种植而言的,菌菜共生栽培会增加种植管理的时间和劳动力投入,但从投入收益比来看,它是一种低成本、低劳动力、产出高效而稳定的耕作模式。

## 二、菌菜共生栽培系统的原理

立体栽培是根据不同作物的生长特性和资源条件,巧妙地利用时空差,通过间、套、混、复种等方式的合理组配,形成多层次、多功能的立体生产结构,以提高时空、光能和地力等的利用率。

菌菜共生栽培系统是食用菌立体栽培模式的一种,是将异养型食用菌与自养型蔬菜栽培相结合,使两种特性不同的作物实现优势互补、劣势互抵,互相促进生长和结实,从而提高单位面积产值。菌菜共生栽培的主要原理如下。

**(一)气体的互补**

食用菌菌丝的整个生长过程需要吸收 $O_2$、呼出 $CO_2$,而蔬菜的光合作用是吸收 $CO_2$、制造 $O_2$,所以菌丝在生长过程中可以为蔬菜的光合作用提供 $CO_2$。尤其是在棚室内栽培菌菜时,食用菌生长过程中经常因 $O_2$ 不足造成棚室内 $CO_2$ 大量积累,而蔬菜等植物常会因 $CO_2$ 含量不足而产量下降。通过菌菜共生(套种)栽培,二者在 $O_2$ 和 $CO_2$ 的利用上可实现互补。

**(二)光的共用**

蔬菜通过光合作用形成碳水化合物的重要条件是光照,而食用菌在生长过程中不需要直射强光,只需少量散射光即可分化形成子实体。将菌菜合理配置,食用菌不仅不会与蔬菜争光,还可利用生长迅速的蔬菜或果树枝叶的遮蔽作用,满足其对弱光的要求,从而有效地共用光照和栽培空间。

**(三)营养的互给**

食用菌栽培料释放于土壤中的养分、抗生素和少量的生长激素有利于刺激蔬菜根系生长,抑制土传病害的发生,有效减少化肥和农药的使用量,可实现蔬菜无公害生产。同样,在蔬菜栽培过程中所施入的肥料,除被蔬菜根系吸收外,残留在土壤中的部分肥料可通过灌溉淋溶于套作的食用菌栽培料中,以补充食用菌生长过程中所需的营养元素。

**(四)温、湿度的相互影响**

许多蔬菜因枝叶茂盛而导致株间光照少,当通风量过小时,植物表面和地面蒸发出来的大量水蒸气不易散失,特别是日光温室栽培的蔬菜水果行间,在一定范围内经常有较高的空气湿度,非常不利于蔬菜水果的生长,而这恰恰是食用菌需要的高湿环境。食用菌子实体在发育过程中具有很强的吸湿性,可以相对降低套作蔬菜株间的湿度,从而减少蔬菜等植物病虫害的发生。另外,食用菌菌丝在分解培养料时会释放一定的热量,可提高室内局部温度,增强根的吸收能力,有利于蔬菜根系生长,从而提高蔬菜产量。

### 三、菌菜共生栽培的类型

根据菌菜共生技术应用的地点,菌菜共生可划分为露天栽培和温室栽培两种类型。

（一）露天栽培

露天环境是指作物在无棚膜等遮盖物的情况下自然生长的环境,如瓜菜地、粮田、林地等区域。这样的环境适合相同生长季节的菌粮菜套种,最常见的是玉米、大豆在林地与香菇、平菇、木耳等共生栽培。此外,露天环境下的粮菜田也能在一定程度上为很多珍稀野生食用菌提供仿野生的生长环境,发展珍稀菌驯化栽培技术,例如,棘托竹荪属高温品种,易栽培、产量高,栽培模式为与大豆共生套种、竹林共生套种栽培。

（二）温室栽培

温室主要有大棚、日光温室、连栋温室 3 种类型。

（1）大棚　江苏省农业科学院蔬菜研究所利用瓜棚下的空闲地,构建了瓜、菇立体栽培模式,并总结了栽培技术;山东省潍坊市坊子区农业农村局探索了早春黄瓜与平菇共生栽培、夏季豆角与草菇共生栽培、越冬蔬菜（油菜、芹菜等）与低温平菇共生栽培的模式;江苏省宜兴市蔬菜办公室成功探索出了春季大棚苋菜与黄瓜共生栽培技术,并进行了推广种植。

（2）日光温室　日光温室是北方地区应用较为普遍的蔬菜种植简易设施。在如何充分利用日光温室空间、提高单位面积产量方面,技术人员和种植户做过很多尝试和努力,菌菜共生套种栽培就是最主要的方式之一。典型的共生套种栽培模式有越冬黄瓜（番茄）行间套种鸡腿菇（双孢蘑菇）、丝瓜扁豆套种草菇（高温蘑菇）、秋冬季温室后坡堆叠式栽培平菇及菇菜轮作。2015 年,西藏自治区农牧科学院蔬菜研究所在日光温室中套作种植番茄与真姬菇,并与单种番茄作比较,结果表明,菌菜共生套种栽培比蔬菜单种更能形成温湿互补、$O_2$ 与 $CO_2$ 转换,还能增产增收、增加经济效益。

（3）连栋温室　随着设施农业的发展,连栋温室得到越来越广泛的应用,但室内环境调控成本高、复种指数低、空间利用率不高等因素影响了其经济效益,故大部分连栋温室只用于观光,仅少数用于生产。2014 年北京市农林科学院在连栋温室中,以秀珍菇为试材,将其套种在茄子、番茄、甜椒等果类蔬菜冠层下,研究了不同果类蔬菜冠层下的微环境及其对秀珍菇生长的影响。结果表明,果类蔬菜植株相对高大,封垄后繁茂的枝叶形成冠层上下空间的隔离层,减弱了直射光照强度、减少了气体交换和水分蒸发等,使冠层下形成一个特殊的小气候环境。

## 四、菌菜共生系统的经济价值和社会价值

食用菌与蔬菜在大棚中共生所形成的作物行间的生态条件,不但能利用大棚内的环境条件,还能改善大棚小气候,使菌菜之间形成新的生态平衡,提高作物产量与

产值。这是运用物种共生生态原理进行种植业、养殖业相互结合的立体生态模式。

### （一）经济与生态效益分析

以黑龙江省伊春市大棚内黄瓜与侧耳共生栽培为例，进行经济效益分析和生态效益分析。

#### 1. 经济效益分析

食用菌与蔬菜共生经济效益显著，深受广大种植户欢迎。菌菜共生提高了土地利用率，降低了生产成本，提高了作物产量。如表 8.2 所示，大棚黄瓜一般亩产 8000 kg，产值 5600 元，盈利 2500~3000 元。菌菜共生使黄瓜产量提高 15% 以上，亩产值增加 800 元左右。每亩大棚黄瓜可套栽侧耳 80 m²，产量 2400 kg，按当年最低价 2.4 元/kg 计算，产值 5760 元，利润增加 3660 元左右。陆地菌菜共生可使蔬菜生产产值提高 2~4 倍。

表 8.2　菌菜共生经济效益分析

| 项目 | | 品种 | 面积/m² | 产量/kg | 产值/元 | 盈利/元 | 备注 |
|---|---|---|---|---|---|---|---|
| 大棚 | 菌菜共生 | 黄瓜 | 660 | 9200 | 6440 | 3440 | 蔬菜按当年平均价格计算，侧耳按当地最低价（棚内 2.4 元，陆地 2.0 元）计算 |
| | | 侧耳 | 80 | 2400 | 5760 | 3660 | |
| | | 合计 | | | 12200 | 7100 | |
| | 对照 | 黄瓜 | 660 | 8000 | 5600 | 2600 | |
| 陆地 | 菌菜共生 | 豆角 | 660 | 2400 | 1440 | 1240 | |
| | | 侧耳 | 200 | 3000 | 6000 | 3400 | |
| | | 合计 | | | 7440 | 4640 | |
| | 对照 | 豆角 | 660 | 2000 | 1200 | 1000 | |

#### 2. 生态效益分析

在合理设计菌菜共生系统的前提下，菌菜二者在同一环境中自然形成生态小环境，改善了大棚内温度、湿度等供求比例关系，形成新的生态平衡。

① 侧耳改善蔬菜的生态环境。大棚内的高湿环境是黄瓜发病的主要原因。食用菌在棚内生长过程中吸收棚内大量水蒸气，既满足自身需要，又降低了棚内空气湿度。蔬菜通过光合作用放出的 $O_2$ 供给食用菌进行呼吸作用，而食用菌通过呼吸作用放出 $CO_2$ 供给蔬菜进行光合作用。空气中 $CO_2$ 的常规浓度仅为 400 mL/m³，无法满足蔬菜对 $CO_2$ 的需求；而食用菌排出的 $CO_2$ 可使封闭大棚内的 $CO_2$ 浓度达到蔬菜生长的要求，使蔬菜增产 10%~30%。

② 蔬菜为食用菌创造良好的生存环境。蔬菜行间，尤其是黄瓜棚内的蔬菜行

间是食用菌的最佳生存场所,其遮阴情况、空气湿度及较大的温差是人工控制难以达到的。因此,大棚黄瓜行间的侧耳自然生长旺盛,资源利用率高。

③ 菌菜共生提高了大棚空间利用率。

④ 菌菜共生可减少蔬菜病虫害的发生,尤其是在大棚蔬菜生产中,菌菜共生会降低蔬菜的发病率,农药使用量随之减少,环境污染也会减少。

### (二)社会价值分析

#### 1. 多学科交叉发展和人才培养

菌菜共生栽培的研究和实践涉及的农艺知识涵盖蔬菜学、微生物学、食用菌栽培学、农业设施学等多门学科,该技术的发展也需要跨学科的广泛交流,培养跨专业的技术人才。发展菌菜共生栽培技术可以促进多学科发展,加强行业间交流。

#### 2. 助推产业融合和巩固拓展脱贫攻坚成果

随着乡村振兴战略的提出,为实现精准扶贫,我国采用了多种农业技术。食用菌作为生产短平快的作物种类,受到大多数扶贫工作者的青睐。菌菜套作的生产模式可促进多项农业产业融合发展,既为脱贫攻坚全面胜利作出积极贡献,也是巩固拓展脱贫攻坚成果的重要途径。

### (三)前景展望

#### 1. 以菌菜种植增产为主要目的,更好地利用菌类栽培空间

目前,选用菌菜共生栽培模式种植的多为蔬菜种植户,进行菌菜共生栽培的目的是更好地利用蔬菜瓜果的种植空间,管理上也是偏重蔬菜瓜果,食用菌更多的是附带种植。如内蒙古兴安盟农牧学校研究温室内番茄与平菇套作,结果表明,两者套作对平菇产量的影响不大,对番茄产量的影响却较为显著。以食用菌种植为主,在食用菌温室中同时进行蔬果种植的非常少。

当前食用菌产业迅速发展,其种质资源丰富程度和产业设施体量都逐年扩大,未来在发展菌类与植物共生栽培的模式中,可以考虑以菌类作物为主,利用食用菌大棚、连栋温室,甚至工厂化厂房辅以种植蔬菜瓜果。

#### 2. 增加菌菜共生栽培品种,探索更多菌菜共生栽培(套种)模式

当前菌菜共生栽培选取的食用菌菌种多为栽培简易的木腐菌(菌包)、可覆土栽培的草腐菌,在未来的栽培尝试中,可选择更多样的食用菌品种,尤其是珍稀食用菌,例如榆黄蘑、大球盖菇、茶树菇等。蔬果品种也同样需要扩大品类,如可以利用食用菌智能工厂化车间的温光水气种植芽菜类蔬菜。

#### 3. 在菌菜共生栽培模式基础上,拓展基础研究内容

在菌类和植物的互作机理方面还有很多可以深入研究的内容,如光合速率及其气体交换参数的测定,不同菌的菌丝、菌料对土壤或植物的作用,仿野生作物驯

化或互作研究,等等。菌类与植物的互作不仅扩大了研究样本范围,而且研究成果也具有推广价值。

4. 探究菌菜共生和城镇化、现代化模式

可结合现代城市立体栽培技术,将菌菜共生栽培概念引入城市家庭,探索发展景观互作模式,科普的同时树立民众对农产品(尤其是食用菌)的消费新观念。

# 第三节　智能栽培技术(智慧农业)

智慧农业是以现代信息技术为手段,运用先进的物联网、人工智能及大数据等技术对农业的生产经营进行智能化管理,从而实现种植精准化、管理可视化、决策智能化的新型农业生产管理模式。

智慧农业的实质是利用已建成的集数据采集、数字传输网络、数据分析处理、数控农业机械等于一体的农业生产管理体系,借助遥感技术、地理信息系统、全球定位系统、专家系统和农业模拟优化决策系统,在农业生产过程中对温度、湿度、土壤等自然环境因素进行实时监测,获取农作物生长状况、生长环境、病虫害等信息数据,并对所收集的数据进行分析,建立农作物生长信息管理系统,从而达到合理利用资源、降低生产成本、改善生态环境、提高农作物产量和质量的目的。

智慧农业的运作模式如图8.4所示,主要包括中心控制系统、传感系统、自动控制系统。用网络摄像头对传感器的情况进行现场监控,以便工作人员实时查看,确保设施正常运行。传感器得到的数据经过分析后,被传输到自动控制系统,系统根据提前设置的阈值,实现自动施肥、灌溉等。

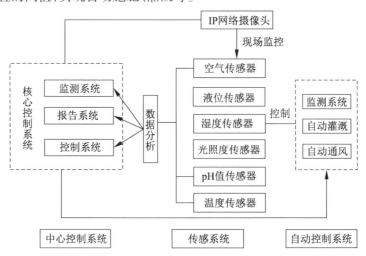

图8.4　智慧农业的运作模式

智慧农业将传统的农业生产智能化,通过技术设施对环境数据进行精准检测与计算,有效地改善了农业生态环境。例如,根据数据检测进行定量施肥不会造成土壤板结;畜禽粪便经处理后排放不会造成水和大气污染,反而能提供肥力等。整个农业环节都实现了智能化控制,用智能机械代替人的农业劳作,既可以解决农业劳动力短缺的问题,又能实现农业生产高度规模化、集约化,提高农业生产经营效率。电商网络体系的不断完善,打破了农户信息不对称的局面,降低了交易中的信息成本和销售成本,降低了市场风险,改变了传统的农产品消费结构。农业科技信息网络服务体系可以给农业相关人员提供远程学习农业知识与相关技能的机会。同时,专家系统可以针对农业生产经营中发生的问题给予线上指导,改变了传统农业生产中只能依靠经验进行农业生产经营的方式。智慧农业的发展会促使农业生产经营规模越来越大,生产效益越来越高,也会导致小农生产模式被市场淘汰。

20 世纪 80 年代,美国提出"精准农业"的发展构想,随后进行实践,并在多年的实践过程中逐渐成为精准农业发展最好的国家之一。

近 10 多年来,日本在探索智慧农业的过程中,利用高新技术发展专业化、集约化、智能化经营模式,充分发挥科学技术对农业生产的支撑作用,减轻对土壤、气候等自然条件的依赖,运用先进农业生产技术打造现代农业生态模式。

以色列在智慧农业的发展过程中普遍运用农业物联网技术,此外最新的灌溉及育种技术也被大量推广使用,智慧农业的发展取得了巨大的成就。以色列利用低压滴灌系统使其全国 75% 的水实现循环利用,是世界上水利用率最高的国家之一。

在政府的大力支持下,我国智慧农业经济发展势头良好,见表 8.3。

表 8.3　智慧农业项目

| 企业 | 项目 | 主要内容 |
|---|---|---|
| 美团 | "未来食物农场"计划 | 美团"未来食物农场"实验基地在北京郊区正式落成,美团一直坚持以"吃"为核心,致力于"帮大家吃得更好,生活更好","未来食物农场"是食物领域的一次新的尝试,将 AI 技术运用到水果、蔬菜甚至肉类的培育中,让人们提前品尝到未来食物 |
| 腾讯 | 打造"智慧农业平台" | 腾讯与广东粤旺农业集团、深圳壹家仓供应链科技有限公司、粤港澳大湾区产融投资有限公司在广州白云国际会议中心签署了战略合作协议,携手共同打造"智慧农业平台" |
| 京东 | 构建开放、共生、共赢的农业合作平台 | 京东举办无人机开放赋能暨智慧农业共同体启动会,会上宣布将以无人机农林植保服务为切入点,整合京东集团物流、金融、生鲜、大数据等能力,搭建智慧农业共同体,与地方政府、农业上下游龙头企业、农业领域专家等共同合作,构建开放、共生、共赢的农业合作平台,并同时打造旗下首个品牌农场——"京东农场" |

| 企业 | 项目 | 主要内容 |
|---|---|---|
| 阿里 | AI 养猪 | 阿里云同四川特驱集团达成合作,对人工智能系统"ET 农业大脑"进行针对性的训练与研发,在未来实现全方位智能养猪,以 AI、大数据、"互联网+"技术为支撑,在食品安全、AI 养殖方向进行布局,将极大提高农业发展的质量与颜值 |
| 百度 | 与农业企业进行合作 | 百度没有选择全产业链,而是拿出了自家擅长的云计算、大数据平台、AI 等技术与农业企业进行合作,让农企的生产更加智慧。百度与雷沃重工签署战略合作协议,让人工智能与农机完美融合。人工智能赋予农机的,不仅是自动驾驶,自己播种、灌溉、收割,AI 还将涉足农机的研发制造,不但要提升农业耕作效率,解放生产端的劳动力,而且将解放制造端的劳动力 |

智慧农业作为现代化农业的必然趋势,是农业可持续发展的必经之路,是农业产量和质量的技术保障。智慧农业融合了物联网技术、信息技术、传感器计算技术、通信技术、大数据技术及云计算技术,为农业生产提供了专家智慧,让农业生产变得更为高效和灵活,达到了提高农业产量、节省劳动资源、保护土壤环境的目的,实现了农业生产环境的远程监测和调控、农业现场可视化观察、异常报警及数据存储等功能。可见,智慧农业有着十分广阔的发展空间。

# 参考文献

[1] 李长田,李玉.食用菌工厂化栽培学[M].北京:科学出版社,2021.

[2] 边银丙.食用菌栽培学[M].3 版.北京:高等教育出版社,2017.

[3] 王德芝.食用药用菌生产技术[M].重庆:重庆大学出版社,2015.

[4] 张江萍.现代食用菌学[M].北京:中国农业科学技术出版社,2013.

[5] 申进文.食用菌生产技术大全[M].郑州:河南科学技术出版社,2014.

[6] 李力,李红,赵睿杰,等.大型食用菌培养房室内制冷系统优化设计[J].排灌机械工程学报,2019,37(11):967-971,977.

[7] 诸葛曼乐,李树强.食用菌工厂化生产管理控制关键点分析[J].食用菌,2020,42(1):3-6.

[8] 李长田,谭琦,边银丙,等.中国食用菌工厂化的现状与展望[J].菌物研究,2019,17(1):1-10.

[9] 于汇,赵梓霖.食用菌工厂化生产的关键技术[J].热带农业工程,2019,43(1):121-123.

[10] 杜红慧.基于食用菌工厂化栽培的湿帘-制冷机联动系统设计[D].福州:福建农林大学,2019.

[11] 黄春燕,杨彤,张元祺,等.64 个金针菇菌株工厂化栽培比较[J].食用菌,2019,41(5):27-30,34.

[12] 木村荣一.中国食用菌工厂化栽培待克服的技术难点[J].食药用菌,2018,26(1):18-22.

[13] 蔡爱萍.食用菌的生产现状与分析[J].农业与技术,2018,38(6):55.

[14] 陈青.食用菌菌棒工厂化生产技术指南[J].中国食用菌,2018,37(2):81-83.

[15] 杨国良.我国食用菌总产量及工厂化生产问题探讨[J].食用菌,2018,40(6):14-16.

[16] 毕武,刘瑞林,周大元,等.我国食用菌工厂化生产现状与发展趋势[J].林业机械与木工设备,2017,45(6):12-14.

[17] 李玉,尚晓冬,宋春艳,等.我国香菇工厂化栽培模式及技术初探[J].上海农业科技,2017(3):74-75.

[18] 庞茂旺,宫志远.食用菌工厂化生产关键技术[J].农业知识,2016(34):

43-45.

［19］张秀梅.食用菌工厂化生产关键技术与产业化开发探析［J］.园艺与种苗，2015(12):16-19.

［20］张莉.银耳的工厂化栽培技术研究［D］.太原:山西农业大学,2016.

［21］边银丙.食用菌工厂化生产的关键技术及其研发方向［J］.食药用菌，2013(3):139-143.

［22］王汉青.通风工程［M］.2版.北京:机械工业出版社,2019.

［23］李银良,张德根.金针菇中小型工厂化生产与经营［M］.北京:金盾出版社,2014.

［24］王志.工业通风与除尘［M］.北京:中国质检出版社,中国标准出版社,2015.

［25］陈开岩,鲁忠良,陈发明.通风工程学［M］.徐州:中国矿业大学出版社,2013.

［26］潘明冬,黄建锋,陈铝芳.食用菌洁净车间的设计和建造［J］.食药用菌,2017,25(6):355-356,362.

［27］李娟霞.食用菌工厂化生产加湿系统设计及应用［J］.机械研究与应用,2019,32(6):130-131,137.

［28］高君辉,冯志勇,唐利华.食用菌工厂化生产及环境控制技术［J］.食用菌,2010(4):3-5.

［29］承银辉.食用菌菇房环境 CFD 分析及通风结构优化研究［D］.镇江:江苏大学,2020.

［30］冯丽锋.基于物联网技术的现代化食用菌生长控制系统研究［D］.郑州:华北水利水电大学,2018.

［31］董静.食用菌规模化生产监控云服务方法研究［D］.北京:中国农业大学,2017.

［32］张春格.环境温度对杏鲍菇呼吸和产量的生态影响机制研究［D］.合肥:安徽农业大学,2017.

［33］宋超.食用菌工厂化生产环境监控系统设计与实现［D］.泰安:山东农业大学,2015.

［34］卢嫚,张海辉,卢博友,等.食用菌生长环境控制系统研究［J］.农机化研究,2013(5):111-114,118.

［35］万丽娜.工厂化食用菌栽培出菇环境湿度稳定性研究［D］.北京:中国农业机械化科学研究院,2010.

［36］王丽娜.食用菌工厂化生产经营绩效研究:与农户相对照［D］.泰安:山东农业大学,2019.

［37］葛颜祥,王丽娜,诸葛曼乐.食用菌农户生产与工厂化生产成本收益比较分析:基于山东调研数据[J].食用菌,2020,42(2):4-7.

［38］刘建雄.食用菌工厂化产业市场结构分析及启示[J].食用菌,2019,41(3):1-2,8.

［39］覃娟.我国食用菌在国际市场中的需求及影响因素[J].中国食用菌,2019,38(4):104-108.

［40］李博.大型食用菌工厂生产中的节能措施[J].黑龙江科学,2020,11(6):70-71.

［41］胡惠萍,黄龙花,杨小兵,等.大型食用菌工厂生产节能措施的研究[J].中国食用菌,2013,32(5):29-32.

［42］管道平,胡清秀.食用菌工厂化生产的节能分析[J].食用菌,2010(1):1-3.

［43］张链.基于热回收技术的独立新风系统的节能研究[D].天津:天津大学,2017.

［44］肖俊华,陈凡亮.基于温湿度传感器的食用菌培养室环境设计[J].中国食用菌,2020,39(12):218-220,224.

［45］罗宇.高精度温控设备在食用菌工厂化栽培中的应用研究[J].中国食用菌,2019,38(4):127-130.

［46］于丽丽.食用菌工厂化环境控制系统的研究[D].哈尔滨:东北农业大学,2015.

［47］岳仕达.食用菌生长环境智能控制系统的研究[D].长春:吉林农业大学,2015.

［48］袁俊杰.食用菌生长模型及栽培室环境控制系统研究[D].镇江:江苏大学,2007.

［49］尚丰丰.菇房环境参数控制系统的研究与开发[D].天津:天津大学,2006.

［50］田申.计算机控制系统在菇房自动化控制中的应用[J].中国食用菌,2020(8):221-224.

［51］王常博.制冷机房群控系统设计与实现[D].扬州:扬州大学,2020.

［52］周根明,訾新立,孔祥雷,等.食用菌培育室热管式全热回收器的设计与实验研究[J].江苏科技大学学报(自然科学版),2013,27(5):483-487.

［53］温新华.空气热回收装置的分类与应用[J].建筑节能,2011(1):9-12.

［54］荣剑文.冷机群控系统设计[D].上海:上海交通大学,2008.

［55］赵文成.中央空调节能及自控系统设计[M].北京:中国建筑工业出版社,2018.

［56］杨昭.制冷与热泵技术［M］.北京:中国电力出版社,2019.

［57］张建一,李莉.制冷空调节能技术［M］.北京:机械工业出版社,2011.

［58］安大伟.暖通空调系统自动化［M］.北京:中国建筑工业出版社,2009.

［59］丁云飞.空调冷热源工程［M］.北京:机械工业出版社,2019.

［60］陆耀庆.实用供热空调设计手册(上、下册)［M］.2 版.北京:中国建筑工业出版社,2008.

［61］严志雁,丁建,陈桂鹏,等.基于物联网的食用菌环境智能控制系统研究［J］.江西农业学报,2019,31(12):105-113.

［62］王鲁,郭旭超,蒋健,等.食用菌工厂化生产环境无线监控系统的研发［J］.山东农业科学,2016,48(1):129-133.

［63］韦树贡.基于 ZigBee 无线通信技术的大棚食用菌生长环境测控系统的研究［D］.南宁:广西大学,2015.

［64］马希彬.基于 ZigBee 的食用菌工厂化生产监控系统研究［D］.镇江:江苏大学,2014.

［65］尹光辉.基于 ZigBee 技术的食用菌栽培环境监控系统的研究［J］.电脑编程技巧与维护,2017(21):73-74,77.

［66］刘琦.食用菌智能大棚自动控制系统研究［D］.哈尔滨:哈尔滨理工大学,2019.

［67］韩奕昕.基于物联网的食用菌智慧农业系统设计与实现［D］.石家庄:河北科技大学,2019.

［68］王莹."互联网+"背景下我国智慧农业发展路径研究［J］.物流科技,2021,44(2):131-134.

［69］周卫忠,吕彦霞,姚杰.菌菜轮作:草菇高产栽培技术［J］.农业知识,2019(14):25-27.

［70］张扬,李凤美,钱磊,等.菌菜套作技术应用现状和前景展望［J］.现代园艺,2019(11):68-70.

［71］刘建波,李红艳,孙世勋,等.国外智慧农业的发展经验及其对中国的启示［J］.世界农业,2018(11):13-16.

［72］郭惠东,任鹏飞,李瑾,等.菌菜复合棚食用菌周年化生产技术要点［J］.食用菌,2016,38(5):46-48.

［73］郭惠东,任鹏飞,李瑾,等.菌菜阴阳复合棚冬季高效栽培模式研究［J］.山东农业科学,2014,46(4):51-55.

［74］金硕.辽北地区"粪秸—菇—肥—菜"循环农业模式构建与技术研究［D］.沈

阳:沈阳师范大学,2014.

[75] 谈春燕,潘亚锋.浅析食用菌栽培过程中太阳能技术的运用[J].吉林农业,
2011(2):48.

[76] 黄艳萍,吴美华.菌菜立体种植的几种模式[J].江西农业科技,2002(4):
31-32.

[77] 郭喜芳,吕文顺,张壬午.菌菜共生的农业生态技术研究[J].农业环境保护,
1990(6):19-21,34.

[78] 郭喜芳,曹雅新,吕文顺.蔬菜与食用菌共生效益研究[J].北方园艺,
1990(10):12-15.

[79] 熊航.智慧农业转型过程中的挑战及对策[J].人民论坛·学术前沿,
2020(24):90-95.

[80] FOULONGNE-ORIOL M, NAVARRO P, SPATARO C, et al. Deciphering the
ability of Agaricus bisporus var. burnettii to produce mushrooms at high tempera-
ture (25 ℃)[J]. Fungal Genetics and Biology, 2014,73:1-11.

[81] CHANG S T, MILES P G. Mushrooms:cultivation, nutritional value, medicinal
effect, and environment impact[M]. 2nd ed. Florida:CRC Press LLC,2004.

[82] SHEN Q, LIU P, WANG X, et al. Effect of substrate moisture content, log
weight and filter porosity on shiitake (Lentinula edodes) yield[J]. Bioresource
Technology,2008,99(17):8212-8216.

[83] 任明仑,宋月丽.大数据:数据驱动的过程质量控制与改进新视角[J].计算机
集成制造系统,2019,25(11):2731-2742.

[84] 温孚江.大数据农业[M].北京:中国农业出版社,2015.